IPv6+

科技前沿课
IPv6+

Internet Protocol Version 6 PLUS

邬贺铨

主编

人民日报出版社

北 京

图书在版编目（CIP）数据

科技前沿课：IPv6+ / 邬贺铨主编. — 北京：人
民日报出版社，2024.3
　　ISBN 978-7-5115-8033-7

　　Ⅰ.①科⋯　Ⅱ.①邬⋯　Ⅲ.①计算机网络—传输控制
协议　Ⅳ.①TN915.04

　　中国国家版本馆CIP数据核字（2023）第202643号

书　　　名：科技前沿课：IPv6+
　　　　　　KEJI QIANYANKE：IPv6+
主　　　编：邬贺铨

出 版 人：刘华新
责任编辑：蒋菊平　李　安
版式设计：九章文化

出版发行：人民日报出版社
社　　　址：北京金台西路2号
邮政编码：100733
发行热线：（010）65369509　65369527　65369846　65369512
邮购热线：（010）65369530　65363527
编辑热线：（010）65369528
网　　　址：www.peopledailypress.com
经　　　销：新华书店
印　　　刷：大厂回族自治县彩虹印刷有限公司
法律顾问：北京科宇律师事务所　010-83622312

开　　　本：710mm×1000mm　1/16
字　　　数：288千字
印　　　张：24
版次印次：2024年6月第1版　2024年6月第1次印刷

书　　　号：ISBN 978-7 5115-8033-7
定　　　价：58.00元

本书编委会

（按姓氏笔画排序）

马　严　　马　科　　马晨昊　　王　雷　　左　萌　　付　静
刘毅松　　孙晓绯　　纪德伟　　李　丹　　李济伟　　李　巍
杨　锋　　吴局业　　宋林健　　张　帅　　张　沛　　张　潮
陈必仙　　金梦然　　周　豪　　庞　舟　　赵利明　　胡炳军
柳瑞春　　段海新　　徐春学　　高　巍　　黄小红　　曹　畅
曹蓟光　　崔　勇　　梁　卓　　彭元龙　　董国珍　　程伟强
詹闻昊　　解冲锋　　蔡　阳

序言

　　2024年是中国全功能接入互联网的30周年，30年来互联网在中国的发展及其对社会经济的影响，使我们深刻地理解习近平总书记对互联网敏锐的战略洞察与高瞻远瞩的判断。2015年12月16日，习近平总书记在乌镇视察"互联网之光"博览会时指出："互联网是20世纪最伟大的发明之一，给人们的生产生活带来巨大变化，对很多领域的创新发展起到很强带动作用。"

　　互联网的发展是一个持续创新的过程，经历了从局域网到广域网，从美国国防部的ARPAnet和自然科学基金委NSFnet到商业化的全球互联网，从尽力而为的数据业务到需要有服务质量保障的多模态业务，从固定场景到移动场景，从消费应用到产业应用，从面向人到面向物等，互联网协议在不断演进与丰富，同时也彰显了互联网体系架构的开放性和作为互联网基础协议的TCP/IP的韧性，使得互联网能够适应原来没有预见的业务和应用。

　　创新是一个试错过程，互联网的发展也走过不少弯路。就以IP地址的设置与管理为例，IPv4早在1981年的RFC 791中被正式定义，源地址与目的地地址各32比特，对应43亿地址数，当时的设计已经相当超前，因为直到2000年全球互联网用户才3.6亿。但地址的分配缺乏长远眼光，最初IPv4地址按类别地址方式管理，地址分配机构

IANA 和 RIR 越过国家主管部门直接分配给网络运营方，即 32 比特分为网络与主机两段，按网络规模又分为 ABC 三类，可以有 126 个 A 类大网，每个 A 类网可有约 2^{24} 个地址。当年的 IPv4 地址管理机构大手大脚分配 IPv4 地址，例如美国国防部就独占了 13 个 A 类大网，即 2.18 亿个地址，超过全球 IPv4 地址总数 5%，相当于现在非洲和拉美所获得的 IPv4 地址数之和。IPv4 地址经不起肆意挥霍，到 90 年代初就感受到耗尽的危机，互联网标准化机构（IETF）于 1993 年提出了无类别域间路由（CIDR），1994 年提出网络地址翻译（NAT），1996 年提出 IPv6，探讨解决地址数的困境。CIDR 引入变长的子网掩码概念灵活划分地址的网络段与主机段，显著提高了 IP 地址的分配效率，但已经分配出去的 IPv4 地址无法更改，仅仅是减缓了对 IPv4 地址进一步消耗的速度。NAT 是在一个公网 IPv4 地址下带一批由局域网运营方自行分配的私有地址，虽然 NAT 导致难以溯源和破坏了业务管理的透明性，但无需向国际地址分配机构申请便可部署，对急于发展互联网的新兴国家有一定吸引力。相比之下具有海量地址的 IPv6 是最为合适的长期解决方案，但在 90 年代初技术还不够成熟。中国早在 2003 年就以国家项目中国下一代互联网示范工程（CNGI）启动 IPv6 的研发与试验，其中 Cernet2 教育科研网建成了全球规模最大的 IPv6 单栈网络，但在这之前中国的运营商和互联网企业面对 IPv4 地址资源的被动局面而选择了从 NAT 起步，私有地址路线既成事实也固化了家庭网关的 IPv4 接口妨碍了 IPv6 的推广。印度互联网成规模更晚，2011 年 4 月亚太区最先耗尽了 IPv4 地址池，倒逼印度直接采用 IPv6，后发优势使得印度成为现在全球 IPv6 渗透率最高的国家。2019 年 11 月全球 IPv4 地址分配殆尽，IPv6 成为不可替代的发展路标。

如果说 IPv6 的起因是海量地址供应，但在大规模 NAT 的现状下，单纯增加地址数已难成 IPv6 的发展动力，时代的进步对网络提出更高要求，需要另辟蹊径挖掘 IPv6 潜能。中国抓住了开发 IPv6 编程空间的创新方向，在网络层上直接定义用户身份与业务属性，适应算力时代对网络性能与数据安全等要求。从过去的私有地址的弯路中走出来，中国一改 IPv4 时代在 IETF 标准化旁观者角色，作为 IPv6 新功能标准研究的主力引领被称为 IPv6+ 的发展新阶段。

本书介绍了 IPv6 发展的背景与现状，重点从技术上分析了 IPv6+ 所开拓的网络创新空间，并通过重点行业应用实践说明 IPv6+ 赋能新质生产力对社会经济的积极贡献。本书各章节的执笔者有丰富的从事研究开发和国际标准化工作的经历，或者是具有一线经验的行业应用的技术主管与实施者，写作团队产学研用融合，他们将对 IPv6+ 的深刻理解和心得汇聚到本书，写法上也尽量考虑科普读物的易于入门，这将有助于推动我国 IPv6 在更多行业应用落地。本书关于网络发展面对的挑战与 IPv6 应对思路及应用实例对于网络专业人士也很有启发，IPv6 单栈网络的全覆盖还需要较长时间，IPv6 编程空间的探索还在路上，IPv6+ 的国际标准化也只是开始，广阔的创新天地等待更多有识之士来施展才华，IPv6+ 是中国建设网络强国的难得机遇，期待更多科技工作者挺膺担当！

中国工程院院士

编织"IPv6+"技术与应用的脉络经纬

互联网是当今这个数字化时代最浓重的底色，互联网技术的每一次革新都如同潮水般涌动，不断重塑着我们的生活、工作乃至整个世界的面貌。本世纪以来，在网络用户还未有所知觉之时，隐藏在计算终端之后的网络经纬已经逐步被IPv6重构。《科技前沿课：IPv6+》正是在这样一个波澜壮阔的时代背景下孕育而生，它不仅是一份翔实的技术指南，更是一次思想的远航，引领我们深入探索IPv6及其增强技术（"IPv6+"）的全新疆域，共同描绘未来网络社会的宏伟蓝图。

启程：IPv6的必然与挑战

本书的开端，从IPv4的局限讲起。作为互联网的基石，IPv4自诞生以来，便以其简单有效的设计支撑起全球互联网的爆发增长。然而，随着智能设备的爆发式增长和万物互联时代的到来，IPv4的地址空间逐渐显得捉襟见肘。面对这一紧迫挑战，IPv6应运而生，它不仅提供了近乎无限的地址资源，更为网络架构的革新提供了前所未有的机遇。本书第一部分，便是对这一历史进程的深刻剖析，旨在揭示 IPv6 发展的必然性，并从现实角度审视其在全球和我国发展的历程和阶段，为后续的探索奠定基础。

深潜：技术的海洋与创新的浪花

"IPv6+" 是当前数据通信网络技术创新最活跃的领域。第二部分，我们深入技术的腹地，从源地址验证体系结构出发，探索如何在保障互联网信源可靠性的同时，构建更加安全的网络环境。接着，分段选路、确定性IP、网络多归属、新型组播、业务功能链、IPv6单栈组网等技术的逐一解读，不仅揭示了 "IPv6+" 如何在提升网络效率与灵活性方面迈出坚实步伐，也展现了其对于未来网络架构的深远影响。业务与网络性能感知、网络切片以及IPv6安全及应对策略的深入探讨，则进一步勾勒出 "IPv6+" 在保障个性化服务、提升资源利用率与增强网络安全方面的无限潜能。这些技术的解析，将呈现 "IPv6+" 技术创新的最新成果及其未来发展的前景脉络。

绽放：应用之花，遍地盛开

"IPv6+" 已经开始在各行各业落地生根。本书的第三部分，我们将视线转向 "IPv6+" 技术在各领域的广泛应用，从数字经济的蓬勃发展到数字社会、数字政府的构建，"IPv6+" 的身影无处不在。5G承载应用的高速互联、算网融合应用对数据处理能力的优化，以及IPv6在政府、电力、石化、水利、金融、互联网与云平台等关键领域的深度融合，不仅展现了技术如何成为推动社会进步的强劲引擎，更凸显了"IPv6+"作为基础设施对于国家发展战略的重要支撑作用。每一个应用案例，都是对技术落地实践的生动注解，也是对未来社会形态的精彩预演。

远望：网络强国的星辰大海

站在历史的交汇点，我们不仅要回顾过去，更要眺望未来。在第四部分，我们共同探讨"IPv6+"如何作为核心技术之一，支撑网络强国的建设。从产业升级的加速器到信息安全的守护神，再到国际标准化进程中的话语权争夺，"IPv6+"技术的持续创新与发展不仅关乎国家的竞争力，更是全球网络空间治理与合作的重要组成部分。这一部分，是对未来的憧憬，也是对责任的担当，激励我们在探索与创新的道路上勇往直前。

我们希望，《科技前沿课：IPv6+》不仅可以为技术人员提供参考与指导，更是为广大读者打开了认识未来网络世界的一扇窗。在编写过程中，我们力求以通俗易懂的语言，将复杂的概念和技术细节转化为可触摸的知识脉络，让每一位读者都能在阅读中有所收获，感受到技术进步带来的启迪与魅力。

本书由IPv6规模部署和应用专家委员会组织来自各行业的专家编写：清华大学崔勇、段海新、李丹参与编写1.1、2.1、2.10章节；北京邮电大学马严、黄小红、张沛参与编写1.1部分内容、1.2章节；中国信息通信研究院曹蓟光、高巍、马科参与编写1.3、1.4、4.3章节、附录A、附录B；华为技术有限公司王雷、吴局业、左萌、朱科义、李小盼、李振斌参与编写2.2、2.4、2.5、2.6、2.7、3.4、3.11、4.1、4.2章节；中国移动研究院程伟强、刘毅松、杨锋参与编写2.3、3.2章节；中国联通研究院曹畅、庞冉、张帅参与编写2.8、3.12章节；中国电信研究院解冲锋、马晨昊、董国珍参与编写2.9、3.1章节；国家信息中心徐春学、金梦然、周豪参与编写3.3章节；国网信息通信股份有限公司彭元龙、李济伟、柳瑞春、马睿参与编写3.5章节；中国石油天然气集团胡炳军、孙晓绯、纪德伟参与编写3.6章节；水利部信息中心付静、张潮、蔡阳参与编写3.7章节；中国建设银行李巍、詹闻昊、陈必仙参与编写3.8章节；阿里巴巴集团梁卓、宋林健、赵利明参与编写3.9、3.10章节。

在本书成稿之后，中国工程院邬贺铨院士，北京邮电大学马严教授对全书进行了审校。

《科技前沿课：IPv6+》希望邀请所有怀揣互联网技术梦想的读者，一同编织未来网络的脉络经纬，共同开启通往更宽广数字世界的非凡旅程。同时，"IPv6+"技术发展日新月异，本书编写过程中难免存在疏漏，恳请各位读者批评指正。

本书编委会

2024年5月

↘ 目录

壹

起因：IPv6 的发展背景与现状

　　互联网发展已超过 50 年，底层技术正在经历从 IPv4 到 IPv6 的演进。互联网底层结构是什么样的？为什么要从 IPv4 过渡到 IPv6？本章内容围绕互联网体系结构的核心要素与演进历程，从互联网体系结构入手，阐明其分层设计原理与关键协议协同工作的方式，着重剖析 IP 协议的内在机制、功能特点及其面临的地址资源瓶颈，揭示 IPv6 产生的必然性。聚焦 IPv6 协议提出的背景及其技术发展脉络，结合全球及我国的 IPv6 部署状况，为读者呈现一幅互联网基础架构与时俱进的立体画卷。

一、互联网体系结构

（一）概述

互联网体系结构是指网络的层次结构模型和各层网络协议的集合，它定义了网络中的功能层次结构、协议和交互规则，使得网络中不同的硬件和软件能够共同工作，实现信息的传递和共享。两个经典的网络体系结构模型是开放系统互联（OSI）参考模型和TCP/IP参考模型。IPv6是在IPv4的基础上发展起来的下一代互联网协议，IPv6与IPv4同样都是采用了TCP/IP网络体系结构模型。下面首先介绍OSI参考模型。

（二）OSI参考模型

OSI参考模型是基于国际标准化组织（ISO）的建议，作为各层网络协议进行标准化的参考模型而发展起来的，它的目标是把开放式网络系统连接起来。OSI参考模型如图1-1所示。

OSI参考模型将计算机网络划分为七个抽象层次，每层都有其特定的功能范围和责任。以下是每个层次的主要功能和原则：

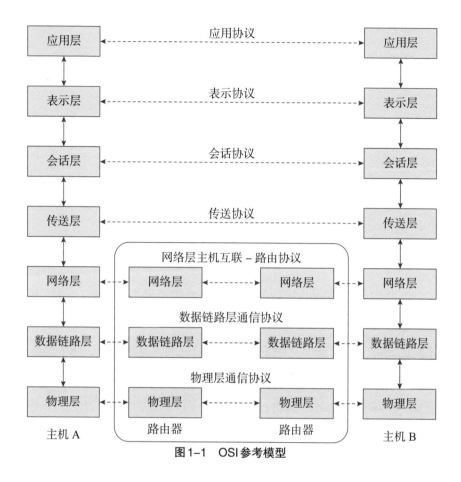

图1-1　OSI参考模型

物理层（Physical Layer）

负责传输比特流，以及定义连接到传输媒体（如电缆、光纤和无线电波）的硬件和物理细节。重点关注传输媒体的特性、电子信号的传输方式以及传输速率。

数据链路层（Data Link Layer）

提供可靠的点对点通信，定义链路层接口地址，通过帧（Frame）将比特流组织成数据块。实现帧的定界、错误检测和纠正，管理物理层和网络层之间的数据流。

网络层（Network Layer）

处理数据包的路由和转发，实现逻辑寻址，并提供跨多个网络的端到端通信。通过路由算法选择最佳路径，解决不同网络之间的互联和数据包的寻址问题。

传输层（Transport Layer）

提供端到端的通信和数据流控制，确保数据可靠性和顺序传输。实现流量控制、差错恢复、数据重组和传输层端口的管理。

会话层（Session Layer）

管理用户会话和数据交换，建立、管理和终止会话连接。提供逻辑连接和同步操作，确保数据正确传递。

表示层（Presentation Layer）

处理数据的格式表示，确保不同系统之间的数据格式兼容。数据格式的转换、加密和解密，确保数据在网络上正确解释和显示。

应用层（Application Layer）

提供网络服务和用户应用程序之间的接口，支持用户需求。实现网络服务，包括文件传输、电子邮件、远程登录等。

这种分层原则使得每个层次都可以独立设计和实现，只需关注自己的特定功能，同时确保与上下层次的兼容性。这有助于提高系统的可维护性、可扩展性和互操作性。每个层次的功能明确定义，也使得网络协议设计和实现中更容易分工协作。OSI参考模型是一种理想的网络模型，在实际中，绝大多数网络协议往往会根据需求和约束进行层次合并或精简，以降低网络协议的复杂度。

（三）IP网络体系结构模型：TCP/IP参考模型

TCP/IP参考模型起源于ARPANET，即互联网的前身，也是当前互联网所采用的标准模型。ARPANET是由美国国防部（DARPA）资助的学术科研网络，最初DARPA给网络体系结构设定的目标是：

- 即使网络和网关失效，网络通信也必须能够继续；
- 互联网必须支持多种通信服务；
- 互联网结构必须能够适应多种网络端硬件；
- 互联网结构必须允许资源的分布式管理；
- 互联网架构必须具有好的成本收益；
- 互联网结构必须能够方便地进行主机互连；
- 互联网结构使用的资源必须是可以统计的。

ARPANET通过租用专线连接了数百所大学和政府部门，随着网络接入的增加而不断扩展。其体系结构也在不断发展演化，当两个主要协议（TCP和IP）出现后，演变成了今天的TCP/IP参考模型。如图1-2所示。

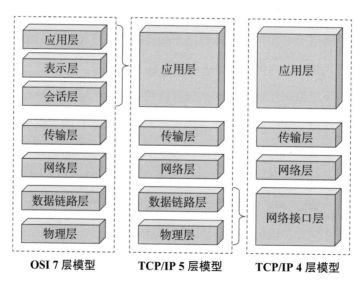

图1-2　TCP/IP参考模型与OSI参考模型的层间对应关系

如图1-2所示，TCP/IP参考模型一般按照4层划分。

（1）网络接口层

TCP/IP参考模型的网络接口层包含物理层和数据链路层。在这一层，主机需要使用特定的协议与网络连接，以有效传递IP分组。网络接口层的任务涵盖了物理传输媒介和数据链路的管理。物理层负责处理硬件设备和传输媒介的细节，确保数据能够在不同设备之间可靠传输。这包括处理电缆、光纤、无线信号等物理传输媒介的连接和传输规范。数据链路层负责将网络接口层上收到的数据划分为帧，并在数据帧之间添加必要的控制信息，以确保数据的可靠传输。数据链路层还负责检测和纠正数据传输中可能发生的错误。常见的协议包括Ethernet、PPP、WiFi、HDLC等。网络接口层提供了上层互联网层所需的抽象接口，使得不同的网络设备能够在物理层和数据链路层上进行通信。网络接口层是确保互联网协议正常运作的关键组成部分。通过协调底层硬件和传输媒介，网络接口层为上层协议提供了可靠的数据传输基础。

（2）网络层（又称互联网层）

网络层是TCP/IP参考模型中的重要组成部分，也被称为网际互联层。其设计目标是满足基于无连接的分组交换网络的需求。这一层使得主机能够将分组发送到任何网络，并确保这些分组能够独立传输到目标主机，即使经过不同的网络。互联网层的主要功能包括将IP分组发送到它们应该到达的目标地址，而这些分组的顺序可能会与它们发送的顺序不同。因此，在需要按顺序发送和接收分组时，高层协议必须负责对分组进行排序。

在互联网层，我们定义了正式的分组格式和协议，其中最核心的是IP协议。IP协议有两个不同的版本：IPv4和IPv6。IPv6被巧妙地设计为IPv4的升级版本，具备更大的网络和地址空间。IPv4在设备和用户方面有着庞大的存量，因此IPv6和IPv4将在相当长的时间内共存。然而，从长远来看，IPv6取代IPv4是发展的必然趋势。

此外，网络层的协议还包括一系列关键的控制和路由协议，如ICMPv6、NDP、OSPFv3等。互联网层通过IP协议等手段实现了数据分组传输，为整个网络提供了关键的路由和连接功能。在这一层次上的协议和技术的稳健设计对于确保数据的可靠传输和网络的正常运行至关重要。因此，互联网层的协议体系不仅支持网络的基本通信，还为网络的安全性和可持续发展奠定了基础。

（3）传输层

传输层位于网络层之上，在TCP/IP模型中扮演关键角色。与OSI参考模型中的传输层相似，其主要功能是实现源端和目的端主机之间的会话。在TCP/IP参考模型中，定义了两个端到端的传输层协议。一个是面向连接的传输控制协议（TCP）。TCP允许一台主机发出的字节流在互联网上被其他主机无差错地接收。TCP将输入的字节流分割成报文段，并将其传送到互联网层。在接收端，TCP接收进程将接收到的报文段重新组装成输出的字节流。为了避免发送过多的报文而导致接收方无法及时处理，TCP还包括了流量控制的功能。另一个协议是用户数据报协议（UDP）。UDP被设计为一种简洁的、面向无连接和不提供纠错能力的协议，主要为应用提供尽最大努力传送报文的服务。UDP广泛应用于一次性的客户——服务器模式请求——应答查询，以及对时延要求比较高的应用，如语音或视频传输。传输层通过TCP和UDP为应用层提供了不同的服务模型，支持可靠的面向连接通信和更轻量级的无连接通信，以满足各种应用的需求。

（4）应用层

网络应用层位于传输层之上，它是网络分层模型中的最高层。应用层负责实现各种网络应用程序并处理它们之间的交互，从而为用户提供各种网络服务和功能。早期的网络应用主要有电子邮件（SMTP）、远程登录（Telnet）、文件传输（FTP）、Web浏览（HTTP）等。随着计算机网络的发展和人们需求的不断增长，越来越多的网络应用被开发出来，如搜索引擎、即时通讯、文件共享、视频会议，以及各种网络游戏等。

众所周知，经过40多年的演进，TCP/IP网络体系结构已经成为当今计算机网络的基石，而以IP为核心的"瘦腰"结构则是其成功的关键所在。之所以称为"瘦腰"，主要是因为在整个网络体系结构中，IP协议位于网络层且是唯一的协议选择。相比之下，其他层面存在多种协议可供选择。

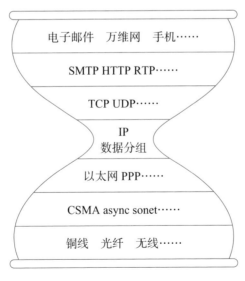

图1-3　IP的瘦腰结构

IP协议的独特之处在于它是一种无连接的协议，其主要任务是将数据包从源地址传输到目的地址，并不关心数据包的具体内容。这一特性实现了"everything over IP"（所有网络应用都在IP基础上建立）以及"IP over everything"（IP通过网络接口层能够运行在不同的物理网络之上）。这样的设计理念使得上层的各种网络应用和底层技术都能够独立发展，形成了一种高度灵活和可扩展的网络架构。这种"瘦腰结构"的成功体现在IP协议作为网络层唯一的选择，为整个互联网的稳定性和可持续发展奠定了坚实基础。

此外，我们也看到，IPv6作为IPv4的替代协议，在发展中不断演进创新，并根据IPv6自身特点提出了若干新的协议，如表1-1所示，差异主要体现在网络层的网络发现、自动化配置以及路由寻址等。

表1-1　OSI参考模型与TCP/IP模型的对应关系

OSI网络模型	TCP/IP网络模型	对应常用网络协议	IPv6新增协议
应用层	应用层	SMTP, HTTPS, DNS, HTTP, Telnet, POP3, SNMP, FTP, NFS...	
表示层			
会话层			
传输层	传输层	TCP, UDP, QUIC...	
网络层	网络层	IPv4, ICMP, ARP, RARP, OSPF, IGMP, BGP...	IPv6，ICMPv6，NDP，SLAAC，DHCPv6，IPv6路由协议（RIPng，OSPFv3，BGP-4+），IPv6 over IPv4...
数据链路层	网络接口层	Ethernet, PPP, WiFi, HDLC...	

（四）向IPv6过渡中的网络体系结构

IPv6取代IPv4是一个渐进且漫长的过程，通过多个阶段逐步实现。在每个过渡阶段，网络体系结构都经历一系列变化，主要表现在使用的通信协议和技术上的差异。

1. IPv6发展的初级阶段

在这个阶段，IPv4仍然占据主导地位，而IPv6网络则是一些孤立的存在，大多数应用仍然基于IPv4。首要任务是将边缘路由器升级为双栈路由器，这种路由器可以同时处理IPv6和IPv4数据包的正常转发。在子网之间建立IPv6互联时，可以选择使用二层链路技术直接建立IPv6纯链路，或者采用隧道技术跨越IPv4网络进行连接。IPv6路由和IPv4路由在这一阶段相互独立，互不干扰。为适应不断增加的IPv6应用需求，可以引入一部分IPv6主机和服务器。随着IPv6服务和应用的增加，逐渐部署纯IPv6节点，同时为了与纯IPv4节点或IPv4网络通信，还可以部署隧道、翻译、双栈等技术。

2. IPv6与IPv4共存阶段

随着IPv6服务和应用的增长，IPv6得到更广泛的应用，IPv6 Internet网络的骨干逐渐形成，大量业务在IPv6平台上得以引入。IPv6业务可以通过IPv6 Internet网络与IPv6 Internet网络互联，充分发挥IPv6的优势。然而，由于IPv6网络之间可能不互通，仍需使用隧道技术。——由于一些IPv6网络之间仍可能需要通过IPv4网络连接，因此仍需要使用隧道技术实现互通。在IPv6平台上，业务的丰富部署推动了IPv6的实际应用。然而，仍然存在大量传统IPv4业务，许多节点仍然是双栈节点。因此，不仅需要采用隧道技术，还需要采取IPv4与IPv6网络之间的协议转换技术。

3. IPv6占主导地位阶段

在这一阶段，IPv6完全占据Internet骨干网络，IPv4网络逐渐退化为孤立存在并逐渐消失。类似于初级阶段，采用隧道技术连接IPv4网络。

此时的隧道技术主要是4over6技术。网络中实现了全面的IPv6网络协议，包括IPv6邻居发现协议、路由器发现、无状态地址自动配置、重定向、IPv6路径MTU发现以及IPv6域名解析。随着向IPv6单栈的纯IPv6体系结构的推进，也将实现一个更加高效、安全、灵活的通信网络。

4.总结与展望

IPv4和IPv6是两个关键的互联网协议版本，其中IPv6被设计为IPv4的升级版本，提供了更大的地址空间，解决了IPv4的局限。尽管IPv4在设备和用户方面有着巨大的存量，IPv6和IPv4将在相当长的时间内共存。随着全球互联互通的不断发展，IPv6的重要性日益凸显。IPv6不仅提供了更大的地址空间，还具备更强的安全性和性能优势。在互联网的不断扩张和设备增多的趋势下，推动IPv6的广泛部署变得尤为重要。IPv6的采用不仅有助于缓解IPv4地址短缺问题，还为全球互联提供更可持续、稳定和高效的网络基础。

然而，全面过渡到IPv6并非一蹴而就的任务。推倒重来的全新设计虽然可能在理论上具有各种优势，但实际上面临着巨大挑战。现有的IPv4基础设施、设备和应用程序需要逐步升级和适配，而这涉及全球范围内的复杂协调和合作。

在推动IPv6时，需要考虑到可能的网络孤岛问题。由于网络和设备之间的不同部署进度，一段时间IPv4和IPv6网络会并存。因此，确保两个协议版本之间的兼容性和互操作性变得至关重要，以避免出现孤立的网络片段，确保全球互联互通的持续性。

综合而言，IPv6的广泛采用对于全球互联互通至关重要，但在推动过程中需要谨慎处理IPv4和IPv6的共存，确保网络的平稳升级，以避免可能的孤岛效应。这是一个庞大而复杂的过渡过程，需要全球范围内的协调和努力。

作为下一代互联网协议，IPv6正在迅速普及和部署。在5G、物联网、车联网等新兴业务快速发展的背景下，IPv6将在移动互联网和物联网等场景中发挥更为重要的作用，支持大规模设备的接入和通信。未来，随着新形态网络应用的发展，IPv6体系结构仍需要不断演进创新，加强对移动性、隐私保护等方面的支持，以适应未来网络的需求，特别是在面临大规模设备连接和智能化应用爆发的情况下，IPv6必须应对更加复杂的网络环境。

（五）IPv4地址耗尽

作为互联网运行的基础协议，IPv4从设计初期至今已经服务于互联网的发展超过40年。在各种技术高速发展的现代社会，一种通信协议能够支撑全球互联网运行这么多年本身就是个奇迹。

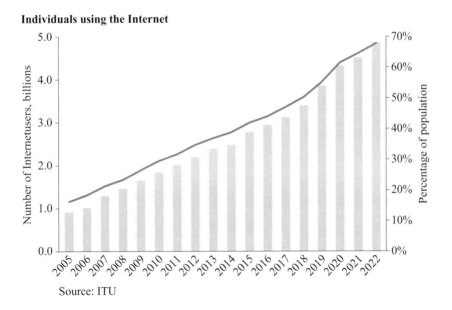

图1-4 全球网民占比的增长

随着互联网的快速普及，2022年国际电信联盟（ITU）统计全球超过2/3的人口，即53亿网络用户在使用互联网。还有许多服务器、路由器和物联网终端等设备联网均需要IP地址，而IPv4总量只有43亿（2^{32}）个。

IP地址是互联网运行所依赖的基础资源之一，由互联网码号管理机构IANA[9]进行管理，根据需要分配给服务全球五大洲的互联网地址分配机构（RIR）ARIN/RIPE-NCC/APNIC/LACNIC/AfriNIC，然后由这五大RIR向各自的成员机构进行分配[11]。截至2023年6月底NRO发布的全球IPv4地址分配情况[11]如图1-5所示。

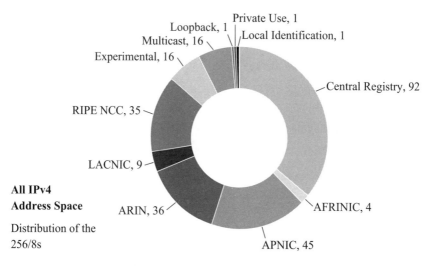

图1-5　全球IPV4地址分配情况

按照中国互联网信息中心（CNNIC）截至2022年底的统计，我国可供使用的IPv4地址为392486656个[12]，远远不足以支撑我国社会与经济发展的需要。这种情况也同样出现在其他发展中国家和地区。

2011年2月IANA已经将全球IPv4地址池分配完毕，这是互联网可持续发展的一个重要的转折点，部署IPv6是必须，而不是一种选择，"互联网的未来在于IPv6。所有互联网利益相关者现在必须采取明确的行动来部署IPv6"[13]。

二、IPv6的提出与发展

任何一种技术都有其生命周期。

IPv4协议提出之后不久研究人员就开始考虑这个问题。在20世纪90年代初期，随着互联网的快速扩展，IETF的若个工作组已经开始讨论如何延长IPv4的生命周期并考虑其后继协议。在CNAT、IP Encaps、Nimrod和Simple CLNP等多种方案提出后，不同的研究机构于1992年底又提出了PIP，SIP和TP/IX等新的建议。经过讨论，Simple CLNP演化为TUBA，IP Encaps演化为IPAE。在若干个建议中，称为IPng[20]的SIPP被选作IPv4的替代协议，并定义为RFC1883。由于80年代初就有研究人员提出了一种称为Internet Stream Protocol的协议，在IPv4协议之后被命名为IPv5。因此作为IPv4的后继协议就被命名为IPv6。经过反复论证IETF于1998年底发布了RFC2460，定义了IPv6协议数据包头格式、流标签、流量类型、扩展包头等各项内容的含义。IANA于1999年7月开始陆续向各个RIR分配IPv6地址用于实际网络部署。2012年6月6日为IPv6TurnOnDay，全球互联网特别是工业发达国家开始大规模部署。全球互联网架构委员会IAB于2016年发布声明指出因IPv4地址池已经耗尽，新研发的协议将不再支持IPv4，而将依靠IPv6协议。2017年IETF发布了RFC8200，更新后的IPv6标准得到了工业界的普遍共识与认可。

从推进IPv6实际部署的角度看，无论是发达国家还是发展中国家，政府的相关政策发挥了重要指导作用；各国的教育和科研网络NREN在技术创新研究、搭建试验网络、人才培养和应用方面起到示范和引领作用；设备制造和互联网网络运营公司则从市场和大规模工程化部署角度发挥了重要作用。

可以从多项统计情况来了解IPv6当前的发展。

-作为各个RIR的联合协调机构，美国国家侦察局（NRO）发布的年度报告[11]显示截至2023年3月，总共383616块/32的IPv6地址分配给各个RIR。CNNIC统计报告[11]显示我国已申请到67369块/32，较2021年12月增长6.8%。

-IETF发布的RFC截至2023年7月有9457个，其中IPv6相关的已超过510个，为基于IPv6的下一代互联网发展做好了标准化准备；其中有中国研究人员牵头或参与的IETF标准文档超过210篇[18]，位居第二位；研究和企业部门在国家和行业标准研究、制定和执行方面也做了大量工作，制定了基础协议、地址分配、设备测试、IPv4/IPv6互操作等多种标准。

-根据统计，互联网中IPv6路由前缀数量排序为美国、中国、巴西、印度等[14]；全球IPv6的路由条目数量持续增长，目前已接近20万条；全球主要运营商的IPv6部署逐年上升，我国主要运营商的部署率从2018年的1%上升到2023年的16%以上，其中中国电信达到了46%[16]；中国教育和科研计算机网的纯IPv6网络CERNET2已经接入近2000所高校，成为全球最大的IPv6教育和科研网络。

-根据中国信息通信研究院的统计[17]显示我国主要网络运营商运营的基础设施已全面部署IPv6，在全国所有省份固定网络和移动网络开通IPv6，移动网络IPv6流量占比超过50%，活跃IPv6网络用户超过7.6亿；中国教育和科研计算机网CERNET2建设了纯IPv6主干网，成为全球最大的IPv6国家级教育和科研网络。

-国内外主要网络设备制造商生产的路由器、交换机、无线AP、服务器等均支持IPv6，但家用宽带路由器、网络软件、物联网设备等仍需升级；主流操作系统均支撑IPv6协议；截至2022年底在全球已颁发的3014个IPv6 Ready Phase-2 Logo 认证证书[19]中，中国制造设备排名第一。

截至2023年6月底NRO发布的全球IPv6地址分配情况[11]如图1-6所示。

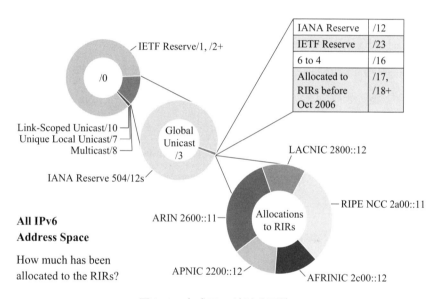

图1-6　全球IPv6地址分配情况

全球互联网已经启动从IPv4向IPv6的过渡，尽管还需要时日，但这一进程已成为面向未来的演进趋势。

（一）IPv6标准

IETF是汇集了由网络设计师、工程师、运营商、设备商以及研究人员等参与的全球互联网重要的技术标准机构。IETF根据需要，组建相关研究工作组进行标准的制定。与IPv6相关的就曾有IPng工作组，以及现在仍在工作的网络运维和网络管理、网络安全相关的6ops、6man工作组。

IPv6协议的核心规范于1995年作为RFC 1883首次发布，此后经历了多次增强和更新，2017年发布的RFC 8200 STD（86）形成IPv6的最终标准。按照IETF的工作机制，有许多协议通过了IETF标准流程，被分配编号作为RFC发布，但不是互联网标准。这里列出RFC的三种类别。

（1）STD RFC：由机构或研究人员个人首先起草称为Internet Draft（ID）的初稿，这种初稿ID尚未被分配RFC编号。如果ID在6个月内被批准成为RFC，则取消此ID。被各方认可并分配编号成为RFC后，只有具备足够的重要性并需要经过一系列的审查、修订、多方测试才能最终成为Internet标准STD（standard的缩写），并分配STD的编号，例如，RFC8200也称为STD 86。

（2）BCP RFC：BCP是对于Internet的使用和管理提供一般性的指导意见，或反映技术趋向等。BCP会有自己的编号序列，例如，反映Internet标准化工作程序的BCP 9的RFC编号就从RFC1602上升到RFC2026，相应地就废弃了RFC1602。但是BCP本身不是Internet标准。

（3）FYI RFC：FYI主要是提供有关Internet的知识性内容。FYI自有一个编号序列并有一个RFC编号。例如1990年发表的RFC1150（FYI0001）定义了FYI的用途和基本情况介绍，而RFC2504（FYI0034）是Users' Security Handbook，是网络用户安全手册，说明了如何安全使用网络的知识。

还有其他一些类型。

互联网标准的命名意味着那些实现和部署协议的人可以放心使用

符合这些协议的软件和硬件，由于已经过IETF社区比其他RFC更多的技术审查和测试，并通过运行代码经受了真实网络环境的考验。除了IPv6、ICMPv6、NDP、DHCPv6等基础协议之外，包括网络设备管理、运行、DNS、路由、安全等其他相关的协议均已经运行多年，得到不停地完善和增补修改，可以支撑互联网从原理基于IPv4的环境向IPv6演进。

互联网技术在不停地演进中。IPv6相关协议是由互联网工程任务组IETF各个工作组研发的。尽管IPv6已经部署了多年，但从IETF相关工作组可以看到IPv6相关协议的研究仍在积极开展中。例如，IPv6单栈网络（IPv6 Only）、IPv4作为一种服务（IPv4 as a Service）、IPv6分段路由（SRv6）、IPv6在非广播型网络中的系统架构、向IPv6单栈过渡等很多草案正处于研究和讨论阶段。我们需要找到需要利用IPv6解决的问题，设计如何提高IPv6安全性，增强功能和管理能力的特性，积极参与到相关标准的研究与开发中去，为全球互联网的发展贡献我们的智慧和力量。

（二）IPv6特点

了解任何一种协议，可以从以下几点入手：地址的结构和类型、数据包格式、包头结构及各项内容规定、主要通信原语接口、协议的状态迁移图、协议交互流程、与相邻层协议的通信接口、长处与短处等。对比IPv4并总结多年来的经验，IPv6协议不仅在地址空间得到极大扩展，解决了IPv4地址不足的问题，还具有许多其他特点。充分利用这些特点与特性，为下一代互联网的创新应用和满足数字化社会的发展带来非常大的机遇。

按照七层开放系统互联参考模型的分层结构，互联网的网络层协议目前是使用IPv4与IPv6。IPv4采用4个字节32个二进制位的地址长度（地址总数是 2^{32}，约为43亿个），而IPv6采用128位的地址长度（地址总数是 2^{128}=340282366920938463463374607431768211456）。按照目前行业的惯例，分配给一所学校或中心规模的企业或机构的IPv6地址块为/48，也即从左向右的48位作为路由前缀，后接16位的地址空间一共可以划分出65536个子网，每个子网拥有 2^{64} 个IPv6地址。

IPv6与IPv4的数据包头格式相比有了很大变化，IPv6保留了三个字段：版本（Version）、源地址（Source Address）和目的地址（Destination Address）；新增了一个字段：流标签（Flow Label）[22]，用于标记IPv6的网络层源端发起的连续的数据流；修改了四个字段，废弃了七个字段，见图1-7。IPv6数据包头的流类型（Traffic Class）用于流的标识和管理；有效载荷长度（Payload Length）是指IPv6数据包头之后的包括扩展包头在内的载荷长度；跳数限制（Hop Limit）与IPv4的TTL类似，数据报每次被转发其数值减直至为零后被丢弃；下一个包头字段（Next Header）标识出下一个包头的类型，其数值表示的协议类型与IPv4的一致，这些扩展包头需要遵循RFC8200规定的顺序，否则会被丢弃。

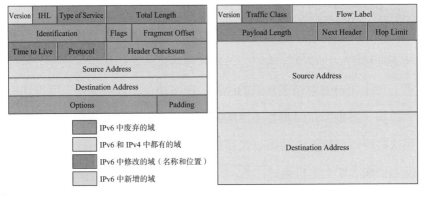

图1-7　IPv4与IPv6报文头格式

IPv6地址分为一对一通信的单播（Unicast）、一对多通信的组播（Multicast）和任意播（Anycsat）。与IPv4不同的是IPv6没有广播地址（Broadcast address），而是使用组播执行相应的功能。

由于IPv6地址容量的大规模扩展，地址书写表达时将总长128个二进制位的地址按照16进制进行书写，即使用0～9和A～F（或小写a～f）十六个字符；每四个字符一组，每一组之间使用冒号（:）做分隔。

IPv6单播地址的结构是分为n+m共64位的路由前缀（Prefix）和128-n-m的网内主机接口地址（interface ID）两部分。其中n为全球路由前缀，一般学校或中小型企业为/48的前缀；而m为该机构可以划分机构内子网（Subnet ID）的地址空间。

n bits	m bits	128-n-m bits
全球路由前缀（Global Routing Prefix）	子网前缀（Subnet ID）	主机接口地址（Interface ID）

举例来看，一个典型的/48的IPv6地址是这样书写的：

2001:0db8:87a3:01a0:2114:0000:0f70:1a11

可以看到其中2001:0db8:87a3为全球路由前缀，之后的0000～ffff为可供划分子网的地址段，而01a0是其中的一个子网。2114:0000:0f70:1a11共64位是该机构01a0子网内的一个主机接口IPv6地址。考虑到为便于阅读和书写，IPv6地址中为某个分段为全0000的部分可以缩写为一个0，前导零也可以省略，即0f70可以书写为f70，即2114:0000:0f70:1a11可以书写为2114:0:f70:1a11。当有连续两个分段均为0时，可以使用双冒号（::）来代替，但整个IPv6地址中双冒号只能出现一次。看一个例子:如果完整书写的地址是2001:0db8:87a3:01a0:21f4:0000:0000:0a11，则其简略形式可以书写为2001:db8:87a3:1a0:21f4::a11。

按照 IANA 制定的 IPv6 地址空间划分，2000：：/3 的地址块为全球单播地址空间；ff00：：/8 为组播地址空间。[24]

根据地址的作用区域，IPv6 地址可分为以下几种：全球可路由的单播地址（global unicast），用于接入全球公共互联网的网络；本地唯一地址（ULA，unique local address），其作用类似于 IPv4 的 10.0.0.0/8 等由 RFC1918 定义的专网地址，可在企业或机构内部使用但不能在全球公共互联网做路由广播；本地链路地址（link local），这些地址将只用于在本地子网发送数据包。

IPv6 还有很多特性，例如，使用 SLAAC 无状态自动配置实现即插即用、规模更小的路由表、支持更好的移动 IP 特性等，受篇幅限制就不一一在此详细说明。下面的表格对主要特性进行了其与 IPv4 的对比，供参考：

表 1-2　IPv4 与 IPv6 主要特性对比

比较内容	IPv4	IPv6
地址格式	4 字节 32bit	16 字节 128bit，地址空间大
数据包的包头结构	变长的包头	固定大小的包头＋可变长度的选项
包头字段	多个字段	有更改，新增流标签等
地址的解析	使用 ARP 协议	使用 ICMPv6 NS/NA (+MLD)，ND
自动配置方式	使用 DHCP 协议	ICMPv6 RS/RA & DHCPv6（+MLD）
子网边界	使用 VLSM 变长子网掩码	前 64 位为子网，后 64 位为接口
地址标识	客户端一个接口一个地址	单端口容许多个地址

续表

比较内容	IPv4	IPv6
服务质量管理	使用8位的业务流类别Class	使用Flow Lable对QoS要求进行标识
接口地址分配方式	静态、DHCP为主	DHCPv6、新增的自动配置SLAAC等
数据包头格式	多项内容	相对简化，Option多个选项
包头选项Option	较少使用	具备多种功能且允许扩充演进
网络检查	使用ICMP	使用ICMPv6
路径MTU发现	主要依靠ICMPv4	推荐RFC4821建议的PLPMTUD机制
内网地址	由RFC1918定义	由RFC4193定义的ULA地址
DNS记录	使用A标识	使用AAAA标识
加密支持	可选	IPsec可选
数据包分片	可由主机/路由器分片	仅有主机端协议栈进行分片
组播的使用	由组播的应用程序使用	网络层邻居发现也需要利用组播
对互联网的访问	直连/NAT	直连/ULA
数据流形态	逐渐增多的加密数据流	更普遍使用加密手段
向IPv6过渡期	IPv4单一协议栈，双栈	V4/v4+v6双栈/v6单栈
网络安全特性	具有相对较多经历	还未充分暴露

比较内容	IPv4	IPv6
网络安全防护产品	相对比较成熟	还需进一步完善
普及程度	已在全国全世界普及使用	国内目前移动端>固网端
商用IP地址查询	多种商用产品	产品较少

（三）IPv6的扩展包头

IPv6数据包头结构与IPv4相比更加简洁，固定长度的包头将使IPv6的数据包转发效率更高，同时通过利用数据包头中的扩展包头使今后为提供新功能而引入更多选项时带来更大的灵活性。

在IETF发布的RFC8200、4303、4302中对扩展包头有详细而明确的规定。这些扩展位于IPv6数据包的基本包头和上层数据包之间，每一个扩展包头都由IANA制定的协议编号予以标识，IPv4和IPv6均同样使用这些标识。

一个IPv6数据包可以不包含扩展包头，也可以根据需要包含一个或多个扩展包头。在协议栈处理扩展包头时，需要遵循规定的顺序。在IPv6数据包沿着路径被路由设备转发时，除了逐条转发（Hop-by-Hop）这个扩展选项外，所有其他选项都保持不变，不能增加或被删除，直至到达数据包指定的目的地址。

下面的示例表明基本包头后紧跟着TCP包头和数据，没有扩展包头，是个最简单的TCP数据包封装在IPv6数据包里的例子。

```
+--------------+------------------+
|  IPv6 header | TCP header + data |
|              |                  |
| Next Header =|                  |
|     TCP      |                  |
+--------------+------------------+
```

下面这个例子表明基本包头之后的第一个扩展包头是包含路由信息的路由包头，而在路由包头内的下一个扩展包头指向TCP数据包。

```
+--------------+------------------+-------------------+
|  IPv6 header | Routing header   | TCP header + data |
|              |                  |                   |
| Next Header =| Next Header =    |                   |
|   Routing    |     TCP          |                   |
+--------------+------------------+-------------------+
```

下面这个例子表明基本包头之后的第一个扩展包头是包含路由信息的路由包头，而在路由包头内的下一个扩展包头指向分片包头，分片包头的下一个是TCP的分片包头及其数据。

```
+--------------+------------------+-------------------+------------------+
|  IPv6 header | Routing header   | Fragment header   | fragment of TCP  |
|              |                  |                   | header + data    |
| Next Header =| Next Header =    | Next Header =     |                  |
|   Routing    |   Fragment       |     TCP           |                  |
+--------------+------------------+-------------------+------------------+
```

RFC 8200说明IPv6的基本包头、扩展包头和上层协议数据报文按顺序排布。扩展包头必须按顺序排列；除目的选项包头外，每种扩展包头只能出现一次；目的选项包头最多出现两次，一次出现在路由包头之前，一次出现在上层协议数据报文之前，如果没有路由包头，则只能出现一次；不符合要求的数据包将被丢弃。

以下是这个规定的顺序：

1. IPv6 基本包头（IPv6 header）

2. 逐跳处理包头（Hop-by-Hop Options header）

3. 目的选项包头（1）（Destination Options header）

4. 路由选择包头（Routing header）

5. 分片扩展包头（Fragment header）

6. 认证包头（Authentication header）

7. 封装安全净荷包头（Encapsulating Security Payload header）

8. 目的选项包头（2）（Destination Options header）

9. 上层协议包头（Upper-Layer header）

更详细的说明请详见 RFC 8200。

（四）IPv4 向 IPv6 过渡的方法

从 IPv4 与 IPv6 的对比可以看到数据包头和地址格式存在着极大差异，两者之间的互通互联，以及从 IPv4 向 IPv6 的演进过渡机制在设计之初并没有明确的途径。由于 IPv4 与 IPv6 之间不能直接互联通信，这就会使得新建 IPv6 网络无法访问已在全球得到广泛部署的基于 IPv4 的众多信息资源，从而阻碍了向 IPv6 的过渡。研究人员们为此开展了大量的工作，目前已经提出了完整可行的解决方案，形成了相关系列 RFC 标准并在行业中得到了大规模的实际验证，为全球互联网向基于 IPv6 的网络过渡打下了坚实基础。

从过渡节奏看这种海量设备的过渡不会一蹴而就，不会在很短时间之内全部完成。

从过渡顺序看，会存在以下三个时期：

（1）所有设备和应用系统全使用 IPv4（IPv4 单栈）；

（2）然后逐步开始有 IPv6 的少量部署，逐步到 IPv6 占主流（双栈时期）；

（3）所有设备和应用系统实现从 IPv4 向 IPv6 的过渡（IPv6 单栈）。

从过渡场景看，在网络向 IPv6 的过渡期间，IPv4 对 IPv4 与 IPv6

对 IPv6 的同一种协议之间的访问不存在障碍，但需要解决交叉和穿透的问题，即 IPv6 访问 IPv4；IPv4 访问 IPv6；新建 IPv6 子网透过 IPv4 主干网访问另一端的 IPv6 子网；现有 IPv4 子网透过新建 IPv6 主干网访问另一端的 IPv4 子网等多种情况。针对这些过渡期间面临的需求，行业里的过渡方案主要有双栈、翻译和隧道三种方式。

不少机构对于向 IPv6 过渡的优先考虑是双栈方式，寄希望于随着 IPv6 流量的上升，逐步降低对 IPv4 的依赖，其优点是适用于拥有充足 IPv4 地址的机构，现有的 IPv4 网络和业务基本不受影响。但缺点是这并不能解决 IPv4 地址短缺而制约发展的问题，同时还增加了设备和业务需要维持两套协议栈的运行维护、故障与安全排查困难等问题。因此发达国家和我国政府都明确推出需要加快 IPv6 单栈部署以尽快完成过渡的政策。

为实现交叉互访，就需要使用翻译方式，即 IPv4 访问 IPv6 资源或 IPv6 访问 IPv4 资源时需要将目的地址映射翻译到对方的地址空间。要完成两种 IP 协议的互联并实现向 IPv6 的过渡，翻译技术需要考虑并解决很多相关协议的处理，涉及 IPv4、IPv6、ICMPv4、ICMPv6、DNS 协议和路由等许多细节。

根据两种网络互访的要求，可以分为一次翻译和二次翻译。

西班牙等国研究人员提出的 NAT64 [RFC6146] 属于有状态管理的一次翻译技术，主要用于将客户端 IPv6 地址、TCP/UDP 协议及其端口号动态地翻译映射为服务端的 IPv4 地址和端口，配合 DNS64 实现交叉访问。而清华大学团队提出的 IVI [RFC6219] 技术则是利用 IPv4 与 IPv6 地址的无状态翻译技术，简单来说其处理机制是网络提供商使用一段称为 IVI4 的 IPv4 地址，将其唯一映射为一段特殊的称为 IVI6 的 IPv6 地址，通过地址嵌套映射算法进行 IPv6 对 IPv4 地址的无状态翻译。

已经获得IVI6地址的用户可以直接访问全球IPv6网络，而通过IVI翻译网关就将其IVI6地址转换为IVI4地址与全球IPv4网络通信，实现了IPv4和IPv6的互访。

二次翻译技术则有464XLAT [RFC6877] 和MAP-T [RFC7599]等。顾名思义464XLAT就是进行了IPv4 - IPv6 - IPv4两次地址转换，移动通信网络中的安卓系统仅支持IPv4的App通过在客户端的464XLAT翻译器将IPv4翻译成网络侧的IPv6，在网络出口由NAT64设备将IPv6转换为IPv4以访问仅支持IPv4的服务。

在向IPv6过渡时，有多种场景需要使用隧道方式。隧道方式也可以称为封装方式，即可以根据需要将一种协议的数据包封装在另一种协议中。例如，要透过IPv6主干网实现两侧IPv4子网的互联时可以使用MAP-E这种符合RFC7597标准的技术，将两侧的纯IPv4网络透过中间仅支持IPv6的主干网实现互联。而要透过IPv4主干网将两侧的IPv6网络互联起来，则需要使用由RFC 7059介绍的技术，用IPv4的包头将IPv6数据包封装后透过IPv4主干网中的隧道进行传输。另外，还有DS-Lite、6rd、6PE、6VPE、4in6、6in等多种隧道技术满足不同场景下的过渡需求。

另外，还有反向代理等技术将IPv6客户端的请求在DNS的配合下发往代理服务器，代理服务器将其转换为IPv4后发往仅支持IPv4的服务器实现IPv6客户端对IPv4服务资源的访问。中国移动公司还提出了PNAT技术，在客户侧与网络侧进行IPv4/IPv6的翻译实现两种协议的互通。

考虑到IPv6内网与外网的互联需求，IETF也提出了NPTv6标准RFC6296，支持1∶1的网络前缀翻译，可以用于使用ULA地址的网络与外部网络的互联、Multihoming、冗余与负载均衡等多种场合。

我们需要充分了解这些过渡技术[26]，为实现向IPv6的过渡做好准备。

（五）IPv6单栈

IPv6是未来网络的基础协议，全球互联网架构委员会（IAB）在2016年就指出了IPv6是未来发展方向。

美国、德国、马来西亚等各国政府发出了"推进IPv6"（ADVANCE-IPv6）等计划的积极推动政策，美国白宫管理和预算办公室2020年发布指南，要求"美国各机构尽快完成向IPv6的过渡，确保到2025财年末，联邦网络上超过80%的IP资源是IPv6单栈"。

我国政府于2021年发布的《关于加快推进互联网协议第六版（IPv6）规模部署和应用工作的通知》明确指出，"增强IPv6网络互联互通能力，积极推进IPv6单栈网络部署，是我国未来推进IPv6工作的重点任务之一"；要求到2023年末，"IPv6单栈试点取得积极进展，新增网络地址不再使用私有IPv4地址"；到2025年末，"全面建成领先的IPv6技术、产业、设施、应用和安全体系，我国IPv6网络规模、用户规模、流量规模位居世界第一位。网络、平台、应用、终端及各行业全面支持IPv6，新增网站及应用、网络及应用基础设施规模部署IPv6单栈"。

在向IPv6演进的众多方案中，特别是与IPv4/IPv6双协议栈方案相比，IPv6单栈（IPv6 only）具有多项优点：IPv4地址耗尽已不能满足发展需要，双栈方案不能解决IPv4地址短缺问题；双栈网络和应用系统的配置和维护工作量更大，对设备的要求相对较高，增加了运行成本；双栈方案的入网认证、故障排查、质量控制等不仅要考虑两个协议栈各自的问题，还增加了交叉干扰问题；与双栈方案相比，单栈对外网的安全暴露面减少，降低了安全风险；单栈方案促进了网络和信息系统的简化，潜在故障点减少，因此可靠性比双栈方案更好。

IPv6单栈就是在一个网络内客户端和服务端均使用纯IPv6协议运行的网络及其应用系统，这不仅是未来发展方向，也是当前我们必须重视和重点推进的工作。

在一些内部网络中开通IPv6单栈网络已有先例，例如，一些移动运营商的VoLTE高清语音网络就是例子。但在大规模IP网络中，如果不进行专门设计IPv6单栈网络和业务提供方案而直接关闭双栈网络中的IPv4协议，将使得现有的IPv4业务无法正常运行并将影响用户体验。国内外主要设备制造商、网络和服务提供商均十分重视这项技术。2004年第二代中国教育和科研计算机网CERNET2开通了当时全球最大规模的纯IPv6下一代互联网主干网；2012年爱立信公司发布了关于IPv6单栈的文稿；国外已有美国T-Mobile等若干大型运营商部署了IPv6单栈网络；2021年中国电信与清华大学团队联合攻关实现了从无锡到内蒙云基地之间的IPv6单栈多业务通信，这也是国际上首个长距、跨域、多场景的IPv6单栈成功案例，他们联合提出的多域IPv6单栈组网框架方案于2022年在IETF成功立项[25]，并得到了美国Verizon、法国电信、瑞士电信等欧美大型运营商的支持和参与。

部署与开通IPv6单栈，实现向IPv6的平滑无缝过渡是十分重要的。IETF已经将"IPv4作为一种服务"作为研究任务，以保障可以互联网现有IPv4业务的服务连续性。

（六）从IPv6到IPv6+

全球互联网向IPv6的演进过渡已是大势所趋，最受公众关注的是 IPv6 具有巨大的地址空间这个特性。不少网络和云服务运营商部署 IPv6 以解决受困于 IPv4 地址不足，限制发展的问题。其实 IPv6 带来的好处远不止地址多这一点。

从互联网的发展可以看到客户端要求更高的传输速度，多媒体业务、视频会议和虚拟现实等应用要求高带宽、低时延和低抖动，主干网络路由器端口从 100Gbps 向 400Gbps 和 Tbps 级别的传输和路由转发能力演进，这些都要求进行高性能的处理 IP 数据包；同时 IP 数据流应具有多种业务类型；另外还需要可以根据需要灵活增加网络的功能。相比较于 IPv4，IPv6 在设计时已经尽力做了有效改进，但创新的步伐不会停止。

中国推进 IPv6 规模部署专家委员会于 2019 年组建了 "IPv6+" 技术创新推进组推动相关技术体系的创新，以推进 IPv6 规模部署国家战略为契机，重点在 "IPv6+" 概念内涵、场景需求、产业价值以及发展规划等方面开展工作[27]。该技术体系是基于 IPv6 技术的升级，以提供确定性转发、灵活联接、低时延保障、可保障超大带宽、自动化运维等能力为目标，在大联接、超宽带、自动化、确定性、低时延和可靠安全等六个维度全面提升 IP 网络能力，加速千行百业数字化转型。

我国政府高度重视下一代互联网技术和产业的升级发展。2023 年 4 月多部委联合印发了《关于推进 IPv6 技术演进和应用创新发展的实施意见》，明确提出到 2025 年底，"IPv6+" 等创新技术应用范围进一步扩大，基础设施能力持续增强，重点行业 'IPv6+' 融合应用水平大幅提升的发展目标。

"IPv6+" 是基于 IPv6 的下一代互联网的技术升级，是对现有 IPv6 技术的增强。"IPv6+" 的目标是全面使能无处不在的 IP 网络。"IPv6+" 网络具有智能、安全、超宽、智能联接、确定性、低时延等特征，能够支持泛在接入、多云互联等场景，实现云间高效协同，为企业提供高质量的上云体验夯实数字底座，加快数字政府建设，赋能千行百业数字化转型，开启数字制造新征程。

"IPv6+"旨在开展包括网络技术体系、智能运维体系和网络商业模式三个不同维度的重大创新，是我国新基建中信息基础设施的重要组成部分。"IPv6+"是支撑新基建的网络基础设施技术保障，也是数据中心、云计算等新基建应用基础设施所需的关键技术。"IPv6+"所引发的产业应用创新，将为智慧城市、智慧交通、工业互联网、科教科研等新基建融合基础设施和创新基础设施的发展带来新的机遇。

中国通信标准化协会已经牵头成立了 IPv6 标准工作组，汇聚各方力量，统筹推进 IPv6 国家、行业和团体相关标准的制定。同时积极参与 IETF、IEEE、ITU 和 ETSI 等国际相关标准化机构的研发工作。

三、国际IPv6部署状况

（一）美国

美国政府很早就意识到IPv6对于互联网发展及国家安全的重要意义。2003 年 2 月，白宫发布《网络空间安全国家战略》（*National Strategy to Secure Cyberspace*），其中提到"IPv6与IPv4相比，除了提供海量地址外，它还提供了改进的安全功能，包括属性和本地IP安全，以及启用新的应用程序和功能"。"美国必须了解向IPv6过渡的优点和障碍，并在此基础上确定向基于IPv6的基础设施过渡的过程。联邦政府可以通过在自己的一些网络上使用IPv6，并通过协调其与私营部门的活动，带头开展向IPv6的过渡。商务部将成立一个特别工作组，审查与IPv6相关的问题，包括政府的适当作用、国际互操作性、转型中的安全以及成本和收益。工作组将征求可能受到影响的行业部门的意见。"

在此之后，美国联邦政府各部门对IPv6的迁移过渡开展了多次行动。布什、奥巴马、特朗普三届美国政府分别在2005年、2010年和2020年以行政管理与预算办公室（OMB）的名义发出3份"过渡IPv6"备忘录：

2005年8月：布什政府的行政管理与预算办公室（OMB）发布IPv6过渡计划备忘录（M-05-22），该备忘录及其附件为各机构提供指导，以确保从Internet协议版本 4（IPv4）到版本 6（IPv6）的有序和安全过渡。备忘录中提出到2008年6月所有机构的骨干网络必须支持IPv6。同时提出各机构应评估IPv6迁移过程中的收益、复杂度、成本和安全风险。

2010年9月，奥巴马政府的行政管理与预算办公室（OMB）发布备忘录《Transition to IPv6》，要求对外提供的服务在2012年全部支持IPv6，用于内部服务的系统在2014年全部支持IPv6，联网IT设备的采购要符合USGv6及其测试规范的要求

在2012财政年度结束前，本地IPv6应处于可使用的状态。

2020年11月，特朗普政府的行政管理与预算办公室（OMB）发布备忘录《Completing the Transition to Internet Protocol Version 6（1Pv6）》，其战略意图是让联邦政府使用纯IPv6（IPv6-only）提供信息服务、运营网络和访问其他服务。备忘录要求2023年前实现至少20%的纯IPv6网络升级，2024年前实现至少50%的纯IPv6网络升级，2025年前实现至少80%的纯IPv6网络升级，无法升级的基础设施将逐年淘汰。

NIST数据显示，截至2023年7月，美国联邦政府网站的IPv6支持率约为54%。

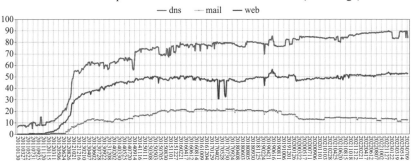

USG IPv6 Operational Service Domains Over Time (Percentage)
— dns   — mail   — web

图1-8　美国联邦政府网站IPv6支持率（2023-07-09）

美国主要电信运营商也在加大对IPv6的部署力度，据统计[①]，截至2022年6月，来自德电美国（T-Mobile US）用户的访问中92.31%采用IPv6，威瑞森（Verizon）达到83.58%，美国电话电报公司（AT&T）为72.32%，我国运营商这一数据则在30%左右。

美国主要互联网巨头积极拥抱IPv6。谷歌作为世界上最大的互联网公司之一，是IPv6应用部署推广的主要推动者。谷歌的IPv6基础设施改造开始于其内部的"20%"项目，即在不违背常规项目或运营事项的前提下谷歌的工程师可以抽出其20%的时间开展创新。在此过程中，谷歌服务逐步实现了对IPv6的支持。到2023年9月，谷歌的访问量中已有超过45%的流量是通过IPv6完成的。苹果公司从2016年6月1日开始，其IOS9支持IPv6-Only。苹果应用商店需要强制要求支持IPv6，不允许任何应用实现中嵌入IPv4地址。除了在应用商店的IPv6

---

　　①　https://www.worldipv6launch.org/measurements/.

强制准入规则外，苹果终端操作系统改进了协议栈算法，使IPv6的连接能够更快得到请求。脸书（Facebook）是世界上用户数量第二大的网站，仅次于谷歌。脸书在2010年的"世界IPv6日"开始试验IPv6，其改造策略是在内部网络中部署IPv6单栈网络，边缘节点支持IPv4/IPv6双栈。到2014年，脸书已经几乎将所有其内部网络迁移到IPv6，99%的内部流量为IPv6，一半的数据中心是IPv6单栈的。

（二）欧洲

欧盟于2000年启动6INIT（泛欧IPv6部署）项目，由12个欧洲合作伙伴和5个IPv6集群组成。这是第一个专注于IPv6技术的欧盟项目。该项目持续到2001年4月，获得了国际和本地IPv6网络的早期部署经验。

2001年底欧盟启动了6WINIT（IPv6无线互联网行动计划）项目。6WINIT项目的目的是有效地推进基于IPv6与GPRS及UMTS/3GPP结合的新型移动无线互联网在欧洲的应用。

欧盟IPv6路线图计划到2010年底，实现25%的企业、政府机构和家庭用户迁移至IPv6。但是这一目标2010年未能实现，欧盟范围内的使用率约为8%。

欧洲电信标准化协会（ETSI）2020年10月成立IPE工作组，主要目标是展示全球最佳IPv6实践，推动IPv6新兴业务场景和部署。成员包括了中、美、欧、印等全球70家企业机构。

近年来，主要欧洲国家非常重视IPv6的部署，法国、德国等国IPv6部署率增长较快。法国要求从2020年12月31日起，3.4～3.8GHz的5G频谱的持有者的网络必须兼容IPv6协议。APNIC数据显示，2023年7月，法国IPv6部署率66%，德国IPv6部署率62%，英国IPv6

部署率46%，挪威IPv6部署率42%。

（三）印度

印度政府非常重视IPv6的部署，在借鉴美国、中国等国家IPv6推进策略的基础上，2010年印度通信和信息技术部推出《国家IPv6部署路线图第一版》，2013年又推出《国家IPv6部署路线图第二版》，并于2016年、2021年进行了两次修订。

印度IPv6部署路线图要求：

2014年1月1日或之后由服务提供商提供的所有新企业客户连接（无线和有线）应能够在双栈上承载IPv6流量。对于尚未准备好IPv6的现有企业客户，服务提供商应教育和鼓励其客户转向IPv6。

网络服务提供商在2014年6月30日或之后提供的所有新零售有线客户连接应能够支持双栈承载IPv6流量。

自2013年6月30日起，网络服务提供商提供的所有新LTE客户连接均应能够双栈承载IPv6流量。网络服务提供商在2014年6月30日或之后提供的所有新GSM/CDMA客户连接应能够在双栈上承载IPv6流量。

所有内容（如网站）和应用程序提供商应致力于在2014年6月30日之前为新内容和应用程序采用IPv6（双栈），并最迟在2015年1月1日之前为现有内容和应用程序采用IPv6。包括支付网关、金融机构、银行、保险公司等在内的完整金融生态系统最晚应在2013年6月30日之前过渡到IPv6。整个".in"域名最迟应在2014年6月之前迁移到IPv6。

2014年6月30日或之后在印度销售的所有支持 GSM/CDMA 版本 2.5G 及以上版本的手机/数据卡加密狗/平板电脑和用于互联网接入的类似设备应能够支持双栈。

政府组织应根据网络复杂性和设备/技术生命周期，制订详细的过渡计划，以便在 2017 年 12 月之前完全过渡到 IPv6（双栈）。该计划最晚应在 2013 年 12 月之前制定，相应的预算拨款应在其赠款需求中做出。为此，建议每个组织立即成立专门的组织，以促进整个过渡。为政府组织提供/由政府组织提供的所有新的基于 IP 的服务（如云计算、数据中心等）应采用支持IPv6流量的双栈，并立即生效。

政府机构应在智能电表、智能电网、智能建筑、智慧城市等各自领域开展基于IPv6的创新应用。IPv6应纳入全国各院校开设的技术课程。

所有公共云计算服务/数据中心提供商的目标应是在2014年6月30日之前采用最新的IPv6（双栈）。

根据路线图中规定的政策指导方针，印度于2010年12月成立了由 2 个委员会和 10 个工作组组成的 3 层架构的 IPv6 工作组，每一层都有来自不同组织/利益相关者的成员，以规划、协调和推动 IPv6 在全国范围内的采用。

根据APNIC统计，2023年7月，印度IPv6部署率已达到78%，排位世界第一，印度移动运营商Reliance JIO已经在核心网中部署IPv6单栈，据统计其IPv6部署率超过90%。

四、我国IPv6发展历程

我国IPv6发展已经经历了20多年的历程。总体上来看，可以分为技术准备期、产业突破期、规模应用期、创新发展期四个阶段。

（一）技术准备期

我国IPv6发展起步较早，是世界上开展IPv6研究最早的国家之一。从20世纪90年代后期，国内学术界就开始进行IPv6的技术研究和实验网建设。

1998年，在中国教育和科研计算机网CERNET上建立中国第一个IPv6试验网，并接入国际IPv6试验网6Bone，获得中国第一批IPv6地址。

1999年，国家自然科学基金委员会启动重大联合研究项目"中国高速互连研究试验网络NSFCNET"。

2002年，国家发展改革委会同科技部、原信息产业部、原国信办、教育部、中科院、工程院和自然科学基金委等部委组建"下一代互联网发展战略研究专家委员会"，开展我国下一代互联网发展战略、规划和实施方案的研究。

2004年，由清华大学等25所高校承担建设的中国第一个采用纯IPv6技术的大型互联网主干网CNGI-CERNET2正式开通，被评为"2004年中国十大科技进展"。

2007年，第一个中国人作为第一作者的非中文相关的信息类互联网——国际标准IETF RFC4925获得批准。我国在国际上首次提出IPv4 over IPv6网状体系结构过渡技术，并推动IETF成立Softwire工作组。

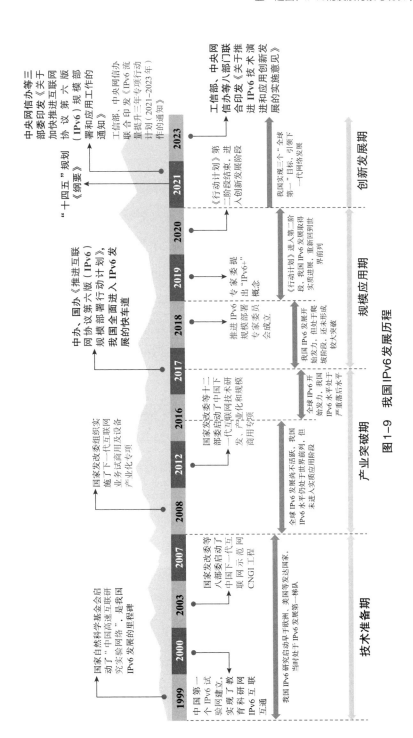

图1-9　我国IPv6发展历程

2008年中国专家作为第一作者的国际标准IETF RFC5210获得批准。清华大学研究团队在国际上首次提出-真实源地址验证体系结构SAVA，并推动 IETF 成立SAVI工作组。

（二）产业突破期

为了在技术试验的基础上进一步提升我国IPv6相关产业化能力，2003年国务院批复同意国家发展改革委等八部委"关于推动我国下一代互联网发展有关工作的请示"，正式启动"中国下一代互联网示范工程CNGI"，标志着我国IPv6的发展征程进入新纪元。

2006年，"CNGI 示范网络核心网 CNGI-CERNET2/6IX"项目通过鉴定验收，成为世界上规模最大的纯IPv6大型互联网主干网。"下一代互联网技术获重大成果"被评为 2006年"中国十大科技进展第一名"。

2008年，国家发展改革委办公厅组织实施CNGI试商用及设备产业化专项项目。项目旨在为下一代互联网及其重大应用的关键技术研究与产业化提供试验环境，提升我国发展下一代互联网的核心竞争力。"下一代互联网研究与产业化获得重大突破"入选 2008年"中国十大科技进展"。

2012年，国家发展改革委、工业和信息化部、教育部、科技部等七部委发布《关于印发下一代互联网"十二五"发展建设的意见的通知》，提出"十二五"期间IPv6发展目标、路线图和时间表。国家发展改革委启动"下一代互联网技术研发、产业化和规模商用专项"。

CNGI项目支持国内数据网络设备企业提升对IPv6的支持，为后续大规模的网络建设和部署打下了坚实的基础。

（三）规模应用期

从2015年前后，国际IPv6部署进入加速期，美国、巴西、印度等国开始大量申请IPv6地址，我国在网络建设、资源规模、用户规模等处于落后局面。为此，邬贺铨、吴建平等院士联合国内相关专家向中央建言，提出开展IPv6规模部署工作。

2017年，中共中央办公厅、国务院办公厅印发《推进互联网协议第六版（IPv6）规模部署行动计划》（简称《行动计划》），全面推进以IPv6协议为基础的下一代互联网发展，实现我国从"互联网大国"向"互联网强国"的迈进。《行动计划》提出，到2025年，实现我国IPv6网络规模、用户规模、流量规模三个世界第一。《行动计划》指出，以应用为切入点和突破口，加强用户多、使用广的典型互联网应用的IPv6升级，强化基于IPv6的特色应用创新，带动网络、终端协同发展。抓住移动网络升级换代和固定网络"光进铜退"发展机遇，统筹推进移动和固定网络的IPv6发展，实现网络全面升级。新增网络设备、应用、终端全面支持IPv6，带动存量设备和应用加速替代。

《行动计划》发布后，由中央网信办牵头，会同国家发展改革委、工业和信息化部等34个部门，以及中国电信、中国移动、中国联通、中国广电等建立了深入推进IPv6规模部署和应用统筹协调机制。在此机制下，凝聚各方力量，共同推进IPv6规模部署。

2018年，在中央网信办的指导下，成立了"推进IPv6规模部署专家委员会"，2023年更名为"推进IPv6规模部署和应用专家委员会"。目前专家委员会由邬贺铨院士担任主任，吴建平、于全、方滨兴、钱德沛院士担任副主任，27名专家委员来自科研机构、高等院校、基础电信企业、典型互联网企业、通信设备制造企业，以及电力、石油、金融等垂直行业的龙头企业。

在《行动计划》的基础上，各部门、各行业发布了多项推进IPv6规模部署的相关政策文件。2019年，中国人民银行、中国银保监会、中国证监会印发《关于金融行业贯彻〈推进互联网协议第六版（IPv6）规模部署行动计划〉的实施意见》。2020年，工业和信息化部印发《关于开展2020年IPv6端到端贯通能力提升专项行动的通知》，提出网络接入、CDN、云服务、数据中心、终端设备、行业应用等多方面协同开展IPv6优化提升的工作任务。2021年，教育部等六部门发布《关于推进教育新型基础设施建设 构建高质量教育支撑体系的指导意见》，提出深入推进IPv6等新一代网络技术的规模部署和应用。财政部印发《政务信息系统政府采购管理暂行办法》，要求政府采购应当包括支持IPv6的技术要求。国务院国资委印发《关于做好互联网协议第六版（IPv6）部署应用有关工作的通知》，要求切实做好中央企业部署应用IPv6有关工作。国办信息公开办下发关于加快推进政府网站IPv6部署改造工作的相关通知，推动全国政府网站按期完成IPv6部署改造任务。

2021年，中央网信办、国家发展改革委、工业和信息化部印发《关于加快推进互联网协议第六版（IPv6）规模部署和应用工作的通知》，明确了"十四五"时期深入推进IPv6规模部署和应用的主要目标、重点任务和时间表。文件提出实现IPv6规模部署和应用"从能用向好用转变、从数量到质量转变、从外部推动向内生驱动转变"，部署了"强化网络承载能力""优化应用服务性能""提升终端支持能力""拓展行业融合应用""加快政务应用改造""深化商业应用部署""培育创新产业生态""加强关键技术研发""推动标准规范制定""强化安全保障能力"等十项重点任务，指明了IPv6高质量发展的基本方向。

2021年，工业和信息化部、中央网信办印发《IPv6流量提升三年专项行动计划（2021-2023年）》，提出到2023年底，移动网络IPv6流量占比超过50%，固定网络IPv6流量规模达到2020年底的3倍以上等目标任务。

2022年，中央网信办、国家发展改革委、工业和信息化部、教育部、科技部、公安部、财政部、住房和城乡建设部、水利部、中国人民银行、国务院国资委、国家广电总局联合印发IPv6技术创新和融合应用试点名单，确定了22个综合试点城市和96个试点项目。

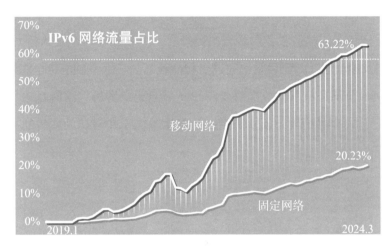

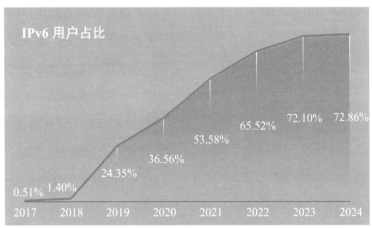

图1-10　我国网络IPv6流量增长

在政策推动之下，我国IPv6规模部署和应用工作取得了显著的进展。移动网络中的IPv6流量占比在2023年2月首次超过IPv4，截止到2023年9月，移动流量中IPv6占比已达58.44%，相比2019年增长了45倍；固定网络流量占比达到17.92%，是2019年的64倍。用户占比超过70%，是2017年的138倍。

截至2023年9月，我国已申请IPv6地址资源总量达到67432块（/32），位居世界第二。同时，IDC、云服务、CDN等应用基础设施全面支持IPv6，网络服务质量大幅提升。三大基础电信企业的超大型、大型及中小型IDC已经全部完成了IPv6改造。三大基础电信企业的递归DNS全部完成双栈改造并支持IPv6域名记录解析。国内11家云服务企业41个可用域，云主机IPv6访问质量优于IPv4访问质量的有33个，占比80.49%。

（四）创新发展期

在前期工作成绩的基础上，我国IPv6规模部署和应用工作需要通过IPv6和"IPv6+"技术创新，进一步激发服务提供者和用户的内生动力，并逐步形成下一代互联网创新的技术和产业优势。

2023年，工业和信息化部、中央网信办、国家发展改革委、教育部、交通运输部、人民银行、国务院国资委、国家能源局等八部门联合印发《关于推进IPv6技术演进和应用创新发展的实施意见》，提出"构建IPv6演进技术体系""强化IPv6演进创新产业基础""加快IPv6基础设施演进发展""深化'IPv6+'行业融合应用""提升安全保障能力"等五方面的重点任务。这个文件的发布，标志着我国IPv6规模部署和应用工作进入到以技术创新和应用为主的新时期。

贰

技术：从利用海量地址到广阔的网络创新空间

IPv6 的优势不仅仅在于广阔的地址空间，更通过其丰富的协议扩展能力，为网络技术、业务、质量、管理的发展和创新提供了无限的可能，这些扩展的技术能力简称为"IPv6+"。本章从 IPv6 基础技术协议的剖析入手，对"IPv6+"最重要的技术方向进行了深入的解读，包括其起因、发展、现状及应用价值，为从事网络技术研究和开发的读者提供了 IPv6 网络创新的技术参考。

一、互联网源地址验证体系结构：支持互联网信源的可靠验证

（一）背景与现状

互联网体系结构在设计之初缺乏足够的安全设计，没有充分考虑网络用户不可信带来的安全威胁，这导致现今互联网上各类网络攻击层出不穷，严重影响互联网的安全可信治理。由于互联网体系结构缺乏对源地址真实性的验证，网络中伪造源地址泛滥，成为当前互联网最突出的安全隐患之一。

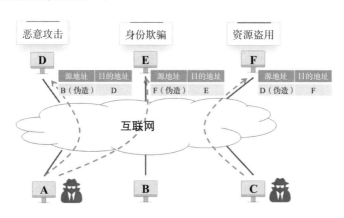

图2-1　伪造源地址的危害

如图2-1所示，网络用户可以轻易地在发送的数据包中使用伪造

的源 IP 地址，对接收方进行身份欺骗，发起洪泛攻击、反射放大攻击、中间人攻击、毒化攻击等各类攻击。攻击者可以在发起攻击的同时隐匿自己的身份和位置信息，从而逃避追溯和制裁。源地址伪造一直是反射放大分布式拒绝服务（DDoS）攻击的主要手段，由于源地址验证的缺失，全球 DDoS 攻击规模和频率近年来持续增长，对网络基础设施造成了极大的破坏。

尽管（IETF）发布了多项源地址验证技术标准，并积极推动全球网络运营商部署源地址验证，但这些源地址验证机制都存在各种缺陷，并没有在全球实现广泛部署。国际互联网协会（ISOC）将源地址伪造定义为当今互联网的三大路由难题之一，并发起路由安全相互协议规范（MANRS）倡议来解决源地址伪造等互联网最常见的路由安全问题。

（二）源地址验证体系结构 SAVA

为解决源地址伪造带来的安全问题，清华大学对源地址验证进行了系统性梳理，提出了源地址验证体系结构 SAVA，在国际上首次明确了源地址验证技术的研究框架。如图 2-2 所示，SAVA 将源地址验证技术划分为三个层次：接入网内源地址验证、自治域内源地址验证和自治域间源地址验证。三个层次的源地址验证粒度不同，呈现互不重叠的松耦合防御形式，共同建立成为完整的互联网源地址验证体系。其中，处于顶层的是自治域间源地址验证技术，可实现自治域（AS）粒度的真实源地址验证；处于中间的是自治域内源地址验证技术，可实现自治域内部 IP 前缀（接入网）粒度的真实源地址验证；处于底层的是接入网内源地址验证，可实现端系统（主机）粒度的真实源地址验证。

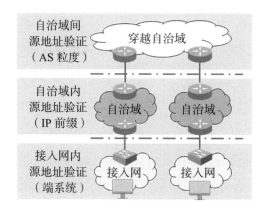

图2-2　源地址验证体系结构SAVA

从1998年至今，IETF已发布了RFC2826、RFC3704、RFC5210、RFC7039、RFC8704等多项接入网内、自治域内、自治域间的源地址验证技术标准。这些技术标准的核心思路都是把源地址与路由器/交换机的合法入接口进行绑定，过滤从非法入接口到达的报文。

1.接入网内源地址验证

接入网内源地址验证技术位于源地址验证体系结构SAVA的最底层，工作在接入主机和网络的3层网关之间（包含3层网关）。这类源地址验证技术部署在接入网内的交换机上，要求接入网的用户使用合法的源IP地址，可以实现端系统（主机）粒度的源地址验证，在最靠近源的位置过滤伪造源地址流量。

IETF于2008年成立了SAVI（Source Address Validation Improvement）工作组，旨在推动接入网内源地址验证技术的相关标准化，促进接入网内源地址验证的部署。SAVI工作组在2012年到2017年期间发布了6项RFC标准，提出了SAVI-DHCP、SAVI-MIX、SAVI-FCFS、SAVI-SEND等系列接入网内源地址验证SAVI方案，已成为接入网内源地址验证的最佳实践。SAVI系列方案的核心思路是通过监听分组得到完全的地址分配信息，之后在交换机上生成主机合法源IP地址与MAC地址或接口之间的绑定。交换机可以根据生成的绑定关系对收到的分组进行源地址验证。

接入网源地址验证部署位置离用户最近，且具备最细粒度的源地址验证能力，可以有效抑制源地址伪造。但由于接入网数量众多且由不同的主体管理，很难要求互联网全部接入网都部署SAVI。因此，在未部署SAVI的情况下，部署自治域内源地址验证或自治域间源地址验证可以在尽可能靠近源的位置过滤伪造源地址流量。

2. 自治域内源地址验证

自治域内源地址验证技术位于源地址验证体系结构SAVA的中间，工作在自治域内的路由器上，主要用于防止域内接入网用户发送伪造其他接入网源地址的报文，可以实现IP前缀（接入网）粒度的真实源地址验证。

目前互联网自治域内源地址验证的最佳实践是Ingress filtering和uRPF（RFC2827、RFC3704）技术。Ingress filtering是一种典型的自治域内源地址验证技术。网络管理员可以通过手动配置访问控制列表（ACL）对特定源地址的报文进行阻断或放行。

📖 知识窗

Ingress filtering技术可以部署在连接接入网的接入路由器上，防止直连接入网伪造其他接入网的源地址；也可以部署在连接其他自治域的边界路由器上，防止从其他自治域接收伪造本地自治域源地址的报文。当自治域内部的前缀或拓扑发生变化时，网络管理员需要手动更新ACL规则来保证Ingress filtering的准确性，否则会造成合法流量被错误地阻断或伪造流量被错误地放行。

　　uRPF是另一种常用的自治域内源地址验证技术，可以自动化地生成和更新源地址验证规则。uRPF有三种不同的模式，分别是严格模式（Strict uRPF）、可行模式（Feasible uRPF）和宽松模式（Loose uRPF）。

📖知识窗

　　在严格模式下，路由器通过反向查询本地转发表（FIB），检查报文的到达接口是否和去往其源地址的转发接口匹配，如果不匹配，则认为报文使用伪造的源地址。可见，严格模式的uRPF要求路由具有对称性。然而，随着对网络的鲁棒性要求的提高，网络可能存在大量的可行路径，这导致网络中经常出现路由不对称的场景。在路由不对称的场景下，严格模式的uRPF会将合法报文误认为使用伪造的源地址，并将其过滤。与严格模式相比，可行模式的uRPF允许报文可以从更多可行的接口到达，提升了在路由不对称场景下源地址验证的准确率，但依然存在误阻断合法流量或误通过伪造流量的问题。宽松模式的uRPF则完全牺牲了源地址验证的方向性，只要求路由表中存在和报文的源地址相应的表项，因此过滤能力非常有限，无法有效识别源地址伪造报文。

3.自治域间源地址验证

　　自治域间源地址验证位于源地址验证体系结构SAVA的最顶层，工作在自治域边界的路由器上，用于防止自治域收到来自其他自治域的源地址伪造报文。这类源地址验证技术通过不同自治域的相互协作传递用于源地址验证的信息，可以在自治域之间有效识别伪造其他自治源地址的非法报文，实现自治域（AS）粒度的源地址验证。

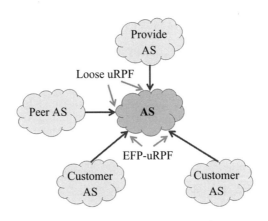

图2-3　RFC8704对自治域间源地址验证的部署建议

　　Ingress filtering和uRPF技术同样可以用于自治域间源地址验证。由于自治域间路由动态更新更加频繁，路由策略和路由拓扑更加复杂，Ingress filtering和uRPF技术的高操作开销或准确性不足的问题在域间场景被进一步放大，无法满足自治域间源地址验证的需求。为了提升自治域间源地址验证的准确性，IETF于2020年发布了RFC8704。RFC8704在uRPF基础上提出了EFP-uRPF技术，并提供了自治域间源地址验证的部署建议。如图2-3所示，RFC8704建议在自治域的客户（Customer AS）接口部署EFP-uRPF，在自治域的提供商（Provider AS）和对等（Peer AS）接口部署宽松模式的uRPF。与uRPF技术只使用路由器本地路由信息不同，EFP-uRPF利用自治域收到的全部路由信息，可以在域间路由不对称场景下生成更加准确的源地址验证规则。尽管如此，EFP-uRPF在路由不对称、路由重定向等特殊路由场景下仍然无法保证源地址验证的准确性，同样存在误阻断合法流量或误通过伪造流量的情况。此外，宽松模式uRPF的源地址验证规则过于宽松，导致自治域无法准确识别来自提供商（Provider AS）和对等（Peer AS）接口的伪造源地址报文。因此，如何实现准确的自治域内和自治域间源地址验证是目前亟待解决的关键技术难题。

（三）源地址验证技术标准化

在源地址验证体系结构 SAVA 的基础上，IETF 于 2008 年成立了 SAVI 工作组，规定了接入网内源地址验证 SAVI 系列技术标准，解决了接入网内源地址验证的技术难题，具备准确接入网内源地址验证能力。然而，目前自治域内和自治域间源地址验证技术普遍存在高操作开销或准确性不足的问题。为此，IETF 于 2022 年成立了 SAVNET（Source Address Validation in Intra-domain and Inter-domain Networks）工作组，旨在解决目前自治域内和自治域间源地址验证机制的技术缺陷，推动自治域内和自治域间源地址验证关键技术的标准化工作。在 SAVNET 工作组的牵引下，新的自治域内和自治域间源地址验证技术将以自动更新、准确验证、支持增量部署、收敛性和安全性为主要设计目标，可以有效识别与阻断源地址伪造流量，提升互联网对伪造源地址的整体防护能力。

二、业务与网络性能感知：理解业务的性能要求，实时优化网络供给

2022 年，国务院发布《"十四五"数字经济发展规划》，明确全面深化重点产业数字化转型，要求立足不同产业特点和差异化需求，推动传统产业全方位、全链条数字化转型。产业的数字化转型离不开数字基础设施的优化升级，不仅需要"一网互联"的综合承载，也需要网络为不同产业的业务提供更为精准的联接和性能服务。而网络提供精准服务的前提是其对于业务与网络性能的精细感知，这成为产业

数字化转型全面深化的关键能力之一。

业务与网络性能的感知，包含两方面。一方面是通过业务需求的感知，更智慧地为业务提供不同服务；另一方面是通过网络性能（如带宽、时延、丢包等）的感知，更智能地为业务提供性能保障。两者结合起来，可以指导网络中的数据包和业务流在满足性能要求的基础上进一步实现路径导航、拥塞后的路径调优，以及恢复后的路径还原。以视频会议业务为例，网络设备通过感知过路报文是重要视频会议并基于检测数据与路径上流量状况进行比对，从而能实时进行报文路径调整，保证视频会议的质量。

基于"IPv6+"的业务与网络性能感知技术主要包括APN6应用感知、IFIT随流检测。

（一）APN6应用感知

1. 技术背景

5G和云时代，具有差异化需求特征的应用层出不穷。例如，面向移动互联增强带宽的高清视频、虚拟现实、云存取、高速移动上网；面向海量物联的环境监测、智能抄表、智能农业；面向超可靠低时延通信的车联网、工业控制、智能制造、远程手术等。应用的发展正在呈现越来越多的行业属性，其对于网络的需求不尽相同，例如工业控制中物料传送的应用，时延的确定性要求在100ms级别；机床控制的应用，时延的确定性要求在10ms级别，抖动的确定性要求在100us级别。

然而当前网络中的流量只携带源地址和目的地址，网络通过这些信息并不知道流量承载的具体应用类型，究竟是话音、数据还是视频，更不用说是哪一个应用。网络无法感知应用信息，也就无法根据应用差异性为其提供差异化的服务和精细化的管理，只能采用大带宽、轻负载（30% ~ 40%）的无差别服务方式来保证所有应用的服务等级协议（SLA）。在这种情况下，网络资源即使紧跟着新应用的发展步调来持续地扩容，也并不能带来网络性能的显著提升和应用体验的确定保障。

应用差异化需求的不断涌现，凸显了网络资源低利用率、应用管理非精细化的问题，对网络运营和运维提出新的挑战：如何解决网络感知应用的问题，为不同的应用提供精细的网络服务和精准的网络运维。

IPv6为解决网络感知应用的问题带来了契机。IPv6的地址空间巨大，并且可以携带多个可扩展头，合理规划和利用这些空间，可以用来携带应用信息。2019年3月，在捷克布拉格的IETF104会议上，业界提出了APN6（Application-aware IPv6 Networking，应用感知的IPv6网络）技术。华为技术有限公司、中国电信集团有限公司、中国移动通信有限公司、中国联合网络通信集团有限公司、清华大学作为APN6国际标准的提出和制定成员，持续推进这一技术的研究和标准化工作。

2.技术价值

APN6的价值来源于其应用感知的能力，体现在其精细的网络服务和精准的网络运维之上，主要包括：精细应用可视、精细应用测量、精细应用导流、精细应用调优。这些功能之间并不是独立的，而是可以融合使用来发挥综合价值的。例如，可以在应用测量的基础上按需进行应用调优；而应用调优又可以采用应用导流的方法来实现等。

精细应用可视。通过APN ID标识关键业务的应用（组）和用户（组），APN6可实现基于流量路径、流量变化、流量趋势的精细特征画像，相较于现有的基于VPN粒度、流粒度等的性能可视更为直观和精细。

精细应用测量。通过 APN ID 驱动关键业务的随流检测，包括逐跳、端到端方式的综合测量。在网络设备向网络控制器上传的测量结果中，可以将 APN ID 携带以区分呈现每个业务对应的精细性能数据。

精细应用导流。通过 APN ID 引导关键业务的网络流量，进入 SRv6 显式路径、网络切片、确定性时延路径、业务链等，可以针对不同的业务提供相应的差分服务，来保障其 SLA 以及对于网络的其他需求。

精细应用调优。通过 APN ID 监控关键业务的实时性能，可以针对出现性能恶化的业务流，实现针对该业务流的性能调优。

3. 技术实现

APN6 的定义为：利用 IPv6 报文自带的可编程空间，将应用信息（标识和/或网络性能需求）携带进入网络，使网络以最自然的方式感知到应用信息，进而为应用提供精细的网络服务和精准的网络运维。从 APN6 的定义出发，其包含了两层内涵：

（1）网络感知应用的信息：将应用信息携带在 IPv6 报文中进入网络，使网络以最自然的方式感知到应用信息。这里的应用信息，包含了应用的归属信息（哪个应用类、哪个用户组），应用要求多大的带宽、多小的时延和抖动等需求。例如，当应用类为"视频会议"、用户组为"重要用户"、应用需求为"高清会议性能指标"时，应用信息将表达出这样的含义"这是一条重要会议的视频业务，请确保高清不卡顿"。

APN6 "网络感知应用的信息"决定了其价值的精细粒度。APN6 的使能对象可以集中在关键的业务上，为应用和网络运营商提供针对关键业务增值创新的技术基础，实现商业聚焦和创收目标。

（2）网络满足应用的需求：根据应用对于网络的需求，为应用提供精细的网络服务和精准的网络运维。这里的网络服务包括网络切片、安全服务（如防火墙）、路径导流、路径调优等；网络运维包含性能可视、性能保障、故障定位、故障恢复等。

APN6"网络满足应用的需求"决定了其价值的丰富程度。随着网络和应用的发展，APN6的价值将会不断丰富。一方面，APN6打通了网络和应用之间的壁垒，搭建了网络技术向应用侧延伸的平台，有了这个平台，任何新的网络技术和服务只要与APN6结合都可以实现其服务的应用级精细化，从而也间接为这个平台注入了新的价值；另一方面，APN6的价值受益对象始终面向应用，而应用是层出不穷的，新应用的诞生、新需求的挖掘、新视角的发现，是APN6新价值点的无限来源。

如果将IPv6网络类比为物流系统，那么网络中的每一个IPv6报文则可以类比为一件货物。如图2-4所示，物流货运单中包含了货物的收发地址、货物的归属和货物的运送要求；而IPv6报文空间中包含了流量的源宿地址、流量的归属和流量的传送需求。

图2-4 物流货运单

物流货运单与IPv6网络的详细信息类比如表2-1所示。

表2-1　物流货运单与IPv6网络的信息类比

物流货运单	IPv6 报文空间
发货和收货地址：深圳到伦敦	IPv6的"源和目的地址"信息：流量的源和宿。
中转地址和中转路径：深圳→广州→北京→伦敦	SRv6（Segment Routing over IPv6，基于IPv6的段路由）的"分段"信息：流量的中转和路径。
发货人和收货人：发货人A公司，收货人B客户，表明货物的归属	APN6的"标识"信息：流量的归属。
备注（运送需求）：需要空运、当天送达、易碎轻拿轻放	APN6的"网络性能需求"信息：流量的需求，需要空运（高优先级）、当天送达（低时延）、易碎轻拿轻放（低丢包率）。

图2-5展示了APN6应用感知的简单实现。在IPv6报文空间中，APN6携带进入网络的应用信息中包含：应用标识信息（APN ID）、应用需求信息。网络的中间设备，根据IPv6报文中携带的APN ID即可识别并感知其应用的归属以及对于网络的需求。

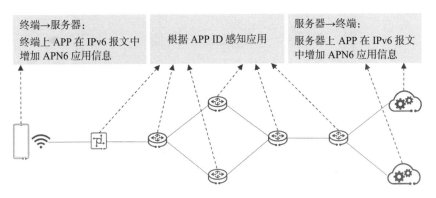

图2-5　APN6应用感知

4.技术应用

在网络中应用无处不在，可以说网络就是为应用服务的。作为网络和应用融合技术的APN6，在网络中处处都是用武之地，下面介绍其中的一些典型应用。

网络安全溯源。近年来，网络安全事件和恶意代码攻击层出不穷，给国家、社会和个人带来了严重危害。网络安全溯源对于维护网络安全至关重要，只有找到攻击的真实来源，才能及时采取相应的防御措施；如果不进行溯源，攻击者将逍遥法外并继续进行恶意攻击。溯源是解决网络攻击的起点，通过指出并惩罚真正的攻击者以震慑其他潜在罪犯，阻止未来可能发生的攻击。在网络边缘入口，使用APN6在流量中携带网络入口节点设备、接入接口、VPN等信息。当该流量在网络内部被判定为恶意流量时，可以快速溯源，并且通过网安联动在入口处立即阻断。

网络安全隔离。随着数字中国战略逐步推进，数字政府建设步伐不断加快。各部委、各省市专网加速向统一的政务外网整合，业务也加速向政务云上迁移，从而实现公共数据的共享和高效应用。基于"IPv6+"技术构建一张广覆盖的政务外网，整合原有的多张物理网络，把所有区县都连接起来，让更多部委都可以方便接入。越来越多的政务人员需要接入政务外网进行办公，接入政务外网的终端与日俱增，从互联网跨网攻击到政务外网的攻击行为和事件时有发生。如何在兼顾用户终端使用体验的同时，做好政务终端"一机两用"的安全管控？使用APN6对用户进行标识，在携带用户标识的流量进入防火墙之后，根据该标识为不同用户选择不同的防火墙实例，可以实现用户与流量之间的安全隔离。

网络性能保障。重大的视频会议，通常需要专业的重保团队来进行保障。会议前需要耗费视频和网络两个团队数天甚至数十天，来提前进行人工规划链路和调度策略。即便如此，会议中一旦出现故障，定位和恢复还是非常困难的。如果是应急会议，就更难在短时间内做好会议的网络性能保障。使用APN6对政府/企业/行业网络中关键用户的重要视频会议进行标识，作为网络业务流量中的重保对象，对其进行重点保障，保证视频语音质量平滑不卡顿等。一旦检测到性能恶化，可以结合IFIT随流检测等，快速进行故障定位、路径调优以及故障自愈。

算网统一调度。当前，新一轮科技革命和产业变革正在重塑全球经济结构。算力作为数字经济的核心生产力，成为全球战略竞争的新焦点。2021年5月，我国提出"东数西算"工程，通过构建数据中心、云计算、大数据一体化的新型算力网络体系，将东部算力需求有序引导到西部，优化数据中心建设布局，促进东西部协同联动。2022年2月，开始在京津冀、长三角、粤港澳大湾区、成渝、内蒙古、贵州、甘肃、宁夏等8地启动建设国家算力枢纽节点，并规划了10个国家数据中心集群。"东数西算"作为我国"十四五"规划和实现2035年远景目标的国家级大工程，将构建跨越东西的全国算力一张网。和网络需求一样，每个应用的算力需求也有差异，包括需要什么类型的算力、是否要就近调度算力等。APN6可以和算力感知网络相结合，使用APN6对关键应用的算力需求进行标识，实现算网统一调度。

5.小结

随着APN6的推进，应用用户、应用提供商、网络运营商三方都将从中受益。应用用户因精细化的网络运营服务和端网协同获得优异的体验；应用提供商因其用户满意的体验而增加其用户粘性；网络运营商因感知关键业务并为其提供精细化网络服务而提高自身价值空间。由于APN6承载在IPv6之上，APN6丰富的技术价值将为IPv6增加巨大的业务价值，同时APN6普适的应用场景可以有效助力国家推进IPv6的部署广度和深度。

（二）IFIT随流检测

1.技术背景

网络中的流量是由一个个数据包承载的，以视频会议场景为例，数据包的异常如拥塞丢包会导致视频会议召开过程中出现花屏、卡顿、听不到声音等情况。如果把数据包比作车道上行驶的车辆，在互联网技术还不成熟的时期，一旦出现道路拥塞，需要途经的摄像头采集信息后向控制中心上报，控制中心将消息通过广播等媒介传递给司机后，司机再做出调整，这种方法效率很低，而且存在盲区。这时就需要一种新的技术，就如同车载导航，能够基于车载摄像/轨迹进行判断，在路径上出现拥塞时自动指引车辆调整到优选路径上。在网络中，这种基于逐个数据包状态检测的技术就是随流检测（IFIT）。

随着千行百业上云上5G，服务水平协议（SLA）要求不断提高，运维面临巨大挑战：

● IP网络的业务与架构正在产生巨大变化：随着业务的发展，5G的发展带来了如高清视频、虚拟现实（VR）、车联网等丰富新业务的兴起；随着网络架构的演进，网络设备和服务的云化趋势不断加剧。传统的网络运维方法并不能满足新业务与新架构提出的高可靠性要求。

● 业务故障被动感知：在过去，运维人员通常只能根据收到的用户投诉或周边业务部门派发的工单判断故障范围，呈现一种"投诉驱动"的作业模式，在这种情况下，运维工作就好比消防工作，哪里出问题了才去哪里灭火，故障感知延后、故障处理被动，运维人员在面临巨大排障压力的同时，还可能面临因用户体验不佳带来的投诉。

● 定界定位效率低下：故障定界定位经常需要多团队协同，团队间缺乏明确的定界机制会导致定责不清，如果采用人工逐台设备排障的方式，则排障效率低下。

因此，亟须一种能够基于真实业务流的、能够主动感知业务故障并快速实现故障定界定位的业务级SLA检测手段。业界一直在进行探索改进，先后提出了几种不同的OAM技术，这些技术按照测量类型的不同，可以分为主动测量和随路测量两种模式。主动测量，是通过在网络中主动插入测量探帧间接模拟业务数据报文的方法，实现端到端路径的性能测量与统计；随路测量，则是将OAM指令携带在真实业务报文中，在报文转发的过程中，OAM信息跟随报文一起转发，跟踪每个报文的轨迹，实现对真实业务流的性能测量与统计。

曾经有一个案例，用户反馈IPTV业务出现花屏和卡顿，可是运营商的网络中没有任何异常信息，网络中部署的大量主动测量没有出现告警。原因是某台设备出现随机丢包故障，并且只丢大包不丢小包。主动测量技术在设计时，为了节省带宽，往往选择注入小包做质量探测，然而IPTV恰恰是大包业务。这就导致了IPTV的大包业务受损，而基于小包探测的主动测量却没有任何反馈。

虽然随路测量能够更好地反映业务真实质量，但是在实际的网络部署中，大规模流量的设备处理能力、海量数据的分析器性能以及面向未来的可演进能力等方面，都对随路测量技术的实践提出了挑战。在这种情况下，IFIT应势而生。

2.技术价值

下面将从多个方面对IFIT技术优势进行阐述。

第一，高精度多维度的检测能力。IFIT 提供的随路测量能力基于真实业务报文展开，可以实现对网络关键质量指标的统计。丢包率和时延是网络质量的两个重要指标，丢包率是指在转发过程中丢失的数据包数量占所发送数据包数量的比率；时延则是指数据包从网络的一端传送到另一端所需要的时间。例如，在收看视频的场景中，当网络中丢包率过高时，用户收看的视频画面会呈现因丢帧带来的闪烁和不连贯；而当网络中时延过高时，用户收看的视频画面则会呈现明显的卡顿与滞后。

IFIT 提供的丢包检测精度可达 10^{-6} 量级，时延检测精度可达微秒级。IFIT 能够识别网络中的细微异常，即使丢 1 个包也能探测到，这种高精度丢包检测率可以满足金融决算、远程医疗、工业控制和电力差动保护等"零丢包"业务的要求，保障业务的高可靠性。

第二，高效的数据上传及路径还原。随路测量在捕获网络中细微动态变化的同时，不可避免地要面对业务报文中会包含大量冗余信息的问题。特别是当一个分析器需要管理上万个网络节点的时候，海量信息的上送会消耗大量的网络带宽，同时给数据的分析造成极大的负担。

IFIT 支持通过高速采集技术进行数据上送，可以很好地解决这一问题。在数据传输方面，IFIT 基于二进制编码进行数据传输，相比于 NETCONF 的网管信息通常使用可扩展标记语言（XML）格式的文本编码占用大量网络带宽，采用二进制编码，如谷歌协议缓冲区（GPB），可以提供一种灵活、高效、自动序列化结构数据的机制，将会很好地减少数据传输量；在数据采样方面，IFIT 提供基于目标业务订阅不同采样路径的能力，能够实现灵活的数据采集，同时还支持采样数据的过滤和压缩上送，可以在有效减少数据上送量的同时降低数据上送频率，减轻分析器的接收和计算压力，以支撑IFIT管理更多设备以及获取更高精度的检测数据，为网络问题的快速定位、网络质量的优化调整提供重要的大数据基础。

进一步的，基于高效的数据上送能力，IFIT还具备很好的路径还原能力。传统的路径还原结果只能用于网络分析预测和规划场景，并不能还原真实的网络路径。而在IFIT测量域中，一方面，设备在每个测量周期内上报业务流统计数据的同时，也会上报流表方向和接口信息；另一方面，IFIT具备的数据过滤能力可以过滤大量重复的路径信息，而仅将新发现的流路径或者发生变更的流路径上送。在此基础上，分析器基于路径上各设备上报的信息进行分析计算，可以实时、准确地还原该条业务流的路径信息。

第三，基于意图的智能选流监测。在很多情况下，硬件的资源是有限的，不可能对网络中的所有流量进行逐包监控和数据收集，这不仅会影响设备的正常转发，还会消耗大量的网络带宽。因此，一种可行的方式是选择一部分流量进行重点监控。

IFIT采用的智能选流技术是一种从粗到细、以时间换空间的模式，可以辅助用户选出感兴趣的流量。用户可以根据自己的意图，在网络中部署智能选流的策略，这些策略或基于采样技术，或存在一定的错误概率，但通常只需较小的资源开销。

例如，如果用户的意图是对前100个大流量做重点监控，一种典型的智能选流策略是基于Count-Min Sketch技术，该技术使用多次哈希，避免了流ID的存储，只存储计数值，从而可以利用非常小的内存空间，获得很高的识别准确率。

基于智能选流的意图监测有助于在物理网络和商业意图之间构建一个数字孪生世界，驱动网络从软件定义网络（SDN）向智简网络演进，实现商业价值最大化。

第四，可视化能力简化运维操作。在可视化运维手段产生之前，网络运维需要通过运维人员先逐台手工配置，再多部门配合逐条逐项排查来实现，运维效率低下。IFIT提供可视化的运维能力，能够对测量域内的设备进行集中管控，它支持业务的在线规划和一键部署，通过SLA可视支撑故障的快速定界定位。用户可以通过可视化界面按需下发IFIT监控策略，实现日常主动运维和报障快速处理。

日常主动运维包括日常监控全网和各区域影响基站最多的TopN故障、基站状态统计、网络故障趋势图以及异常基站趋势图等数据，通过查看性能报表及时了解全网、重点区域的Top故障以及基站业务状态的变化趋势；在VPN场景下，通过查看端到端业务流的详细数据，帮助提前识别并定位故障，保证专线业务的整体SLA。

当网管收到用户报障时，可以通过搜索基站名称或IP地址查看业务拓扑和IFIT逐跳流指标，根据故障位置、疑似原因和修复建议处理故障；也可以按需查看拓扑路径和历史故障的定位信息，以实现对报障的快速处理。

IFIT监控结果通过在可视化界面上直观、生动地图形化呈现，帮助用户清晰地掌握网络状态，快速地感知和排除故障，为用户带来更好的运维体验。

第五，智能运维系统的技术底座。为应对网络架构与业务演进给网络带来的诸多挑战，满足传统网络运维手段提出的多方面改进要求，实现用户对网络的端到端高品质体验诉求，需要将被动运维转变为主动运维，打造智能运维系统。智能运维的核心思想是运用智能算法对网络中的运维数据进行分析，提升故障定位准确性，减少故障影响时间、提升运维效率。通过对真实业务的异常主动感知、故障自动定界、故障快速定位和故障自愈恢复等环节，构建一个自动化的正向循环，适应复杂多变的网络环境，旨在实现业务快速恢复，用户"零"感知。IFIT作为重要的一环，与"AI + 大数据 + 故障智能分析算法"相结合，共同构建智能运维系统。下面以一个通用运维场景为例。

用户将预设的IFIT监控策略通过控制器下发给设备后，设备上会基于策略首先生成端到端的监控实例，源宿节点分别通过高速采集技术上报业务SLA数据给分析器后，基于大数据平台处理可视化呈现检测结果，可以对业务进行端到端的整体质量监控。进一步的，用户可以在控制器上设置监控阈值，当丢包或时延数据超过阈值时，控制器会自动将监控策略从端到端调整为逐跳检测，同时下发更新后的策略给设备。设备根据新策略将业务监控模式调整为逐跳模式，并在测量域内逐跳通过高速采集技术上报业务SLA数据给分析器，基于大数据平台处理可视化呈现检测结果，可以实现对低质量业务进行逐跳定界或对VIP业务进行按需逐跳监控。基于业务SLA数据进行智能分析，结合设备KPI、日志等异常信息推理识别潜在根因，用户能够得到处理意见并上报工单；同时，基于分析结果，结合路径计算单元（PCE）+ 网络路径优化算法，业务转发路径能够实现自动调优以保障业务质量，实现快速故障自愈。

从上述场景中可以看出，IFIT上送的检测结果数据是大数据平台和智能分析算法分析的数据来源，也是实现智能运维系统故障精准定界定位和故障快速自愈能力的基石。除了IFIT本身能力外，大数据平台拥有秒级查询、高效处理海量IFIT检测数据的能力，并且单节点故障不会导致数据丢失，可以保障数据高效可靠地分析转化；智能分析算法支持将质差事件聚类为网络群障（即计算同一周期内质差业务流的路径相似度，将达到算法阈值的质差业务流视为由同一故障导致，从而定位公共故障点），识别准确率达90%以上，可以提升运维效率，有效减少业务受损时间。多种技术共同保障智能运维系统闭环，推进智能运维方案优化，可以很好地适应未来网络的演进。

3.技术实现

IFIT是一种随路网络测量的架构和方案，支持多种数据平面方案，通过智能选流、高效数据上送、动态网络探针等技术，并结合隧道封装能力，使得随路测量可以在实际网络中部署。图2-6描述了IFIT的网络部署架构。IFIT应用给网络设备下发监控和测量任务，包括但不限于：指定测量的流对象和收集的数据，并且选择一种随路测量的数据平面封装。数据报文在进入IFIT域时，入口节点为指定的流对象加入相应的指令头。沿途节点根据IFIT中的指令收集和上送数据。在数据报文出IFIT域的时候，出口节点将测量过程中报文添加的所有指令和数据去除。

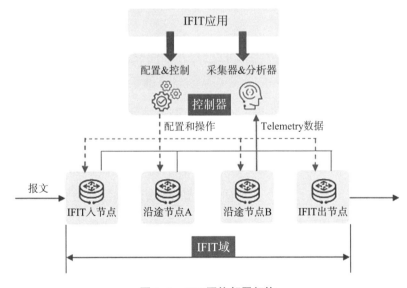

图2-6 IFIT网络部署架构

　　IFIT基于交替染色法来实现丢包率和时延指标的检测。丢包率和时延是网络质量的两个重要指标。丢包率是指在转发过程中丢失的数据包数量占所发送数据包数量的比率，设备通过丢包统计功能可以统计某一个测量周期内进入网络与离开网络的报文差。时延则是指数据包从网络的一端传送到另一端所需要的时间，设备通过时延统计功能可以对业务报文进行抽样，记录业务报文在网络中的实际转发时间，从而计算得出指定的业务流在网络中的传输时延。

　　IFIT的丢包统计和时延统计功能通过对业务报文的交替染色来实现。所谓染色，就是对报文进行特征标记，IFIT通过将丢包染色位L和时延染色位D置0或置1来实现对特征字段的标记。

　　IFIT同时支持端到端和逐跳两种统计模式。端到端统计模式适用于需要对业务进行端到端整体质量监控的检测场景，逐跳统计模式则适用于需要对低质量业务进行逐跳定界或对VIP（Very Important Person，重要客户）业务进行按需逐跳监控的检测场景。

4.技术应用

　　当前，基于"IPv6+"的IFIT已经在面向5G和云的运营商网络和企业网络中都有所应用。

　　5G承载。5G承载网提供5G回传（5G基站和核心网之间的连接）、家庭宽带及企业VPN等综合承载业务，具有接入方式丰富、网络规模庞大等特点。网络协议、拓扑和接入方式种类繁多且不断增加，使得网络的复杂度不断增加，各种移动承载业务诸如高清视频等都对链路连通性与性能指标提出了更高的要求，通过传统人工的方式对网络进行监控、建模、整体控制变得愈加困难。

　　在引入IFIT检测方案的5G承载网场景中，一方面，能够从基站流、数据流、信令流的不同维度监控业务流的详细指标数据，同时支持聚类处理基站流故障，对质差业务进行快速定界，防止大量基站流同时故障为转发面带来压力；另一方面，当故障来自 IP 网络外部时，可以快速自证清白，当故障来自 IP 网络内部时，可以快速定位到故障网元或链路，提升网络运维效率。

基于全网基站的实时性能数据可以构建大数据智能运维系统，实现基站业务的高精度、业务级的 SLA 实时感知、多维可视，对网络可能发生的风险进行分析评估和调整优化，实现自动化、智能化运维，构筑网络的智能化能力。

数字政府。数字政府是"数字龙头"，一方面，政府通过自身的数字化转型发展使政府本身提升服务能力和治理水平；另一方面，政府通过数字化方式引导、支撑、赋能，驱动数字经济和数字社会发展。加快数字政府建设是推动国家治理体系和治理能力现代化的重大举措，是迎接数字时代浪潮、适应经济社会全面数字化转型的必然要求，也是新时代建设服务型政府的有力抓手。其中，随着专网业务迁移、政务业务云化、高清视频普及等发展趋势，电子政务外网对网络调优、网络 SLA 和网络故障定界能力都提出了更高要求。

例如，某省为响应国家政策，不断深化数字政府发展趋势，对政务基础设施的支撑能力、扩展能力提出更高的要求，面临缺少统一规划、韧性不足、风险抵御能力不高的问题。另外，网络承载能力动态调整未能实现，网络使用效率也有待提升。在政务外网和云网络中引入基于"IPv6+"的 IFIT 技术后，可以实时监测业务质量，打造可视化网络运营平台，设备、资产、线路、流量等信息一览无余，网络健康度实时在线，政务云网态势全可视；通过智能算法，可以提前预测流量拥塞发生概率、网络中设备和线路运行风险，从而进行主动的流量路径调整和故障规避。对于如线路拥塞、误码等常见故障，能够实现端到端多维度异常识别、网络健康可视、智能故障诊断以及故障自愈闭环。

智慧金融。金融行业本身对SLA质量有很高的要求，而随着银行业务的发展，网点的业务类型呈现多样化特征，除了传统的生产办公业务外，还有安防、物联网、公有云等业务，这对金融网络的运维能力提出了更高的要求。引入IFIT检测方案可以提供网络流量的秒级感知能力，业务流量调度范围更加精确，业务调优更加准确高效。控制器提供网络全生命周期的看护，业务质量劣化时，可以通过智能网络感知网络SLA变化，控制器会自动重新计算业务路径，自动调整业务路径，直到业务质量恢复。业务质量劣化后，可以快速定界定位，有效避免了网络问题带来的业务交易失败和交易中断，在简化运维的同时提升用户业务体验。

智慧医疗。智慧医疗通过构建医联体、医共体，实现分级诊疗，资源优化配置，基于医疗信息系统全面云化实现医疗数据上云和远程医疗。当今医疗优质资源相对短缺且向大城市高度集中的问题普遍存在，直接导致边远乡村人民群众看病难，让优质医疗资源上下贯通，提升基础医疗服务能力，是当务之急。国家和地方都在积极推动医疗信息化，实现信息共享，支持医疗协作的顺利开展。由于云化部署能够促进信息共享、大幅简化运维成本并快速满足安全等保障要求，使得医疗行业各生产系统上云成为趋势。

在医院信息化系统上云过程中面临诸多挑战。例如，某市人民医院基于传统架构进行整体信息化上云的过程中，面临网络结构复杂、业务体验不可控、网络可靠性难保障等问题。对此，先通过部署网络切片专网将医院上云业务和其他业务隔离，再通过引入IFIT检测方案提供云网资源可视、云网SLA可视、带宽自助可调、简化运维管理等增值服务功能。在这种情况下，云上系统统一由运营商运维管理，院内信息化技术人员可以更加专注医院内网问题的处理，医院内IT运维效率得到显著提升，在提升医院服务能力的同时改善患者的就医体验。

5.小结

5G和云的应用驱动IP网络需要具备智能超宽、智能联接、智能运维三大特征。其中，智能运维是保障未来网络业务SLA的重要手段，是实现自动化、智能化IP网络的关键。智能运维通过分析全网实时性能检测数据，对网络可能发生的风险进行提前干预、调整和优化，将"由故障推动的传统网络运维方式"转变为"主动预测性运维"。

IFIT作为智能运维方面的核心代表技术之一，是"IPv6+"的重要组成部分。IFIT的设计目标是构筑完整体系的随流检测，实现快速故障感知和自动修复，将在物联网、车联网、工业互联网等千行百业的数字化转型中，发挥重要价值。

三、分段选路：指定路径的消息转发能力

（一）互联网路由发展

1.IP/MPLS网络发展和挑战

网络发展初期，群雄逐鹿，多种网络技术并存，其中最为主流的技术是ATM和IP。ATM技术复杂，通用性差，管理成本高，且效率低。IP技术是一种无连接的通信，提供尽力而为的服务，具备逐跳寻径的灵活性。随着互联网的爆炸式增长，网络规模进一步增大，同时网络向宽带化、智能化方向发展，网络业务也呈现出突发特性。最终，简

洁灵活的IP网络取得了胜利。

随着对IP网络QoS要求的提升，1996年MPLS技术出现。MPLS在二层与三层之间构建了"2.5层"技术，相当于在3层的IP包外直接贴上了标签，支持IPv4和IPv6等多种三层网络，兼容ATM、以太网等多种二层链路。MPLS基于定长32bit的标签转发，相对IP基于最长前缀匹配转发效率更高，并且能够更好支持流量工程、VPN业务隔离和快速保护倒换的需求。

随着网络的发展和不断承载更多新兴业务，IP与MPLS的结合面临着以下问题和挑战：

转发优势下降：随着查表算法的改进，特别是以网络处理器（NP）芯片为代表的硬件升级，MPLS在转发性能方面相比IP不再具有明显优势。

云网融合困难：云数据中心中尝试使用MPLS提供VPN业务，由于网络管理边界、管理复杂性和可扩展性等因素，均以失败告终。

跨域部署困难：MPLS造成网络孤岛化，使域间网络互连困难，端到端业务部署非常复杂。

业务管理复杂：当多种业务（如L2VPN、L3VPN业务）共存时，设备上可能同时存在IGP、BGP、LDP、RSVP等多种协议，导致部署和运维都非常困难，难以运行大规模业务。

协议状态复杂：随着节点和隧道数量的增加，状态的数量也会增加。状态的指数增长给传输节点的性能带来了巨大的压力，阻碍了大规模网络的建设。

2. SDN网络理念

利用通用硬件、软件定义功能和计算机领域的开源模型，斯坦福教授Nick McKeown团队最早于2007年提出了一种新的网络架构

SDN，SDN具有开放网络可编程、控制平面和数据平面分离、集中控制的特点。

SDN作为一种新的网络架构，倡导的开放式网络，代表了从网络应用适应网络能力向网络能力主动适配网络应用需求这个网络建设理念的改变。

最初OpenFlow是SDN中控制器控制转发设备的协议，SDN围绕其来建立一系列操作系统、软件、编译器、外设框架和实现，所以Openflow是一切SDN网络畅想的基础，希望以一种全新转发协议颠覆现有IP/MPLS网络架构。在SDN诞生之初，无一例外都要使用Openflow来实现流量转发，通过Openflow来控制网络中的应用流量。然而，Openflow对网络抽象不够，网络核心设备中网络状态信息随着应用数目增长成指数级的增长，无法在广域网中得到大规模部署。并且Openflow控制的网络，往往需要控制器控制路径中的多个关键设备，网络中传输点增多，网络中每个节点均需维护大量的路径状态信息，导致运维困难，信令压力增大，可扩展性差，应用和网络还离得很远。

Openflow这种激进的演进方式没有得到设备厂家及电信运营商的支持，通过对现有网络协议进行扩展和优化，推动现有网络平滑演进，实现网络开放的目标才是更加可行的选择。因此承载网需要一种新的网络协议，既可以满足 SDN 的集中管控需求，又可以满足承载网的多业务、高性能和高可靠等需求。

3. SR 路由产生

1977年，Car A. Sunshine 发表了论文 "Source routing in computer networks"，第一次提出了源路由技术。2013年起出现的Segment Routing 技术正是借鉴了源路由思想，将报文转发路径分解为分段（Segment），并用SID（Segment Identifier）来标识，在路径源头节点统一插入分段信息。中间节点只是按照报文里携带的分段信息转发，并不感知和维护路径状态。

SR的设计理念可用机场行李标签的例子来说明，设想某人要把行李从北京发送到纽约，途径东京和洛杉矶。航空运输系统并不是为这件行李产生一个单独的ID，而是采用了一种更具扩展性的方法：在始发机场给行李贴上一个标签"先到东京，再到洛杉矶，最后到纽约"。这样一来，航空运输系统不需要识别行程中的单个行李，而只需要识别机场代码，就会知道怎么按照行李标签把行李从一个机场发送到另一个机场。只需要在始发北京的机场为行李箱贴上"东京；洛杉矶；纽约"的标签，机场依据行李标签发送即可。

对比SR技术，始发北京的机场就是源节点，机场代码就是中间节点标签。SR会在源节点压入转发标签路径，中间节点只需要根据标签转发。

从以上举例中我们可以理解SR的特点：

● 源路由：在始发北京的机场贴上标签路径。

● 无状态：中间机场不需要知道行李从哪来，最终去往哪里，而只需要根据标签转发。

● 集中控制：机场代码由航空运输系统集中分配和维护，对比SR技术中路径标签也是集中计算和下发的。

SR技术脱胎于MPLS，但是又做了革命性的颠覆和创新，代表的是一种新的网络理念即应用驱动网络。自从诞生那一刻起，SR技术便被誉为网络领域最大的黑科技，因其与SDN天然结合的特性，也逐渐成为SDN的主流网络架构标准。

4. IPv6的发展与机会

IPv4的最大问题之一是地址资源不足。随着2019年11月25日欧洲网络信息中心分配最后的IPv4地址段，全球所有 43 亿个 IPv4 地址都已分配完毕。而且IETF互联网架构委员会早在2016年11月就发布声明：新协议标准仅支持IPv6，停止兼容IPv4。

IPv4 还面临另一个困境就是数据包头的可扩展性不足导致了可编程性的不足。因此IPv4 网络很难支持许多需要对包头进行扩展的新服务，如源路由、业务链和随流检测。

IPv6发展的原始动力来自于IPv4公网地址不足，随着IPv4公网地址分配完毕，IPv6的发展进入了快车道。IPv6可以提供海量的地址空间和无处不在的连接，从而满足算力网络、5G以及垂直行业对网络规模和连接数量的需求。

IPv6能够持续创新发展，不仅是地址空间的扩展，更重要的是IPv6协议所具有的灵活性和可扩展性，支持多种扩展报文头的方式，可以在数据面实现用户和业务的信息携带，同时提供了可编程空间，为网络创新带来了广阔的空间。

IPv6通过与SR技术、SDN技术进行结合，实现了中间节点无状态，极大简化了网络协议，通过网络开放编程对路径进行最优规划。超强的路径编排能力，可以大幅提升效率，实现了新业务的快速上线，为算网融合奠定了基础。

SRv6是基于IPv6数据面的SR技术，结合了SR的源路由技术和IPv6的扩展性和多重编程空间，符合SDN思想，是实现算网融合底座的统一承载技术。

（二）SRv6 的原理

1. SRv6 SID 结构和定义

SRv6 段标识（SID）：用于标识SRv6 Segment 的 ID。一个 SRv6

SID是一个128bit的字段。在SRv6网络可编程中，它通常由三部分组成，如图2-7所示。

图2-7　SRv6 SID格式示意图

这三个部分详细解释如下：

Locator是网络拓扑中分配给一个网络节点的标识，用于转发数据包到该节点。Locator对应的路由会被节点通过IGP发布到网络中，用于帮助其他设备将数据包转发到发布该Locator的节点。在SRv6 SID中，Locator长度可变，用于适配不同规模的网络。

Function用来表达该指令要执行的转发动作，相当于计算机指令的操作码。在SRv6网络编程中，不同的转发行为（Behavior）由Function部分来描述，如转发数据包到指定链路，或在指定表中查表转发等。

Arguments（Args）是一个可选字段。它是指令在执行时对应的参数，这些参数可能包含流、服务或任何其他相关的信息。

当Locator+Function+Arguments的长度小于128bits时，需要补充Padding。

进一步的，Locator又可以细分为B：N，其中B标识SRv6 SID Block，一般由运营商分配给某个子网，通常用Prefix来表示；N则是该子网内区分节点的标识。

2. SRv6网络编程

Segment Routing 是一种源路由技术，它为每个节点或链路分配Segment，头节点把这些Segment组合起来形成Segment序列（Segment

路径），指引报文按照Segment序列进行转发，从而实现网络的编程能力。

SRv6是一种基于IPv6数据平面实现的Segment Routing网络架构，在IPv6路由扩展头新增SRH（Segment Routing Header）扩展头，该扩展头指定一个IPv6的显式路径，存储IPv6的Segment List信息。Segment List即对段和网络节点进行有序排列得到的一条转发路径。报文转发时，依靠Segments Left和Segment List字段共同决定IPv6目的地址（IPv6 DA）信息，从而指导报文的转发路径和行为。

RFC8200［Internet Protocol，Version 6（IPv6）Specification］定义了Routing Header扩展头，SRH是Routing Header的一种，其Routing Type为4，其封装格式如图2-8所示。

SRH 扩展头

| IPv6 报文头 | Segment Routing Header | IPv6 载荷 |

0	7	15	23	31
Next Header	Hdr Ext Len	Routing Type	Segments Left
Last Entry	Flags	Tag
Segment List [0] (128 bits IPv6 address)			
...			
Segment List [n] (128 bits IPv6 address)			
Optional TLV (e)			

图2-8 SRH封装格式

各字段含义如下表

表2-2　SRH字段含义

字段名	长度	含义
Next Header	8比特	标识紧跟在SRH之后的报文头的类型
Hdr Ext Len	8比特	SRH头的长度。主要是指从Segment List [0]到 Segment List [n]所占用长度
Routing Type	8比特	标识路由头部类型，SRH Type是4
Segments Left	8比特	标识路由头部类型，SRH Type是4
Last Entry	8比特	在段列表中包含段列表的最后一个元素的索引
Flags	8比特	数据包的一些标识
Tag	16比特	标识同组数据包
Segment List [n]	128*n比特	段列表，段列表从路径的最后一段开始编码。 Segment List是IPv6地址形式
Optional TLV	variable	可变长TLV部分

SRv6的可编程能力来源于三部分：

Segment序列。多个Segment组合起来，形成SRv6路径，即路径可编辑。

对SRv6 SID 128bit的运用。SRv6 SID定义了SRv6网络编程中的网络指令，其Locator、Function、Argument可以灵活分为多段，每段功能和长度可以自定义，由此具备灵活编程能力，即业务可编辑。

Segment序列之后的Optional TLV（Type-Length-Value）。报文在网络中传送时，需要在转发面封装一些非规则的信息，可以通过SRH中TLV的灵活组合来完成，即应用可编辑。

3. SRv6报文转发

在SRv6里面，IPv6目的IP字段是一个不断变换的字段，它的取值由Segment Left和Segment List字段共同决定，当指针指向一个活跃的段，需要将对应段的IPv6地址复制到IPv6目的地址字段。在转发层面，如果一个阶段不支持SRv6，那么该节点可以不用处理下层的SR信息，仅依靠IPv6的目的地址字段，查找路由表来完成转发。如果一个节点支持SRv6，那么需要处理SRH，将Segment Left进行减一操作，然后将指针偏向新的活跃段，之后将Segment List信息复制到IPv6目的地址字段，然后将报文向下一个节点进行转发，当Segment Left字段减为0的时候，节点可以弹出SRH报文头，然后对报文进行下一步处理。SRv6报文转发流程举例如图2-9所示。

假设有报文需要从主机1转发到主机2，主机1将报文发送给节点A处理。节点A、B、D、E均支持SRv6，节点C不支持SRv6，只支持IPv6。我们在源节点A上进行网络编程，希望报文经过B-C、C-D链路，送达节点E，由E节点送达主机2。

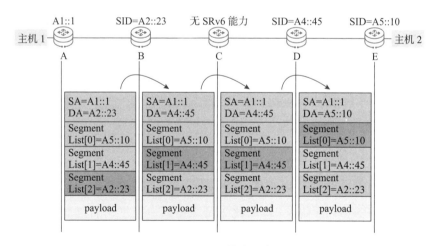

图2-9 SRv6转发示意图

报文转发流程分为以下五步：

（1）源节点A将SRv6路径信息封装在SRH中，指定B-C、C-D链路的SID，另外封装E点发布的SID A5::10（此SID对应于节点E的一个IPv4 VPN），共3个SID，按照逆序形式压入SID序列。此时SL（Segment Left）=2，将Segment List[2]值复制到目的地址DA字段，按照最长匹配原则查找IPv6路由表，将其转发到节点B。

（2）报文到达节点B，B节点查找本地SID表（存储本节点生成的SRv6 SID信息），命中自身的SID（End.X SID），执行SID对应的指令动作。SL值减1，并将Segment List[1]值复制到DA字段，同时将报文从SID绑定的链路（B-C）发送出去。

（3）报文到达节点C，C无SRv6能力，无法识别SRH，按照正常IPv6报文处理流程，按照最长匹配原则查找IPv6路由表，将其转发当前目的地址所代表的节点D。

（4）节点D收到报文后根据目的地址A4::45查找本地SID表，命中自身的SID（End.X SID）。同节点B，SL值减1，将A5::10作为DA，并将报文发送出去。

（5）节点E收到报文后根据A5::10查找本地SID表，命中自身SID（End.DT4 SID），执行对应的指令动作，解封装报文，去除IPv6报文头，并将内层IPv4报文在SID绑定的VPN实例的IPv4路由表中进程查表转发，最终将报文发送给主机2。

4. SRv6协议扩展

SRv6基于IGP和BGP扩展来实现，不再使用繁杂的控制协议（如LDP/RSVP-TE协议），简化了网络协议，使网络管理和维护更加简单。

IGP和BGP协议扩展主要用于发布SRv6 Locator以及SID信息。

SRv6 Locator信息是可路由信息，网络中其他结点通过该信息定位到发布SID的节点，将报文转发至该结点，域内的Locator信息通过IGP协议扩展来发布、洪泛。

SRv6 SID信息可以描述结点对报文的处理行为，包括路径类SID及业务类SID。路径类SID用来描述节点或者链路，需要通过IGP扩展来进行发布；业务类SID用来描述具体的业务操作，需要通过BGP扩展来进行发布。

IGP协议即内部网关协议（Interior Gateway Protocol），是在一个自治网络内网关（主机和路由器）间交换路由信息的协议。内部网关协议可以划分为两类：距离矢量路由协议和链路状态路由协议。常见的链路状态路由协议包括OSPF开放最短路径优先（Open Shortest Path First）和IS-IS中间系统到中间系统（Intermediate-System to Intermediate-System）。本地设备和链路状态信息通过OSPF或IS-IS协议扩散到全网设备，形成全网设备一致的链路状态数据库（Link-State Database，LSDB），每个节点基于此LSDB运行Dijkstra最短路径优先算法（Shortest Path First，SPF），生成最短路径树，最终计算出路由。

以IS-IS为例，IS-IS新增扩展了SRv6 Locator TLV，该TLV包含Locator的前缀和掩码。通过该TLV，网络中其他SRv6节点能学习到Locator路由；Locator TLV除了携带用于指导路由的信息外，还会携带不需要关联IS-IS邻居节点的SRv6 SID，如End SID。

BGP协议即边界网管协议（Border Gateway Protocol），可以实现自治系统间无环路的域间路由，用于在不同的自治系统之间交换路由信息。L2VPN以及L3VPN的业务SID需要通过BGP Update报文来发布。

（三）SRv6工作方式

SRv6有2种工作方式：一种工作方式是SRv6 BE（Best Effort尽力而为），无法指定转发路径，基于IPv6路由最短路径转发；另一种模式是SRv6 Policy，具备流量工程能力，可在网络的任意节点间规划逐跳的严格路径，满足业务在时延、带宽和可靠性等各方面的差异化诉求。

1. SRv6 BE

SRv6 BE报文封装格式同原有IPv6报文，区别在于目的地址封装业务SID而不是IPv6主机或网段地址，该业务SID用于引导SRv6 BE报文按照最短路径转发到生成该SID的节点，并由该节点执行业务SID对应的指令。

SRv6 BE可承载IPv4/v6 L3VPN、EVPN等业务，下面以IPv4 L3VPN over SRv6 BE为例介绍。

路由发布流程如图2-10所示。

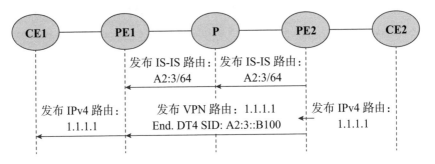

图2-10　IPv4 L3VPN over SRv6 BE路由发布流程

（1）PE2通过ISIS协议将End.DT4 SID对应的Locator网段路由A2:3::/64发布到域内各节点，PE1和P收到PE2发布的IS-IS路由后，生成对应的路由转发表项。

（2）PE2收到CE2发布的私网路由1.1.1.1，形成VPNv4路由，并发布给PE1，该路由携带End.DT4 SID: A2:3::B100信息。

（3）PE1收到VPNv4的路由1.1.1.1，将该路由加入到对应VPN

实例的IPv4路由表中，并转换成IPv4路由发布给CE1。

（4）CE1收到路由1.1.1.1后，生成对应的路由转发表项。

控制平面构建完成后，就可以进行IPv4 L3VPN over SRv6 BE的报文转发，报文转发流程如图2-11所示。

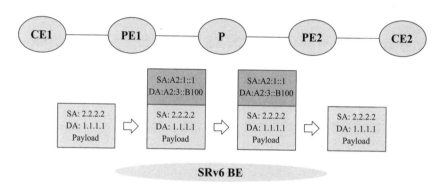

图2-11　IPv4 L3VPN over SRv6 BE报文转发流程

（1）PE1收到来自CE1的用户报文后，根据报文入接口确定VPN实例，在对应VPN的路由表中查找到私网路由1.1.1.1，找到对应的End.DT4 SID A2:3::B100，为报文封装IPv6报文头，目的地址为PE2分配的End.DT4 SID A2:3:B100，按照IPv6报文目的地址查找公网路由表转发报文。

（2）P收到报文后，继续查找公网路由表转发报文。

（3）PE2收到报文，报文的目的地址A2:3::B100命中本地的End.DX4 SID，解封装去掉IPv6报文头，在End.DX4 SID对应的VPN路由表中查找路由1.1.1.1，按照转发表项将报文转发给CE2。

2. SRv6 Policy

（1）SRv6 Policy模型

SRv6 Policy由<Headend，Color，Endpoint>三元组唯一标识，

Headend 和 Endpoint 对应头尾节点的 IPv6 地址，头节点可以将流量导入一个 SRv6 Policy 中；Color 用于区分头节点和尾节点间的多个不同的 SRv6 Policy，不同 Color 可代表不同的业务质量，如低时延、高带宽等。

一个 SRv6 Policy 可以包含多个候选路径（Candidate Path），每个候选路径携带优先级（Preference），如图 2-12 所示。SRv6 Policy 选择优先级最高的有效候选路径作为主路径。一个候选路径可以包含多个 Segment List，通过 Segment List 携带的权重（Weight）属性控制流量负载分担比例，从而实现 ECMP/UCMP（Equal Cost Multi Path，等价多路径路由 /Unequal cost multiple path，非等价多路径）。

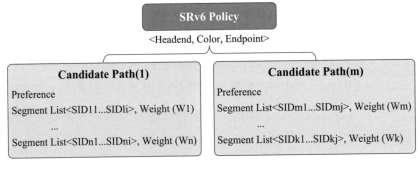

图 2-12　SRv6 Policy 模型

（2）SRv6 Policy 引流

SRv6 Policy 部署完成后，在头节点通过引流机制将流量引导到 SRv6 Policy 中。目前常用的引流方式有 Binding SID、Color、DSCP、隧道策略等。

Binding SID 引流：报文目的地址为某个 SRv6 Policy 对应的 Binding SID，则通过该 SRv6 Policy 继续转发报文。Binding SID 引流

可用于隧道拼接、跨域路径拼接等场景，减小SRv6 SID栈深，降低不同网络域间的耦合。

Color引流：BGP路由携带的Color及下一跳地址匹配某个SRv6 Policy的Color和Endpoint，则通过该SRv6 Policy转发目的地址为该路由的报文。Color引流通过匹配SRv6 Policy的Color，实现自动引流。

DSCP引流：根据报文的DSCP值查找与对应的Color，再通过Color匹配SRv6 Policy的Color，则通过该SRv6 Policy继续转发报文。DSCP引流可用于目的地址相同但携带不同DSCP的报文进一步细分SRv6 Policy。

隧道策略引流：在L2VPN和L3VPN组网环境中，通过部署隧道策略，将SRv6 Policy作为公网隧道来转发私网报文。

（3）SRv6 Policy保护

SRv6 Policy热备份保护机制（Hot-Standby）预先为主路径建立备份路径。当某条链路或节点发生故障时，由隧道头节点发起切换，将流量快速切换到备份路径上，减少流量丢包，保证网络可靠性。

如图2-13所示，PE1到PE2的红色路径是SRv6 Policy的主路径，PE1到PE2的绿色路径是SRv6 Policy的备用路径，建议计算主路径和备路径时，尽量避免共用相同节点或者链路，从而扩大保护范围。为了快速检测到SRv6 Policy路径故障，通常部署BFD for SRv6 Policy的相关检测技术。当BFD检测到主路径经过的链路或节点发生故障时，PE1响应BFD的故障检测，快速将流量从主路径切换到备路径上承载，从而减小故障时间，降低主路径故障对业务的影响。

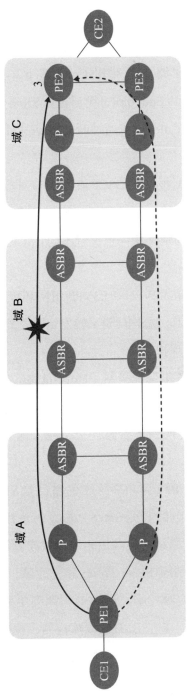

图2-13　SRv6 Policy Hot-Standby方案

（4）SL负载分担

SRv6 Policy存在多个候选路径时，选择优先级最大且有效的候选路径作为主路径用于转发流量。主路径可以包含多个Segment List（SL），每个SL携带权重属性，用于对通过SRv6 Policy转发的流量进行负载分担。假设候选路径中包含n个有效SL，第x个SL的权重为Wight x，则第x个SL转发流量的比例为该SL的权重值÷所有有效SL的权重值的总和。

（四）SRv6的开销与压缩

1. 头压缩需求

标准SRv6的128bit SID采用IPv6地址格式的SID，具备可路由属性，简化域间路径创建，实现在IPv6网络中快速建立端到端路径的能力。同时SRv6 SID支持可编程能力，能够满足灵活的网络和业务功能需求。SRv6结合集中式和分布式控制平面的协同支持，能灵活满足各种业务和网络功能的需求，适应网络和业务发展的需要。

随着SRv6技术和标准逐渐成熟，主流的设备芯片厂商和开源平台都已经支持SRv6，国内外运营商都开始了SRv6部署。但是SRv6在部署过程中存在明显的问题，当SID数目增多时，报文头开销过大。SRv6报文头过长带来的挑战主要分为以下三方面：

（1）报文头开销大导致网络链路带宽利用率低，以典型跨省地市到地市场景为例，8跳路径，256字节平均包长，SRv6封装带宽利用率仅为60%，MPLS封装的带宽利用率为90%；

（2）新增报文头长度可能导致报文大小超过MTU，导致分片或丢包，使得传输性能急剧下降；

（3）SRv6报文处理对芯片要求高，老旧现网设备难以支持深度的报文头的复制操作。

这些问题导致运营商现网无法平滑升级 SRv6，为此需要对 SRv6 报文头进行有效压缩，从而在支持 SRv6 功能的基础上优化 SRv6 的性能，帮助 SRv6 更好规模部署。

2.头压缩设计理念和原则

从前述 SRv6 原理可以看到，通常 SRv6 SID 是从特定的 IPv6 前缀（Locator-Block）分配的。而一个 SRv6 网络中很多 SID 都具有共同前缀（Common Prefix），一个 SID List 中 SID 的共同前缀部分都是重复冗余的。由此，从 SID list 中去掉 SRv6 SID 中的 Common Prefix 部分和其他冗余部分，保留 Node ID 和 Function ID 作为压缩 SID，可以达到压缩 SRv6 报文头，减少报文头开销的目的。在此压缩理念的基础上，设计 SRv6 头压缩也需要遵循如下原则：

（1）兼容 SRv6：考虑到 SRv6 已被标准化且广泛部署，压缩方案需要兼容当前的 SRv6 SRH，支持 SRv6 已定义的处理行为（Behavior），还需要支持在同一个 SRH 中同时编码 SRv6 SID 和压缩 SID，从而支持存量演进，保护已有的 SRv6 投资。

（2）可扩展性：压缩的目的是减少 SRv6 报文头的开销，但压缩效率并不是唯一的指标，还需要考虑方案的可扩展性和字节对齐等因素。比如，压缩方案需支持 64K（64×1024）以上的节点 SID、邻接 SID 与业务 SID 等。

（3）支持地址规划：当前 SRv6 基于已有的公网 IPv6 地址部署。因此在设计 SRv6 压缩方案时，也需考虑与当前的网络地址规划相兼容，避免重新进行地址规划，并尽量减少对公网地址的消耗，降低部署成本。此外，不同网络的地址规划不同，压缩方案应支持在不同的管理域内独立规划地址，并支持跨域互通。

（4）兼容IPv6：SRv6数据包可以基于IPv6转发，穿越非SRv6节点，从而支持现网平滑升级和存量演进。压缩方案也需要基于IPv6，无需对IPv6节点进行额外的改动即可基于IPv6路由寻址转发。

3.头压缩方案

（1）头压缩方案概述

头压缩方案的段列表编码与2.3.2节中的SRv6 SRH完全兼容。在SRv6源节点，通过将压缩段列表与SRv6 endpoint behavior的flavor相结合实现高效压缩编码，behavior用于对压缩编码的解码。SRv6源节点根据报文所要经过的每个节点以及其自身的压缩能力构建压缩SID列表。段列表中的压缩SID和未压缩SID可以以任意组合方式进行编排，并通过flavor进行区分，从而使现网老旧设备具备处理压缩报文的能力。同时，压缩段列表编码支持任意长度的SID前缀（locator-block）分配，具体分配的长度取决于网络规模、网络地址划分等因素。

头压缩方案中定义两种新的flavor：REPLACE-C-SID flavor和NEXT-C-SID flavor以实现SID段列表的压缩，并可以与RFC8986中已定义的各种SID behavior以及flavor相结合。其中通过REPLACE-C-SID flavor形成的压缩SID称为G-SID，可使用argument字段携带标识压缩SID的索引信息。通过Next-C-SID Flavor形成的压缩SID称为uSID，利用argument字段携带同一SID容器（即一个原生SRv6 SID的128bit空间）的剩余压缩SID。下面两节分别详细介绍G-SID和uSID的压缩原理及编排方式。

（2）G-SID压缩原理和编排方式

根据2.3.2节介绍可知，一个SRv6 SID是一个128bit的IPv6地址，通常由locator、function、arguments三部分组成，其中locator分为Block（或prefix）和Node ID。一个SRv6网络中很多SID都具有共同前缀

（Common Prefix），一个SID列表中SID的共同前缀部分都是重复冗余
的。所以，SID列表中去掉SRv6 SID中的共同前缀部分和其他冗余部
分，保留Node ID和Function ID作为压缩SID，可以很好减少报文头
开销。这是通用段标识符（G-SID）的基本压缩原理。

G-SID是可压缩SRv6 SID的一部分，和Common Prefix以及
Argument/Padding一起组合成完整的SRv6 SID。从硬件处理效率、利
旧和可扩展性的角度出发，32 bit是一种常用的压缩SID长度，因此
本书32 bit压缩为例重点介绍。

图2-14是典型的32bit 压缩G-SID格式，该G-SID是由128bit SID
中的Node ID和Function ID组成。128bit SID格式是完整SID，也即
SRv6 SID；32bit SID为G-SID，其是完整SID的差异部分。

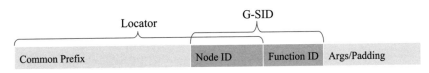

图2-14　SRv6 SID和压缩G-SID格式关系图

完整SID和压缩SID的转换关系根据SRv6 Locator的规律可以采
用如下方式：

G-SID组成为Node ID + Function ID

为方便理解G-SID和完整SID混编并确保128bit对齐，引入G-SID
Container概念。一个G-SID Container长度为精确的128bit，可以包含
一个完整SRv6 SID或者多个G-SID，如1～4个32bit的G-SID或者1～8
个16bit G-SID，不满128bit则全部用零补齐。

以32bit G-SID为例，G-SID Container可能的格式如图2-15所示。

由于SRv6 SRH中可以编码多种类型的G-SID Container，所以这

个SRH我们称之为Generalized SRH（G-SRH）。这种支持将通用的多种Segment编码到SRH中的方案是一种SRv6的升级，我们称之为Generalized SRv6（G-SRv6）。

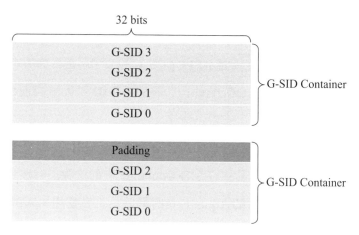

图2-15　32-bit G-SID Container格式图

原生SRv6数据封装主要体现在IPv6报文的SRH扩展头部，G-SRH与SRH[RFC8754]格式保持一致，没有对其格式和字段语义进行改动，兼容但支持将128bit SRv6 SID和32bit G-SID混合编程在G-SRH中，其格式如图2-16所示。

Next Header	Hdr Ext Len	Routing Type	Segments Left
Last Entry	Flags	Tag	
G-SID Container[0](128 bits value)			
...			
G-SID Container[n](128 bits value)			
Optional Type Length Value objects(variable)			

图2-16　G-SRH封装格式图

一段 G-SRv6 路径可能由原生 SRv6 子路径和 SRv6 压缩子路径组成。原生 SRv6 子路径由 SRv6 SID 编码。SRv6 压缩子路径由一个支持压缩的 128bit SRv6 SID 引导开始，并由随后的多个 G-SID 组成。为标识 SID 列表中 SRv6 压缩路径的起始和结束，也即 128bit SID 和 32bit SID 之间的边界，需要新增 Flavor 类型，称为 COC flavor（即前文所述 REPLACE-C-SID flavor，为方便介绍在 G-SID 子章节称为 COC flavor），标识在 SID 列表中当前 SID 的下一个为压缩 G-SID。

此外，在压缩路径中，为了定位下一个 G-SID，需要新增 SI（G-SID Index）来定位其在 G-SID Container 中的位置。SI 放置在目的地址中的 G-SID 之后的 Arguments 的最低位。在使用 32bit G-SID 压缩的情况下，SI 为 128bit SID 的最低 2bit。在转发的过程中，只有当前 SID 为可压缩 SID 时，目的地址中的 SI 字段才有意义。此时，SL 指示了 G-SID Container 在 G-SRH 中的位置，而 SI 指示了 G-SID 在 G-SID Container 中的位置，这样就形成了 G-SID 的二级索引定位机制。

G-SRv6 方案简单归纳就是通过 COC Flavor 指示更新下一个 32 bit G-SID 到目的地址，G-SID 位置由 SL 与 SI 二级索引定位。

SRv6 压缩的处理流程由 COC Flavor 触发，操作数据也局限在压缩 G-SID 列表之内，对已有原生 SID 及 SRH 的处理没有影响。其中 SI 在目的地址的 G-SID 之后。以 SID 列表编排 G-SID 纯压缩路径和 128 bit VPN SID 为例，报文编码示意图如图 2-17 所示。

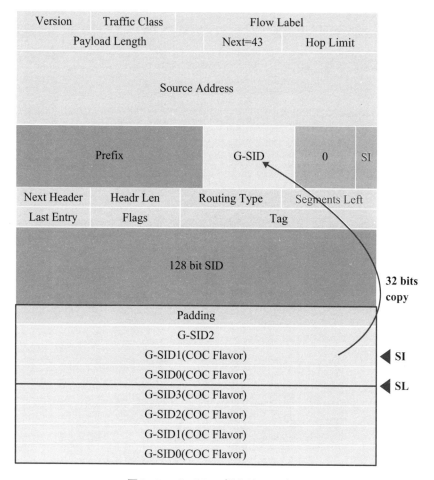

图2-17　G-SRv6报文编码示意图

　　为了更好理解G-SRv6方案，以下为G-SRv6和原生SRv6混合编排SID列表的举例。

　　图2-18中N0-N4和N6-N10处于不同前缀的G-SRv6压缩域，N5不支持压缩，N4和N6为边界节点。

　　N4根据目的地址查表为本地SID，并且未携带COC Flavor，指示下一个SID为原生SRv6 SID，SL减1并且SI赋值为0；

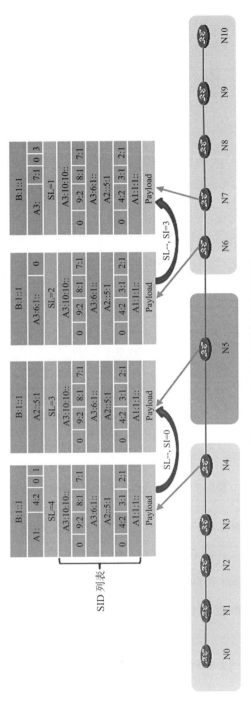

图2-18 G-SRv6报文转发示意图

N5运行原生SRv6转发，SL指向的128位SID复制到目的地址中，转发到下一个N6的SID；

N6为第2个G-SRv6压缩域的第一个节点，根据目的地址查表为本地SID，当前SID未压缩但携带COC Flavor，指示下一个SID为压缩G-SID，SL减1并且SI赋值为3，后面N7，N8同样操作根据COC Flavor更新压缩G-SID到目的地址并且SI减1，直到N10处理128bit的VPN SID。

（3）uSID压缩原理和编排方式

uSID使用NEXT-C-SID flavor编排并使用argument字段携带当前SID容器中的剩余uSID。uSID列表同样包括一个或多个uSID容器，每个容器携带公共前缀块成为uSID Block，后面跟着一系列uSID。uSID容器中每个uSID由Locator Node和Function组成，除第一个uSID外，容器内剩余uSID序列均由argument字段承载，如图2-19所示。

Locator-Block	Locator Node function	argument	
uSID-Block	Active uSID	Next uSID	Last uSID

图2-19　SRv6 SID与压缩uSID格式关系图

uSID处理过程中，当argument值为非零时，SRv6端点节点通过移位复制argument字段剩余的uSID来构造下一个uSID，从而覆盖上一个uSID的Locator node和Function，并用零填充移位后argument字段的最低有效位，如图2-20所示。当argument值为0时，SRv6端点节点将SRH的下一个128位SID容器条目复制到IPv6报文头部的目的地址字段，如图2-21所示。

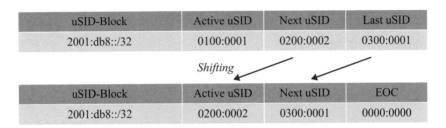

uSID-Block	Active uSID	Next uSID	Last uSID
2001:db8::/32	0100:0001	0200:0002	0300:0001

Shifting

uSID-Block	Active uSID	Next uSID	EOC
2001:db8::/32	0200:0002	0300:0001	0000:0000

图2-20　uSID移位处理原理图

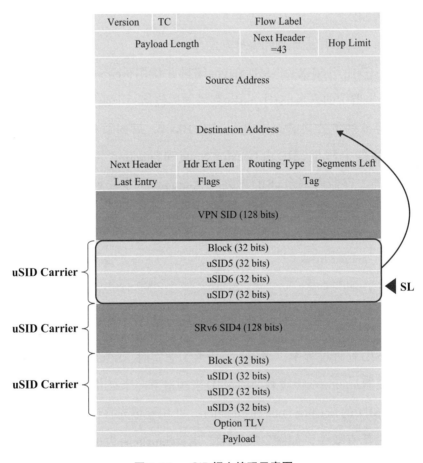

图2-21　uSID报文编码示意图

下面以16bit压缩的uSID举例说明利用uSID容器（uSID Carrier）来

携带压缩uSID的原理。典型的uSID报文格式编码如图2-22所示。uSID容器占据一个128 bit的SRv6 SID空间，其格式为<uSID Block><当前uSID><下一个uSID>…<最后一个uSID><容器结束标志><容器结束标志>。当前uSID指在uSID地址块即公共前缀后的第一个uSID，在当前uSID之后的uSID为下一个uSID，直到第一个容器结束标志前的uSID为最后一个uSID。容器结束标志以全0标识，容器内所有空闲的位置都需要用容器结束标志来填充。由此可见，一个128 bit的IPv6地址以16 bit为单元被分为8段，第1段16 bit长度用于表示uSID公共前缀块信息，其余7段分别用于表示一个uSID信息，但实际部署网络中公共前缀块长度通常要超过16bit，根据网络地址规划的不同一般可以达到48bit或者64bit，因此每个uSID容器内实际容纳的16bit压缩uSID最多能达到4 ~ 5个。

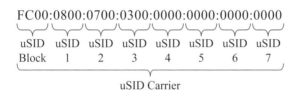

图2-22　uSID 16bit示例图

　　uSID的设计在一定程度上借鉴了MPLS封装，但保持了对IP路由最长匹配机制的支持。如果将uSID承载器中每个16 bit的uSID类比于一个32 bit的MPLS标签，则可以将整个uSID承载器中除uSID Block以外的部分看做MPLS标签。uSID相对于MPLS标签的一个优化是每个uSID只包含SID信息，即MPLS标签中的20 bits，而去除了3 bits的TC（Traffic Class）或EXP、1 bit的栈底标志和8 bits的TTL。从IPv6来看，TC和TTL信息在IPv6包头字段体现，栈底标志由承载器结束标志表示，如图2-23所示。

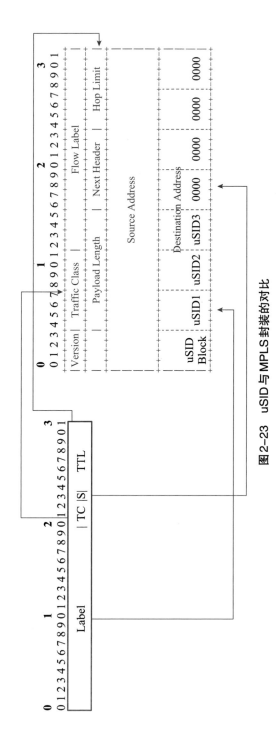

图2-23 uSID与MPLS封装的对比

如下以图2-24所示拓扑为例，介绍 uSID 转发流程。假设 uSID Block=FC00::/16，节点 N 对应的 uSID=0N00。图中节点1至节点8位于同一 SRv6 域中，节点1和节点8是 SRv6 PE 节点，图2-24中所有链路的度量值相等，链路 3->4->5->6->7 具有更低的延迟。节点 X 和节点 Y 是 IPv4 CE 节点，不属于 SRv6 域。节点1/3/5/6/7/8均支持 uSID，且都在域内通告 FC00：0N00：：/32 路由。

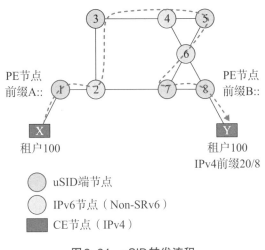

图2-24　uSID 转发流程

基于 uSID 为节点 X 发送到节点 Y 的数据包转发流程如下：

节点 1 把 IPv4 数据包（X，Y）封装入 IPv6 包头内，并转发给节点 3。此 IPv6 包头的目的地址 =FC00:0300:0500:0700::，SRH=（B:8:D0::；SL=1；NH=4）。其中 FC00:0300:0500:0700:: 是 uSID 容器，用于编码 3->4->5->6->7 的低延迟路径；B:8:D0:: 是表示 End.DT4 操作（Per-VRF IPv4 VPN）的常规 SRv6 SID。此时完整的数据包格式是：（A1::，FC00:0300:0500:0700::）（B:8:D0::；SL=1；NH=4）（X，Y）。由于节点3通告了 FC00:0300::/32 路由，因此数据包将根据 IGP 路由

转发给节点 3。

节点 2 在从节点 1 去往节点 3 的 IGP 最短路径上，因此节点 2 会收到 PE 节点 1 发出的上述数据包。由于目的地址 FC00:0300:0500:0700:: 不是节点 2 上的地址，因此节点 2 只是简单地查自身路由表把数据包发给节点 3。

节点 3 收到数据包（A1::，FC00:0300:0500:0700::）（B:8:D0::；SL=1；NH=4）（X，Y），FC00:0300::/32 查询本地 SID 表，执行移位和转发操作：把目的地址更新为 FC00:0500:0700::；查找路由表，匹配到最长条目 FC00:0500::/32，于是把数据包转发给节点 5。此时完整的数据包格式是：（A1::，FC00:0500:0700::）（B:8:D0::；SL=1；NH=4）（X，Y）。

节点 4 的处理与节点 2 类似，只是简单地按照 IGP 路由把数据包转发至节点 5。

节点 5 收到数据包（A1::，FC00:0500:0700::）（B:8:D0::；SL=1；NH=4）（X，Y），FC00:0500::/32 查询本地 SID 表，执行移位和转发操作：把目的地址更新为 FC00:0700::；查找路由表，匹配到最长条目 FC00:0700::/32，于是把数据包转发给节点 7。此时完整的数据包格式是：（A1::，FC00:0700::）（B:8:D0::；SL=1；NH=4）（X，Y）。

节点 6 的处理与节点 2 类似，只是简单地按照 IGP 路由把数据包转发至节点 7。

节点 7 收到数据包（A1::，FC00:0700::）（B:8:D0::；SL=1；NH=4）（X，Y），FC00:0700:0000::/48 查询本地 SID 表中，执行支持 PSP（倒数第二跳弹出）和 USD（最后一跳解封装）的 End 操作：将 SL 递减 1，则 SL=0，把 IPv6 包头的目的地址更新为 Segment 列表[0]，即 B:8:D0::；由于此时 SL=0，节点 7 执行 PSP 操作，把 SRH 弹

出；根据新的目的地址 B:8:D0:: 查找路由表，把数据包沿最短路径转发至节点 8。此时完整的数据包格式是：（A1::，B:8:D0::）（X，Y）。

节点 8 收到数据包（A1::，B:8:D0::）（X，Y），执行 End.DT4 操作：去掉外层的 IPv6 包头，在相应的 VRF 表中查找 VPN 前缀路由并继续转发，至此 uSID 转发过程结束。

（4）G-SID 和 uSID 技术特点

G-SID 通过对转发效率和处理逻辑的平衡，巧妙解决了 SRv6 的转发面问题：高转发性能和复杂业务处理逻辑作为矛盾的两个方面，为满足大容量、大带宽超强转发性能要求，一般网络的转发处理逻辑要求尽量简单，过于复杂的多级流表处理等会影响转发性能，成本和功耗也较高。G-SID 方案在引入 32 位的压缩 SID 时，只对 SRv6 转发处理逻辑进行了适当扩展，通过新增 COC Flavor 指示更新下一个压缩 32 位 G-SID 拼接到目的地址进行转发。因此，G-SID 方案避免了过于复杂的处理逻辑导致现网芯片无法支持或者透支芯片转发性能等问题，现网设备就可以支持原生 SRv6 SID 与压缩 SID 混编，从而支持从 IPv6/SRv6 网络存量演进、平滑升级到 G-SRv6 网络。

G-SID 具有高效的压缩效率，使用 32 位压缩 SID 时头部封装长度压缩 4 倍，最多可减少 75% 的报文头部开销。以中国移动跨省业务为例，报文转发路径基本都在 8 跳以上，政企业务平均承载报文净荷长度 276 字节，对于 100G 的 OTN 传输通道，若采用原生 SRv6 报文承载效率 60% 左右，仅能开出 61 条 1G 专线，而使用 G-SID 则报文承载效率提升到 75% 以上，可以开出 78 条 1G 专线，经济效益提升 17%，这样可显著提升网络传输效率，极大地节省了带宽，显著节省底层光传输投资。

G-SID 使得现有芯片能够完全支持，确保现网平滑升级演进，兼容SRv6继承全部优点并支持混合部署，无须更换设备硬件，仅需要软件升级的成本，显著降低了现网高额的设备硬件更新换代成本。G-SID部署节省地址空间使用，可重用SRv6地址规划，避免IPv6地址重新分配。G-SID具备高可扩展性，32bit标识压缩G-SID，Node ID和Function ID使用的数量都非常大，可支持大规模组网。

uSID压缩方案同样完全兼容SRv6框架，与原生SRv6、纯IPv6转发的互操作能力使其可以在现网增量部署，无需对现有的硬件做全面的替换。利用IPv6提供的可达性，易于实现uSID的跨域部署。uSID节省报文开销能提高转发效率、节省投资，使带宽能更有效地用于转发净荷，而不是用于承载包头开销。uSID继承了SR与生俱来的对海量流量工程路径的支持能力，同时具备对超长流量工程路径的支持能力，由于压缩效率高，仅需要很小的开销就可以支持10跳以上节点的路径。

但uSID对网络地址规划有一定要求，需要用地址空间和扩展性换取压缩效率，其中uSID Block即网络前缀不宜过长，否则可容纳uSID空间过小，而且每个uSID空间有限，通常仅有16bit。目前，uSID已对节点SID/链路SID/其他业务类型SID均进行了明确定义，在严格显式路径的场景下可有效降低报文承载开销，但由于每个uSID空间限制，更加适用于规模较小的网络。如果仅考虑Node SID，16bit压缩uSID尚可应用，但是如果考虑链路SID构建长路径转发，无法满足大规模组网，需要使用更长的压缩uSID，如32bit uSID，但相应压缩效果会变差很多。

（五）SRv6可靠性

1.端到端保护
端到端保护方案主要有VPN FRR和SRv6 Policy端到端保护。

VPN FRR用于保护egress PE以及到达Egress PE的路径；SRv6 Policy
端到端保护用于保护SRv6 Policy的路径。

（1）VPN FRR端到端保护

VPN业务有SRv6承载，CE双归场景，可以通过PE备份来保护
VPN业务。如图2-25所示。

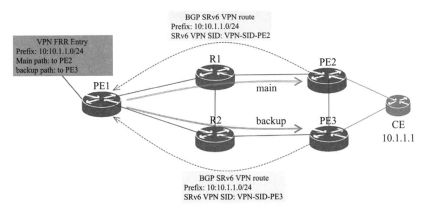

图2-25 VPN FRR 保护示意图

CE双规到PE2、PE3，通过PE3保护PE2。PE1和PE2，PE1和
PE3之间均创建MP-BGP会话，发布EVPN/L3VPN路由。PE1上使能
VPN FRR，设置PE2为主peer，PE3为备peer。PE1到达PE2的路径无
故障时，PE1上发往CE的VPN报文由PE2承载，当PE1上检测到达
PE2的路径故障时，则触发VPN FRR切换，PE1上发往CE的VPN报
文由PE3承载。

（2）SRv6 Policy端到端保护

每个SR Policy可以包含一到多个Candidate-path，每个Candidate-
path可以包含一到多个segment-list。SRv6 Policy选择优先级最高且
有效的Candidate-path作为Active Candidate-path来承载业务，Active
Candidate-path下的segment-list按权重分担承载的业务。SRv6 Policy

的端到端保护通过对segment-list状态的准确检测，快速感知segment-list状态，来形成Candidate-path间的端到端保护（hot-standby）或者Segment-list间的端到端保护（UCMP）。

hot-standby保护：SRv6 Policy下可以用优先级次高且有效的Candidate-path作为备份path来保护Active Candidate-path。当Active Candidate-path下所有Segment-list都故障时，流量切换到备份Candidate-path上承载。当优先级高的Candidate-path故障恢复时，可以选择等待WTR时间或立即恢复为Active Candidate-path。

UCMP保护：Candidate-path下的所有segment-list是按照权重共同分担业务的，当其中部分segment-list故障时，业务可立即由同一Candidate-path下的其他segment-list来承载。当故障segment-list恢复时，可以选择等待WTR时间或立即加入负荷分担组，分担业务。

2.本地保护

（1）TI-LFA

当网络中结点或者链路发生故障，路由重新收敛之前，会出现一段时间的数据丢包情况。LFA（Loop Free Alternate）是快速重路由技术（FRR）的一种，通过提前计算备份路径，在主下一跳不可用时，快速切换到备下一跳，减少流量终端时间。其原理主要是寻找到无环的备份下一跳，这一要求导致其对拓扑有一定约束，并不能实现100%的故障保护。

TI-LFA（Topology Independent Loop Free Alternate）拓扑无关无环路备份，是一种基于SR的LFA技术。利用Segment列表的形式显示指定备份路径，不依赖拓扑，可以实现100%故障保护。以图2-26为例。

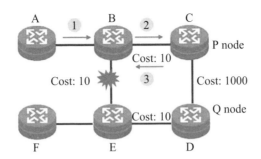

图2-26　未使能TI-LFA流量转发示意图

当B和E之间发生故障后，B将数据包转发给C，但是由于C和D之间开销是1000，C认为到达F的最佳路径是经过B，因此将数据包转发给B，形成环路，转发失败。TI-LFA使能后，B设备可以提前计算出修复路径列表（Repair Segment List）为B->C->D，并将计算结果预先安装到备份转发表项中。这样B可以将数据包按照修复路径列表转发，解决上述环路问题。

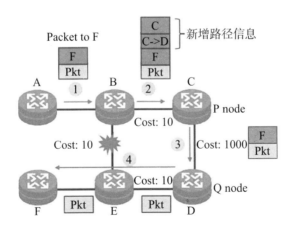

图2-27　使能TI-LFA后流量转发示意图

（2）防微环

IGP协议的收敛是无序的，各设备之间收敛顺序存在先后，导致在网络中产生暂态的环路，引起丢包、时延抖动以及报文乱序等问题，这种暂态环路在网络中所有设备都完成收敛后即消失，称之为微环。

利用SRv6技术在网络拓扑变化可能引发环路的时候，创建一个无环的SRv6 Segment List，引导流量按照该路径转发到目的地址，直到网络节点全部完成收敛，可以有效消除上述微环，并且对网络影响较小。

SRv6防微环技术分为正切防微环和回切防微环。

正切微环是结点或者链路故障后产生的暂态环路。产生原因是紧邻故障结点的结点完成故障收敛，按照收敛后的路由转发表项转发报文，而网络中其他结点未完成收敛，按照收敛前的转发表项转发报文。避免正切微环的主要思路是，紧邻故障结点的结点延迟收敛。因为TI-LFA一定是个无环路径，所以只需要维持一段时间按照TI-LFA路径转发，待网络中其他节点完成收敛以后再退出TI-LFA，即可消除正切微环。

回切微环是结点或者链路故障恢复后产生的暂态环路。产生原因是故障节点或链路恢复后最优的路径变为可用，业务从当前非最优路径切换到恢复后最优的路径时，不同节点的收敛时序不同导致短时环路问题。避免回切微环的主要思路是，先收敛的结点通过Segment List指定报文沿着收敛后最优路径转发，避免各设备按照目的地址查询转发表而引起环路。主要方法是先收敛的结点构造严格显示路径，该路径包括收敛后最优路径上的所有End.X SID。在收敛后一定时间内按照该显示路径转发报文。

（六）SRv6 EVPN业务承载

以太网虚拟专用网（EVPN）是新一代全业务承载的VPN技术，

统一了各种L2VPN、L3VPN业务的控制平面。通过BGP扩展协议传递二层或三层可达信息，实现了转发平面和控制平面的分离。

1. EVPN L3VPN

EVPN L3VPN的实现原理与传统L3VPN基本相同，主要区别传递私网路由的方式不同，一个属于BGP-EVPN地址族，一个属于BGP-VPNv4/VPNv6地址族。

路由发布流程如图2-28所示。

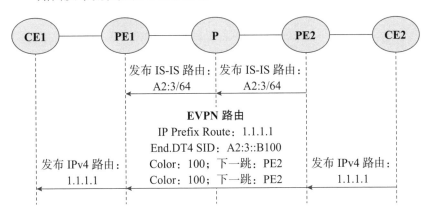

图2-28　IPv4 EVPN L3VPN over SRv6 Policy路由发布流程

（1）PE2通过ISIS协议将End.DT4 SID对应的Locator网段路由A2:3::/64发布到域内各节点，PE1和P收到PE2发布的IS-IS路由后，生成对应的路由转发表项。

（2）PE2收到CE2发布的私网路由1.1.1.1，形成EVPN路由并发布给PE1，该路由携带End.DT4 SID:A2:3::B100，Color:100，下一跳：PE2等。

（3）PE1收到EVPN路由后，通过该私网路由携带的Color属性和下一跳迭代相应的SRv6 Policy。迭代成功后，私网路由的出接口设置为该SRv6 Policy隧道接口，将该路由加入到对应VPN实例的IPv4

路由表中，并转换成IPv4路由发布给CE1。

（4）CE1收到路由1.1.1.1后，生成对应的路由转发表项。

控制平面构建完成后，就可以进行 EVPN L3VPN over SRv6 Policy的报文转发，报文转发流程如图2-29所示。

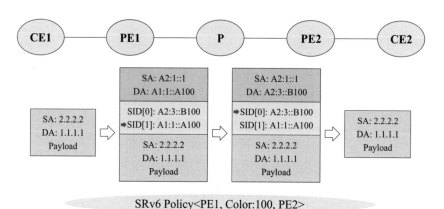

图2-29　IPv4 L3VPN over SRv6 BE报文转发流程

（1）PE1收到来自CE1的用户报文后，根据报文入接口确定VPN实例，在对应的VPN路由表中查找私网路由1.1.1.1，路由下一跳为SRv6 Policy，为报文封装SRH和IPv6报文头。该SRH中携带两个SRv6 SID，包括P到PE2链路的End.X SID:A1:1::A100及PE2的End.DT4 SID:A2:3::B100。报文从PE1发出时，SRH中指针指向下一跳A1:1::A100，对应的外层IPv6报文目的地址为该指针指向的A1:1::A100，按照IPv6报文目的地址查公网路由表转发报文。

（2）P收到目的地址是A1:1::A100的IPv6报文时，命中本地End.X SID，指针偏移指向下一跳A2:3::B100，对应的外层IPv6报文头目的地址替换为指针指向的A2:3::B100，并按照End.X SID A1:1::A100

指示的出接口转发报文至PE2。

（3）PE2收到报文目的地址是A2:3::B100的IPv6报文时，命中本地End.DT4 SID，解封装去掉IPv6报文头，根据End.DT4 SID确定VPN实例，在对应的VPN路由表中查找私网路由1.1.1.1，将报文发送给CE2。

2. EVPN L2VPN

传统L2VPN技术面临只支持单活模式接入、PW需要全连接、通过转发平面学习MAC等问题，导致网络链路带宽利用率低、网络部署难、规模有限。EVPN通过引入BGP协议，实现控制面和转发面分离、支持多活多归属和负载分担等功能，解决了传统L2VPN面临的问题。此外，EVPN替代传统多种VPN技术，统一各种二三层VPN协议，简化全网协议部署。

（1）EVPN VPLS

EVPN VPLS over SRv6通过SRv6隧道承载EVPN VPLS业务，透明传输用户二层数据，实现用户穿越IPv6网络建立点到多点连接。PE之间通过EVPN路由发布SRv6 SID，建立SRv6隧道，封装并转发二层数据报文。

下面以EVPN VPLS over SRv6 BE为例，介绍一下EVPN VPLS的单播业务流程，如图2-30所示，PE通过EVPN路由将本地学习的MAC地址通告给远端PE。远端PE接收到该信息后，将MAC添加到对应VSI的MAC地址表中，该MAC地址的出接口为两个PE之间的SRv6隧道。

①PE1从连接CE1的AC上接收到目的MAC地址为MAC2的二层报文后，在AC关联的VSI中查找MAC地址表，找到对应的出接口为SRv6隧道，并获取该隧道的End.DT2U SID:A::2:B210，为报文封装外层IPv6报文头，目的IPv6地址为End.DT2U SID:A::2:B210，按照IPv6报文目的地址查公网路由表转发报文。

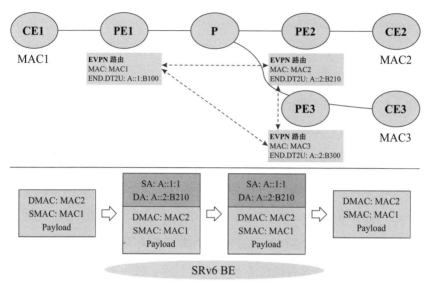

图2-30 IPv4 EVPN VPLS业务流程

②PE2收到目的地址为End.DT2U:A::2:B210的报文后，解封报文，去掉IPv6报文头，并在End.DT2U SID所属的VSI内查找MAC地址表，根据查表结果将报文转发给CE2。

（2）EVPN VPWS

EVPN VPWS over SRv6通过SRv6隧道承载EVPN VPWS业务，透明传输二层数据，实现穿越IPv6网络建立点到点连接。PE之间通过EVPN路由发布SRv6 SID，建立SRv6隧道，封装并转发二层数据报文。

下面以EVPN VPWS over SRv6 BE为例，介绍一下EVPN VPWS的业务流程，如图2-31所示，PE1和PE2通过BGP EVPN路由交互End.DX2 SID，以建立SRv6 BE隧道。

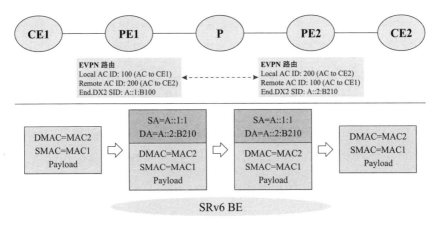

图 2-31　IPv4 EVPN VPWS业务流程

①PE1从连接CE1的AC上接收到二层报文后，查找与该AC关联的SRv6 PW，找到对应的End.DX2 SID A::2:B210，为报文封装外层IPv6报文头，目的IPv6地址为End.DX2 SID A::2:B210，按照IPv6报文目的地址查公网路由表转发报文。

②PE2收到目的地址为End.DX2 A::2:B210的报文后，解封装报文去掉外层IPv6报文头，根据End.DX2 SID匹配与其关联的AC，并通过该AC将报文转发给CE2。

（七）SRv6压缩技术

在SRv6提升网络灵活性和可扩展性的同时，也会带来网络承载效率降低以及硬件处理效率降低的问题。为了解决这些问题，SRv6压缩技术应运而生。目前在业界，有两种方案受到广泛关注：SRv6 uSID（Mirco SID）和G-SRv6（Generalized SRv6）。这两种方案在设计上都采用了共享前缀的方式，具备较好的扩展能力，且转发平面易于实现。

SRv6 uSID专注于实现精细化和细粒度的流量调度控制，在大型网络中，提供了精细化控制而不影响性能。该技术引入了微分段（microsegment）的概念，通过利用微分段，SRv6 uSID提供了增强的流量工程能力，实现更精确的流量引导，进一步改善网络性能。在编址上，将多个uSID插入到IPv6目的地址中，并巧妙地通过移位（shift）方式，每经过指定的一跳SRv6节点，会将IPv6目的地址中当前活跃的uSID剔除，并将后续uSID向前移动，并在结尾补全0，因此对于硬件设计无须进行较大调整，在硬件转发上直接利用最长前缀匹配即可实现目标，与现有的SRv6基础设施兼容，可以平稳地集成到网络中而不会造成影响。同时，SRv6 uSID单域和跨域场景中，报文承载效率更高。

图2-32　uSID丰富的应用生态（出处：MPLS WC 2023 - Clarence Filsfils）

SRv6 uSID技术备受业界关注，并得到广泛共识，具备完整的产业生态：全球网络设备厂商、芯片厂商、开源应用、智能网卡厂商等都纷纷加入支持SRv6 uSID的行列。SONiC发布版本支持SRv6

uSID（包括 SAI 和 FRR），其中 SONiC 的 SRv6 Policy 也同样基于
SRv6 uSID。此外，不仅在阿里云，海外的诸多运营商也启用了 SRv6
uSID，如日本 Rakuten 的 5G 传送网络，以及 Bell Canada，用于支持可
扩展性网络架构和实现流量调度、服务插入等功能。

G-SRv6 同样提供了 SRv6 的压缩能力，该方式通过占用原有 SRH
位置，移除每个 SID 相同的前缀，仅携带变化的 G-SID 部分，用来减
少 SRv6 报文头部的开销。在转发过程中，每经过指定的一跳 SRv6 节
点，通过 G-SRv6 新定义的 SID Index，将定位到的 G-SID 复制到 IPv6
目的地址中相应的位置，用来做后续转发。G-SRv6 在控制面和转发
面上，需要增加相应指令信息才能实现，对原有 SRv6 SRH 要做部分
修改。

四、确定性IP：保证报文端到端转发零误差

（一）技术背景

传统 IP 网络采用"尽力而为"的转发方式来传输数据，无法保证
报文端到端转发时延的确定性，但 5G 垂直行业、工业互联网的发展，
都需要网络具有确定性承载能力，这就催生了确定性 IP 网络。

如何能称之为确定性？业界有两种概念，一种是有界时延，另一
种是有界抖动。有界时延是指时延小于等于上界值。有界抖动是指在
时延上界值的基础上存在少量上下波动。

IP 网络无法保证端到端报文转发的时延确定性，原因主要有
两个。

一方面，IP 网络是面向无连接的统计复用网络。来自不同入接口

的报文，汇聚后从同一个出接口发出，出接口报文输出顺序是根据报文到达出接口队列的时机决定的，先到先发。面向无连接，中间节点没有用户连接状态，每个报文得到调度的机会都是均等的。统计复用根据用户的流量使用情况动态划分带宽资源，每个用户使用的带宽是不确定的、变化的。统计复用的好处是能够充分利用网络带宽，节省运营商的网络投资。相应的限制是难以提供确定性服务质量的保证。

另一方面，业务流量突发加剧时延不确定性。造成"微突发"现象的原因有两个，一是IP网络承载的业务种类繁多，绝大多数业务的报文发送时间不规律，导致多个业务的报文按一定概率在出接口处发生碰撞冲突；碰撞较严重，时延就变得较大；碰撞不严重，时延就相对较小。二是有的业务要么不发包，一发包就是很大的突发量，一旦这种类型的多个业务发生碰撞冲突，时延就变得尤其大。

因此，传统IP网络无法满足5G垂直行业和工业互联网对于确定性网络承载能力的需求。

5G垂直行业需要确定性承载能力。5G打破了传统移动网络的服务边界，使能更多的垂直行业场景，5G时代垂直行业差异化服务质量的网络诉求，为承载网带来了更大的挑战。5G网络高带宽和低时延的数据传输，为实时交互和控制类业务提供了基本的网络能力。实时交互和控制类业务给传统的数据通信技术带来了新的挑战。比如，电网差动保护类业务，需要毫秒级的往返时间（RTT），且要求承载网不能产生拥塞，提供确定性、可承诺的时延保证。

根据第三代合作伙伴计划（3GPP）在TS 22.261中对超高可靠性超低时延通信（URLLC）的性能指标定义，某些行业的业务对低时延、低抖动、高可靠性等方面存在高要求，详见表2-2。

表2-2 5G各场景性能指标

场景	端到端最大时延	生存时间	业务通信可用性	可靠性
分布式自动化	10 ms	0 ms	99.99%	99.99%
自动化过程控制-远程控制	60 ms	100 ms	99.9999%	99.999%
自动化过程控制-监控	60 ms	100 ms	99.9%	99.9%
中压电力配送	40 ms	25 ms	99.9%	99.9%
高压电力配送	5 ms	10 ms	99.9999%	99.999%
智能交通系统-基础设施回传	30 ms	100 ms	99.9999%	99.999%

另外在 TS 22.104、TS 22.186、TS 22.289 中,对网络物理控制应用、车联网、铁路通信中各使用场景的性能指标进行了更细致的定义,其中有很多场景都要求10ms级别端到端最大时延。IP网络是连接5G网络中基站和核心网的重要组成部分,由于使用现有IP网络很难满足以上场景性能指标中时延要求在10ms级别的情况,所以需要有新的技术来提供确定性承载能力。

工业互联网需要确定性承载能力。工业互联网是新一代信息通信技术与工业经济深度融合的全新工业生态、关键基础设施和新型应用模式。工业网络对确定性和可靠性要求极高。工业互联网背后连接的是数以千万计的资产,且出于商业利润和人员安全的考虑,工业制造领域对网络的时延、抖动以及可靠性方面要求是极端苛刻的。从工业控制使用场景来看,不同业务场景时延要求不同。如物料传送,一般要求循环周期在100 ms级别;如机床控制,一般要求循环周期在10 ms级别,抖动小于100 us;而一些高性能的同步处理,则要在1 ms级别，抖动小于1 us。这几种业务场景差异化的时延和抖动要求，使用现有的IP网络无法满足，阻碍了工业网络的发展。因此，迫切需要有新的技术来提供确定性承载能力。

（二）技术价值

基于IPv6的确定性IP网络，能够促进5G网络全行业发展，也能够促进工业互联网继续演进。

第一，促进5G网络全行业发展。在5G垂直行业中，抖动要求较小或时延要求较小的各种业务，可以放心地使用确定性IP网络。确定性IP网络的有界抖动、有界时延，原理上可计算、实现上有保证，所见即所得。如图2-33所示，在电力差动保护场景中，多个继保设备之间相互发送实时电流数据，和本地相同时刻的电流数据进行比较，检测是否发生故障。这种设备间数据通信时延要求很严格，要求时延小于5 ms，抖动小于200 us。这种时延和抖动要求，用传统IP网络很难满足，需要使用确定性IP网络。

图2-33 电力差动保护

确定性IP网络能够提供确定性转发能力，支撑各行业时延和抖动要求较严格的业务场景接入网络。价值在于：

（1）可以开展新型业务，如远程驾驶、远程采矿、远程医疗等，取消了距离的限制，使得资源能够充分利用、快速调配。

（2）可以利用IT已有技术优势，通过大数据分析、智能分析等技术，改造行业现有业务，提升效率。

第二，促进工业互联网演进。使用确定性IP网络承载云化可编程逻辑控制器（PLC）和输入输出（I/O）子卡之间的通信，可以满足工业网络中生产控制业务通信的时延抖动要求，促进工业互联网的发展演进。云化PLC系统的价值如下：

（1）海量现场级工业数据都通过云化PLC系统获取并存储在云上，方便进行数据的传递和交换，做工业大数据分析。

（2）实现了从物理PLC到IT化的软件系统的改造，提升了升级换代速度，更好地适应了定制化产品比率逐渐增加的趋势。

（三）技术实现

为了满足确定性承载能力的需求，IEEE时间敏感网络（TSN）工作组和IETF确定性网络（DetNet）工作组分别聚焦于二层以太网和三层IP网络的确定性技术。

二层以太网中，IEEE 802.1工作组致力于TSN的标准化，从而为以太网协议建立"通用"的时间敏感机制，以确保提供确定性的网络连接，即保障报文传输的时延边界、低时延、低抖动和低丢包。

三层IP网络中，IETF在2015年成立DetNet工作组，专注于在第二层桥接和第三层路由段建立端到端的确定性数据路径，为三层IP网络提供确定性的时延、抖动、丢包以及高可靠性保障。

在这种情况下，确定性IP（Deterministic IP，DIP）技术应势而生。确定性IP网络在业界首次同时实现了IP网络对于确定性和可扩展性的双重要求。一方面在现有IP网络基础之上，提供了确定性承载能力，满足5G垂直行业、工业互联网的确定性承载需求；另一方面相对于现有的TSN

和DetNet技术，确定性IP网络无须网络节点之间的严格时间同步，支持任意长距离链路，因此该技术具有更高的可扩展性和更低的技术成本。

那么，如何实现确定性IP网络呢？需要从路径确定、资源确定、时间确定和超高可靠性这四方面考虑。

路径确定：数据在端到端的传输过程中所经过的路径是确定的。

资源确定：不同类型数据在网络中传输需要占用的带宽、算力等资源可以相互隔离，传输过程中的数据之间不会彼此干扰。

时间确定：数据在端到端的传输过程中所需要的时间更加确定。

超高可靠性：数据在转发过程中如何避免丢包、时延等造成的传输不可靠的问题。

简单地说，如果将确定性IP网络类比为一个铁路系统，网络中的每一条流量则类比为一列火车，那么路径确定就是提前科学规划每一列火车的运行线路，实现列车线路的统一调度；资源确定就是将高铁和慢车线路网隔离，防止相互之间的干扰；时间确定就是合理调度，确保列车准时发车；超高可靠性就是保证列车信息全网自动上报，一切都在调度中心大屏监控中。

路径确定

当前网络中，某一条数据在起始节点处向外转发时，往往仅包含源节点和目标节点的位置信息，并不会包含整个转发路径中各段路径的信息，结果则是可能有多条路径能够转发该数据。尽管这样可以提供一定程度上的基于最优路径的转发，但是造成了路径上的不确定。

SRv6显式路径规划的出现就解决了这一问题。显式路径规划，负责转发路径规划控制和逐跳转发资源预留。通过SRv6显式路径规划控制报文的实际转发路径并预留路径上的转发资源。固定的路径才能有确定的时延，有转发资源才能够确保转发时延的确定性。

资源确定

通过 SRv6 显式路径规划控制报文的实际转发路径，并预留路径上的转发资源。关键转发资源包括带宽和接口占用时间。带宽是一个平均值，因此一般情况下可以保证服务质量，但仍可能导致业务流量突发和网络拥塞。相比之下，接口占用时间是独立的绝对值，可以通过控制器计算或者对不同流的时间分配来避免与同一资源的数据包冲突，实现资源的相互隔离，确保转发时延的确定性。

时间确定

传统网络中，除了必要的物理时延，还有像队列发送、查表转发等造成的时延消耗，而这类时延可长可短，取决于网络拓扑结构和网络拥塞情况等多种因素。此类时延的不确定性是未来网络发展要努力避免的，于是门控调度、周期映射等技术应运而生。

门控调度是一种基于固定时间间隔控制门控队列打开和关闭的定时轮循调度机制，系统依据门控控制列表定时控制门控的打开或关闭，当系统轮循到开启确定性 IP 门控队列时，门控队列中的报文就会被发送出去。相比于传统的调度机制，门控调度为设备提供了基于时间维度的精确发送报文的能力。

周期映射是指按照固定算法计算出的在上、下游设备上发送相同报文的周期映射关系。确定性 IP 功能开启后，设备间就会周期性地发送确定性 IP 学习报文。依据确定性 IP 学习报文中携带的时间戳和标签值等信息，可以计算出上、下游设备的时延差值。设备间的时延差值会因为报文转发路径、报文在当前设备的处理时长等因素发生变化，设备会依据确定性 IP 学习报文携带的信息及时更新时延差值。依据确定性 IP 学习报文计算出的设备间时延差值即可确定当前设备转发确定性 IP 报文的周期，此周期信息将会被封装到业务报文里继续转发给下一跳设备。

超高可靠性

传统IP网络的特征之一就是"尽力而为"。这种方式的核心理念之一就是对数据丢包的宽容，这也是IP网络和电信网络的主要差异点之一。然而随着时代发展，更多的业务对于网络可靠性的要求越来越高，丢包变得愈发难以接受。因此，未来IP网络需要朝着超高可靠性的方向发展。

于是，一些以降低网络丢包率为目标的技术开始被采用。其中多发选收（又名"多路包复制"）就是一个可行的技术。

多发选收是一种抗丢包技术。发送端设备对数据包进行复制，把原始包和复制包通过多条链路中质量最好的两条或多条一起发送。如果一条链路上有丢包，则接收端设备通过另一条链路上的复制包还原，流量无须重传。

IP网络中流量传输往往不止通过一条链路，多发选收可以有效利用多链路传输的优势，实现关键应用的零丢包与低时延，提升整体的可靠性。当接收端收到两条链路传递过来的数据包后，对重复的数据包进行缓存、去重复操作，恢复原始的数据流，实现关键应用的零丢包；当两条链路的时延不一致时（即一条链路传输快，一条链路传输慢），接收端会优先转发收到的数据包，丢弃传输慢的重复数据包，保证关键应用的低时延。

多发选收技术也存在一定程度的局限性。一方面，由于报文被复制了两条或多条并通过其他链路传输，所以该技术增加了对其他链路的带宽占用。另一方面，该技术由于使用了两条链路，这两条链路时延可能不同，所以有丢包时，数据包到达接收端时可能会引入抖动。

（四）技术应用

确定性IP的典型应用包括智慧医疗、智慧交通和智能制造等。

智慧医疗。当今医疗优质资源相对短缺且向大城市高度集中的问题普遍存在，直接导致边远乡村人民群众看病难。我国积极推进分级诊疗，构建多种形式的"医联体"（县域医共体、城市医疗集团、边远地区远程医疗协作网和跨区域专科联盟），来破解群众看病之"痛"。但我国基础医疗卫生机构占比高（国家卫生健康委员会统计，截至2021年3月底，全国医疗卫生机构数量为102.6万，其中，基础医疗卫生机构为97.3万个，占比94.8%），而医疗业务和信息化水平低，难以有效支持分级诊疗政策落实。因此国家和地方都在积极推动医疗行业各生产系统上云，实现信息共享，支持医疗协作的顺利开展。不同业务场景下，医疗上云对于IP网络的确定性承载指标均有较严格的要求。因此，利用确定性IP网络，实现医疗上云低时延、大带宽的差异化承载保障，从而为远程会诊、远程影像诊断等业务提供确定性的业务体验和保障。

智慧交通。近年来，汽车自动驾驶技术在全球迅速兴起，确定性IP网络也在其中发挥了重要的作用。除了车辆自身的各项数据外，自动驾驶系统还需要处理大量来自外部的数据，如路况信息、周遭的行人和车辆的运动信息等。这些海量的数据，彼此之间都需要实时共享并结合车辆主体的各项数据进行分析。比如，在人流密集的路口，每个行人的移动轨迹都将作为调整自动驾驶状态的输入变量，其中有些数据是通过车辆本身的传感器获得，而另一些信息则是从公共网络上获取，如交通监控。将确定性IP网络应用于交通网络，能够避免这些数据传输延迟或者丢包，为车辆自动驾驶系统提供超高可靠性，从而避免交通事故的发生，为安全自动驾驶保驾护航。

智能制造。工业互联网作为新一代网络信息技术与现代工业融合发展而诞生的新生事物，是实现生产制造领域全要素、全产业链、全价值链连接的关键支撑，是工业经济数字化、网络化、智能化的重要基础设施，是互联网从消费领域向生产领域、从虚拟经济向实体经济拓展的核心载体。加快工业互联网发展，对推动制造业与互联网深度融合，促进大众创业、万众创新、大中小企业融合发展，建设制造强国和网络强国具有重要意义。

随着智能工厂的发展，各种工业设备之间通过相互交换信息、使用超级控制器来描述网络拓扑和各种状态信息。工厂内网需要建立在三层IP网络上，并且满足不同业务场景差异化的时延和抖动要求。然而，当前的工业控制网络主要局限于二层以太网，因此无法满足局域网间和多实时边缘网络互连的确定性业务传输需求。确定性IP网络通过低时延、低抖动和高可靠性可以解决这个问题，帮助企业实现更加智能化的流程化生产。

（五）小结

目前国内的未来网络已经完成了2000公里的网络传输的确定性时延验证，实现了端到端的时延抖动小于30μs。这项技术为超远距离的确定性控制打下基础，为工业互联网及互联网在实体经济应用中取得比消费领域更大的成功奠定了基础，表明了确定性IP技术已经从实验室开始逐步走向工业商用。

五、网络切片：以相互隔离的虚拟网络资源实现差异化服务

（一）技术背景

在3G和4G时代，网络虽然可以提供一定的差异化服务和业务隔离能力，实现一定的差异化体验，但是并不能保障业务质量。

5G时代层出不穷的新场景和新业务对网络连接提出了更为多样的差异化和更为严苛的服务质量需求。5G定义的三种典型的业务类型：增强型移动宽带（eMBB）、海量机器通信（mMTC）和超可靠低时延通信（uRLLC），这三种业务对于网络有着更加严格和截然不同的需求。例如，更严格的SLA（Service Level Agreement，服务水平协议）保证。SLA直接定义服务商为用户提供的服务类型、服务质量以及对用户保障服务的性能和可靠性的承诺，同时还有超低时延、安全隔离等保障。各种云业务的发展，使得业务接入网络的位置灵活多变，一些云业务（如电信云）进一步打破了物理网络设备和虚拟网络设备的边界，使得业务与承载网络融合在一起，这些都改变了网络连接的范围。

🕮 知识窗

什么是传统IP网络转发的"尽力而为"？传统IP网络提供的是尽力而为的转发能力，即IP网络对所有的报文都会一视同仁地采用最短路径进行转发，使用共享的资源尽可能满足更多业务的需求，但这往往也意味着连接和服务质量不一定能有保障。传统IP网络的这一特点，使其难以满足SLA和灵活连接的需求。

为适应新需求运营商要开展多样化业务，必然涉及和其他垂直行业用户的合作和定制化。如何为合作伙伴提供一张按需定制、独立运维、稳定高效的网络，能够满足用户差异化高可靠的SLA需求，以及不同用户之间的相互隔离与独立运营，也就成了亟须解决的技术需求。IP网络是承载5G和云业务的网络基础设施，为了在同一张IP网络上满足不同业务的差异化需求，业界研究人员提出了IP网络切片技术。

　　IP网络为什么可以被切片？"切片"，顾名思义，从物体上切出一个扁薄的片状，多用于生物、医学当中。那么IP网络中的"切片"到底是什么？

　　网络切片的概念最早出现在2015年，是伴随着5G的需求和架构的制定而出现的。5G的标准与行业组织首先提出了网络切片的概念。5G的端到端网络切片由三个部分组成：无线接入网切片、移动核心网切片以及承载网切片。此处我们所说的IP网络切片指的就是承载网切片，承载网络的主要功能是提供接入网和核心网网元之间的按需连接以及相应的服务质量保证，因此承载网切片也是5G端到端网络切片的重要组成部分。IP网络切片最初的应用场景是提供5G承载网切片。但是由于IP网络不仅可以用于承载移动业务，还可以用于承载固定宽带业务，以及各种企业专线业务，因而，IP网络切片的应用场景也不再局限于5G网络切片，而是可以在更加广泛的领域中获得更大范围的应用。对于IP网络切片，它要满足的核心需求包括差异化服务、资源和安全隔离以及自动化运维。

　　我们可以举个简单的例子，早、晚高峰时，道路上的车辆容易产生拥堵，如果这时有紧急情况，救护车、消防车也可能会被阻塞在道路上。为解决这个问题，我们为这些应急车辆划分专用的应急车道，保证应急车辆在任何时候都能够顺利通行。网络也是类似的，IP网络中承载的业务种类越来越丰富，需要的带宽也越来越大，很容易就会发生网络拥塞，影响到一些关键业务的服务质量。

　　网络切片是在一个通用的物理网络上为不同的业务构建多个专用的、虚拟化的、互相隔离的逻辑网络，满足不同业务对网络能力和资源的差异化要求，并能为业务提供服务质量的保证。网络切片不是简单的一切了之，而是在切片的基础上，为每个切片分配不同的网络资源，提供不同等级的保障，这样每个切片都具备了独立的优势，例如，切片可以分为大带宽切片、低时延切片、高可靠切片等多种类型。如图2-34所示，我们可以将一个物理网络进行切片，每个切片具备不同的特点，然后将这些切片分别给医疗、教育、政务等行业使用，确保各个行业使用的资源隔离。在切片内部，还可以进一步划分，例如，在医疗切片内，还可以划分切片，将医疗影像、电子病历、医疗信息等业务进行更细粒度的隔离。

图2-34　网络切片示意图

（二）技术价值

网络切片是在实现用户和业务互访隔离的基础上进一步实现了资源隔离，可以为特定业务提供保障的各种网络资源，并降低网络中其他业务可能对所需保障业务产生的影响。IP网络切片之间根据业务和用户的需求提供不同类型和程度的隔离能力，互不影响，相互隔离。

概括来说，IP网络切片主要能够带来如下价值。

1.安全隔离。网络切片可以根据业务和客户的需求提供不同类型和程度的隔离能力。按照隔离程度不同，IP网络的网络切片可以提供三个层次的隔离：业务隔离、资源隔离和运维隔离。业务隔离是指针对不同的业务或用户在同一网络的不同切片中互不可见、互不可访。资源隔离是指为网络切片分配一组专用的网络资源，与其他网络切片不进行资源的共享。运维隔离是指一部分网络切片用户还要求能够通过网络切片管理接口对网络切片进行独立的管理和维护操作。通过提供不同类型和程度的隔离能力，网络切片可以为业务或用户带来差异化的服务质量、可靠性保障和安全管控能力。

以智慧电网场景为例，如图2-35所示，智慧电网的业务分为采集类业务和控制类业务，这两类业务对网络的SLA要求存在差异，需要提供资源隔离，同类型业务之间需要业务隔离。网络切片既可以提供智慧电网业务与公众网络业务之间的资源与安全隔离，又可以提供智慧电网采集类业务与控制类业务的资源隔离。

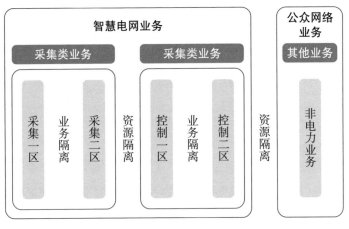

图2-35　不同电网业务隔离示意图

2.提供可保障的SLA。网络业务的快速发展不仅带来了网络流量的剧增，还使用户对网络性能提出了极致要求。不同行业、业务或用户对于网络的带宽、时延、抖动等SLA存在不同的需求，需要在同一个网络基础设施满足不同业务场景的差异化SLA需求。网络切片利用共享的网络基础设施为不同的行业、业务或用户提供差异化的SLA保障。像智慧电网、智慧医疗、智慧港口这种垂直行业，一方面对于时延、抖动等方面的要求十分严苛，此类行业往往也无法容忍其他业务对于自身业务性能的影响，比如，智慧医疗行业，往往在极短的时间里就能决定生命安全。除了有着敏锐的感知和计算能力之外，还要有绝对快的传输速度和比智能手机上更低时延的通信保障。通常这一延迟时间不能超过几毫秒。通过IP网络的切片能力，能够实现一张物理网络感知千行百业不同业务的需求，将物理网络切分为多个虚拟网络，每一个虚拟网络根据不同服务需求，例如，时延、带宽、安全性、可靠性等来进行划分，独立地为每一个应用场景来提供服务，保障业务SLA。

IP网络切片使运营商从单一的流量售卖服务，逐步向2B和2C提供差异化服务进行转变。如图2-36所示，以切片商品的方式为租户提供差异化服务。按需、定制、差异化的服务将是未来运营商提供业务的主要模式，也是运营商新的价值增长点。

业务独立运营。传统的一张共享网络，无法高效地为所有业务提供可保障的SLA。更无法实现网络的隔离和独立运营。网络切片使得运营商能够在一个通用的物理网络之上构建多个专用的、虚拟化的、互相隔离的逻辑网络，从而进行独立管理、独立分析。同时，网络切片还能够支持灵活定制的虚拟网络拓扑和连接，满足不同行业、业务或用户差异化的网络连接需求。网络切片用户只会感知到自己定制的网络切片，而无须关心网络切片的底层物理网络的连接状态。这样对网络切片用户来说，简化了需要感知和维护的网络信息。

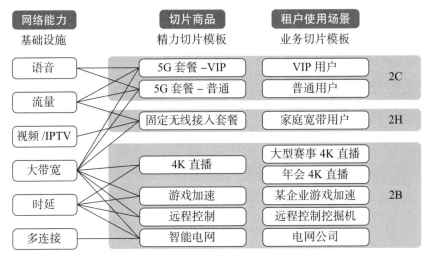

图2-36　切片即服务示意图

（三）技术实现

为了端到端保障业务SLA，IP网络切片在概念和架构上需要和5G网络切片保持一致，以便实现与5G端到端网络切片之间的协同。IP网络切片还需要通过切片对接标识实现5G切片业务到IP网络切片的映射。

IP网络切片架构主要包括三层：网络基础设施层、网络切片实例层和网络切片管理层，如图2-37所示。每一层都需要使用一些现有技术和新技术来满足用户对IP网络切片的需求。

网络基础设施层。该层是由物理网络设备组成的，用于创建IP网络切片实例的基础网络。为了满足不同网络切片场景的资源隔离和服务质量保障需求，网络基础设施层需要具备灵活的资源切分与预留能力，支持将物理网络中的资源（例如，带宽、队列、缓存以及调度资源等）按照需要的粒度划分为相互隔离的多份，分别提供给不同的网络切片使用。一些可选的资源隔离技术包括FlexE（Flexible Ethernet，灵活以太）、信道化子接口（Channelized Sub-interface）和灵活子通道（Flex-Channel）等。

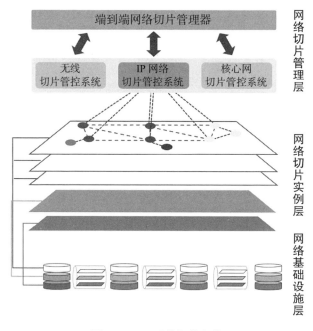

图2-37　IP网络切片架构

网络切片实例层。该层的主要功能是在物理网络中生成不同的逻辑网络切片实例，提供按需定制的逻辑网络拓扑与连接，并将逻辑网络拓扑与连接和网络基础设施层分配的一组网络资源集成在一起，构成满足特定业务需求的网络切片。网络切片实例层由上层的业务切片子层和下层的资源切片子层组成。简单来说，IP网络切片实例是通过将业务切片映射到满足该业务需求的资源切片而实现的。

网络切片管理层。该层主要提供网络切片的生命周期管理功能，包括网络切片的规划、部署、运维和优化4个阶段。为了满足垂直行业日益增多的切片需求，网络切片的数量也将不断增加，这将导致网络的管理复杂度增加。网络切片管理层需要支持动态按需的部署网络切片的能力，以及网络切片的自动化、智能化管理。

为了实现5G的端到端网络切片，IP网络切片的管理层还需要提供管理接口，与5G端到端网络切片管理器交互网络切片需求、能力和状态等信息，并完成与无线接入网切片和移动核心网切片之间的协商和对接。

综上所述，实现IP网络切片的架构由具有资源切分能力的网络基础设施层，包括业务切片子层与资源切片子层的网络切片实例层、IP网络切片的管理层以及管理接口组成。针对不同的网络切片需求，网络切片架构中的相应层次可以选择合适的技术，以组合构成完整的IP网络切片方案。随着技术的发展和网络切片的应用场景不断增加，IP网络切片的技术体系架构还会不断地丰富。

（四）技术应用

当前，基于"IPv6+"的网络切片已经在面向5G和云的多个场景中得到了广泛应用，有效促进了5G的飞速发展以及行业和企业的上云和数字化转型。网络切片的典型应用包括智慧警务、智慧医疗、智慧港口和智慧电网等。

智慧警务。在迅速发展的城镇化进程中，我国涌现了一批特大型城市。特大型城市在中国的崛起，既有着基于人口自然聚集效应之上的必然性，更有其促进社会现代化进程的合理性。大型城市的公共安全的治理，也深刻地受到IP网络切片技术的影响。

例如，某省会城市，是长江沿岸特大型城市，也是该地区最重要的水路铁空枢纽，下辖超10个区，面积近7000平方公里，常住人口近1000万人。随着城区、城镇面积不断扩大，流动人口不断增加，刑事案件的不断增加，公安系统面临着警察资源不足、执法效率低等问题。面对复杂且严峻的公安治理境况，该市公安部门联合中国移动等公司先行先试，创新应用5G网络及网络切片技术，共同探索5G智慧警务新模式，积极推动公安科技信息化建设，实现了警务无人机、视频监控、AR巡逻、人脸识别、车牌识别以及综合情报指挥系统等智慧警务。不仅提升了公安部门打击犯罪、服务人民的能力，也为超大城市社会治理的精细化提供了有力支撑。

智慧医疗。众所周知的人口老龄化、慢性病患病率的增加、医疗资源的极度失衡、医疗专业技术人才的缺失，更有近年来公共卫生突发事件的挑战，都给医疗行业增加了巨大的压力。除了在医疗技术上进行研究，利用数字科技赋能智慧医疗，也能缓解如上所述的压力。而智慧医疗是医疗信息化最新发展阶段的产物，是5G、云计算、大数据、AR/VR、人工智能等技术与医疗行业进行深度融合的结果，是互联网医疗的演进。4G时代的带宽、传输速率、时延等因素，克服了远程医疗医患两地的距离限制，但也难以支持对操作进度和实时性要求较高的诊断与手术。到了5G时代，利用网络切片技术，能够大幅度提升网络的传输速率，降低时延，将远程医疗的想法付诸实践。通过网络切片专网提供的"医疗健康云网"，将医疗行业专网与其他行业专网硬分隔开，实现不同切片之间资源独立，即使在其他切片业务拥塞的情况下，仍然能够严格保证医疗切片内的业务SLA；再加以NCE实现端到端网络切片生命周期管理，切片及业务SLA可视、可控；甚至可以将一张医疗专网再进行切片，支持提供多个业务切片，一网多用，投资收益高。

（五）小结

IP网络切片为运营商打开了广阔的行业应用新市场的大门，也为行业市场带来了服务质量可承诺、安全可靠、可管可控的差异化服务。技术创新有助于塑造更加光明的未来，网络技术的发展将带来一个由无限连接驱动的世界，并在10年乃至20年后深刻融入我们的生活。

而网络切片的需求和相关技术始于"IPv6+"时代，但其应用将不仅限于"IPv6+"。网络切片的理念、架构和技术方案，将会在更加广阔的业务场景中持续得到印证和完善，并通过不断扩大的部署和应用，为运营商和各个行业、企业用户带来更大的价值。所以在下一个十年之旅，让我们一起期待，网络切片技术改善人们的生活，开创可持续发展的未来。

六、IPv6的多归属：支持数据分流

（一）技术背景

多归属（Multi-Homing）属性是指用户终端（UE）可以通过多种方式连接到接入网络（AN）。这一点非常类似于我们手机里的双卡双待功能，可以选择不同的SIM卡，使用不同的电话号码进行通话、上网、娱乐、社交等活动。

（二）技术价值

多归属功能需要为一个终端分配多个IP地址，通过多个IP地址与

数据网络（DN）建立多个数据转发路径，多个数据转发路径既可以进行数据分流，又可以相互备份。这样一来，多归属功能就具备了数据分流、差分服务、高可靠和高安全等价值。

数据分流。一个终端的PDU的会话，可以配置几个IPv6地址，例如，在手机语音通话的同时进行数据浏览，5G核心网就可以为该手机创建一个PDU会话，语音通话和数据浏览分别使用不同的IPv6源地址，这样就可以分别建立数据转发路径。这样的好处是可以针对语音通话和数据浏览各自的服务质量要求，进行基于源地址的分流。

差分服务。由于上行业务在UPF分支点处被分流，所以分流后的业务数据可以被引导到不同质量等级的链路上进行传送，这样为高优先级业务提供高等级保障，为低优先级业务提供普通保障，有助于提升运营商的服务水平，增加营收。

高可靠。IPv6多归属功能可以用在5G网络。在5G网络的漫游切换场景，可以利用IPv6多归属功能先使用新的IPv6地址建立新的PDU会话连接，再断开旧的PDU会话连接，实现业务的连续性，减少了切换的延时，提高可靠性。这个特点对于快速移动终端接入5G网络的体验非常有帮助，应用前景广阔。

高安全。5G核心网的用户平面功能UPF可以判断上行数据是需要发送到企业外网，还是企业内部，从而进行不同的处理。不管5G核心网、用户平面功能以及基站是企业自建还是从运营商租用，都可以保证企业的数据不会扩散到企业外部，实现企业敏感数据与外网安全隔离。当前也不乏这样的例子，当我们使用双卡双待手机时，可以将一个电话号码用于外部工作联络，另外一个电话号码用于家庭生活联络，这样可以更好地保护自己的隐私。

（三）技术实现

为了支持多归属功能，需要用户终端支持能够拥有多个IP地址，这也使得IP地址的消耗量增加。IPv4难以满足要求，需要通过IPv6技术来解决。

IPv6多归属的实现主要是利用IPv6的多地址特性，多地址是指一个IPv6用户终端可以拥有多个IPv6地址，这些地址可以分别属于不同的网络，这样就可以实现IPv6多归属。当用户终端需要发送数据时，可以选择合适的源IPv6地址与数据网络建立多个数据转发路径，然后再进行发送。

当IPv6多归属特性应用于5G移动网络时，它的实现和5G核心网密切相关。5G核心网分为控制平面（CP）和用户平面（UP）。用户平面只包含用户平面功能（UPF）模块，UPF负责分组路由转发、报文解析和策略执行。控制平面包括接入与移动管理功能（AMF）和用户会话管理（SMF）等多个模块。AMF用于注册、连接、可达性、移动性管理，为UE和SMF提供会话管理消息传输通道，为用户接入时提供认证、鉴权功能，终端和无线的核心网控制平面接入点。SMF负责隧道维护、IP地址分配和管理、UPF选择、策略实施和QoS中的控制、计费数据采集、漫游等。

当用户终端和数据网络（DN）通信时，在用户终端和UPF之间需要建立分组数据单元PDU会话。PDU会话就是提供数据交换的逻辑连接，由用户终端发起建立。

基于一个PDU会话，用户终端可以配置2个IPv6地址（IP 1和IP 2），这就是IPv6多归属PDU会话。多归属PDU会话通过多个PDU会话锚点访问DN，各个PDU会话锚点对应的数据通道最后都会汇聚于

UPF分支点。

如图2-38所示，上行方向，用户终端可以选择利用IP 1和IP 2进行上行数据发送。这些数据上送到UPF分支点以后，UPF分支点根据SMF下发的过滤规则，通过检查数据包源IPv6地址进行分流，利用数据转发路径1、2将数据分流，最终经由不同的PDU会话锚点到达数据网络。

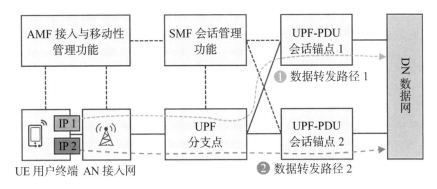

图2-38 IPv6多归属

下行方向，与上行方向正好相反UPF分支点聚合发送到用户终端的下行流量，即聚合从不同PDU会话锚点发往用户终端的数据包，再转发给用户终端。

（四）技术应用

IPv6多归属的一个重要应用是在企业数据安全场景。对于封闭的园区或企业网络来说，MEC可将园区或企业内部的网络流量进行本地分流，实现企业网络的本地管理和本地运营，满足企业内部业务的实时性、高带宽和高安全的诉求，另外，还可以实现企业敏感数据与外网安全隔离，保障企业商业秘密安全。

基于5G核心网的控制平面与用户平面功能分离架构，UPF可以下沉到网络边缘的用户所在地部署，如多址边缘计算（MEC），再利用IPv6多归属属性在UPF上进行数据分流，是其中一种实现方式。

5G改变企业内网的架构与应用模式。如图2-39所示，5G网络进行本地分流的最典型需求就是流量不出园区，并可用于传输受限和降低时延场景，主要包括企业园区、校园、本地视频监控、VR/AR场景、本地视频直播等。在工业园区的网络还存在数据安全，以及内网访问的需求，MEC可以作为运营商和企业内网之间的桥梁，实现内网数据不出园区，本地流量本地消化。MEC和UPF联合起来可以进行灵活的数据分流，内网数据直接走内网通道，私密数据进入本地网络（LN），不出园区；外网数据也可直通外部数据网络。

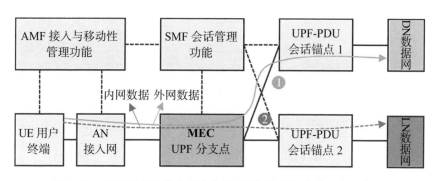

图2-39　UPF数据分流实现企业敏感数据与外网安全隔离示意图

（五）小结

传统的IP网络里，网络运营商通常不感知IP数据包承载的业务究竟是语音、数据，还是视频。如果要利用深度包检测技术，需要解析到IP数据包的应用层，就会引入时延。通常情况下，运营商采用轻载的方式保障网络业务质量，网络资源利用率就会降低，运营商无法做到精细化运营。

基于APN6等技术，每一个业务都有具体标识，明确定义带宽、时延、抖动、丢包率等指标要求。运营商可以为业务提供针对性的要求和服务，进一步结合IPv6多归属技术进行分流，可以提供更加精细的服务，比如，对于高安全业务在转发过程中增加防火墙等，这样有利于提供精细化服务和增加收入。

七、新型组播技术：无状态的点到点通信

（一）技术背景

IP传输方式整体可以分为单播、组播、广播三种。单播技术是设备之间一对一的通信模式。网络中的设备将数据传送到指定目的地，这就像微信中发私信。组播技术是设备之间一对一组的通信模式，加入了同一个组播组的设备可以接收该组内的数据，但是数据只会发送给有需要的设备，这就好像发朋友圈时，我们可以设置分组，仅这个群组的人可见内容。广播技术是设备之间一对所有的通信模式，网络中的每一台设备发出的信息都会被无条件复制并转发，所有设备都可以接收到其他设备发送的信息，这与未设置分组的朋友圈类似。

组播方式一方面能够在网络中提供点到多点的转发，实现一份流量同时转发给多个需要的设备，有效减少网络冗余流量，降低网络负载；另一方面能够在应用平台中减轻服务器和CPU负荷，减少用户增长对组播源的影响。基于组播技术的这些特点，它在视频会议、在线直播、多媒体广播等需要点对点传输信息的行业有广泛应用前景。

但传统组播技术可靠性和可扩展性弱，限制了组播在网络中的大规模应用。比特索引显式复制（BIER）技术的出现可以很好地解决这些局限。BIER技术的核心原理是将组播域的每台设备都赋予一个唯一的比特码，然后将组播报文目的节点的集合以比特串的方式封装在报文头部发送给中间节点，中间节点不感知组播组状态，仅根据报文头部的比特串复制转发组播报文。因此BIER转发不需要维护组播组状态，占用设备资源相对更少，是一种全新的组播转发架构。

BIER可以分为基于MPLS的BIER-MPLS和基于IPv6的BIERv6两种，BIER-MPLS主要适用于存量的IPv4/MPLS网络，BIERv6适用于IPv6网络。BIERv6结合了BIER和IPv6的转发优势，可以高效承载IPTV、视频会议、远程教育、远程医疗、在线直播等组播业务。

（二）技术价值

BIERv6技术本身简化了组播协议，降低了网络部署难度，能够更好地应对未来网络发展的挑战。BIERv6的技术价值可以总结为部署简单、跨域简单、体验有保障三点。

协议简化，部署简单。以图2-40为例，在部署BIERv6时，业务仅需要部署在1、2、3、4、5五个头/尾节点上，中间的各节点，是无须感知业务状态的，这一特点，使得BIERv6的部署变得非常简单。并且，在网络拓扑变化时，也无须对大量组播树执行撤销和重建操作，大大地简化了运维工作。

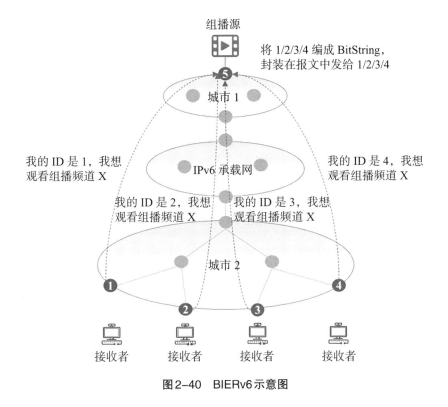

图2-40　BIERv6示意图

此外，由于BIERv6是基于IPv6的组播技术，使用IPv6地址标识节点，进一步简化了组播协议。由于整个报文转发过程，均使用单播IPv6地址，如果转发节点之间有一个IPv6节点不支持BIERv6转发，它也可以按照正常IPv6转发流程处理BIERv6报文，不需要任何额外的配置或处理。这为BIERv6在网络中的部署进一步带来了便利。

跨域简单，易组大网。如图2-40所示，当组播信息接收者向组播源发出对组播频道的需求信息时，网络中的入口节点会将比特串封装在组播流报文中，这个比特串的信息仅由0和1构成，0表示该比特位代表的出口节点不需要接收报文，1表示该比特位代表的出口节点需要接收报文，中间路节点根据比特串的01信息确认该报文需要复制到哪些下游节点，从而对报文进行复制和转发。可以看出，整个转发过程中，中间的这些网络节点，都是不会感知到组播流的具体信息的，也就是BIERv6技术的最大特点"无状态"。正是由于"无状态"的这一特点，组播流在网络中各个中间节点对设备的性能占比大大降低，极大提高了组播网络的整体性能。

高度可靠，体验有保障。BIERv6提供了端到端的保护机制，可以分为接入侧保护和网络侧保护。在接入侧的设备之间，可以通过部署双机保护机制，提高设备可靠性。而在网络侧设备上，可以部署一些双根保护技术，从而加快组播业务的故障收敛。这里提到的"双根保护"简单来说，就是为同一条组播流量同时配置两个"源"，分别是一个"主用源"和一个"备用源"，两个"源"均和接收者之间建立BIERv6隧道。在链路正常时，相同的组播数据流量同时沿主用和备用两条隧道转发。接受者会接收主用隧道流量，丢弃备用隧道流量。如果网络侧发生故障，接收者在流量检测时发现主用隧道流量中断后，立即检测备用隧道流量是否正常。如果正常，则将备用隧道切换为主用隧道，不再丢弃原备用隧道的报文，而是进行正常转发。

总体来说，BIERv6利用单播路由转发流量，无须创建组播分发树。当网络中出现故障时，设备只需要在底层路由收敛后刷新相应表项，因此BIERv6故障收敛快，结合双根保护等技术，可靠性也得到明显提升，用户体验更好。

（三）技术实现

BIERv6利用IPv6地址指导转发组播业务，这一点与SRv6类似。BIERv6进一步简化了协议，避免了分配、管理、维护MPLS标签这种额外标识。

BIERv6与SDN及网络编程的设计理念互相契合，可扩展性强。如图2-41所示，BIERv6将目的节点信息以比特字符串的形式封装在IPv6报文头中，由头节点向外发送，接收到报文中间节点后根据报文头中的地址信息将数据向下一个节点转发，不需要创建、管理复杂的协议和隧道表项。当业务的目的节点发生变化时，BIERv6可以通过更新比特串进行灵活控制。这种转发方式在大规模网络中也能部署，便于网络扩展。

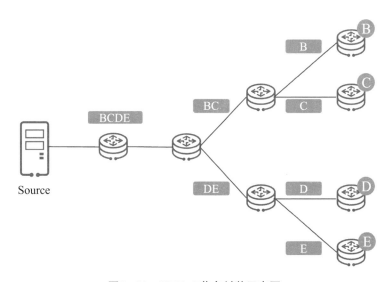

图2-41　BIERv6节点封装示意图

（四）技术应用

BIERv6作为一种新型组播技术，当前已在各个场景取得了广泛应用，如我们非常熟悉的气象行业、IPTV、视频监控等。

气象场景。从新中国成立初期的莫尔斯密码通信，发展至20世纪70年代的气象传真通信，气象通信由手工操作向机械化转变。机械化阶段每天可以播发近30张传真图，广播一张图需要20分钟。

直至21世纪进入宽带网络通信阶段，气象网络规模庞大，是一个覆盖国家级、省级、地市级以及县级等气象部门的广域网络系统。那么在规模庞大的广域网系统中，气象数据是如何从国家级实时同步至省级、地市级以及县级的呢？

其实，保障海量气象数据稳定高效传输依靠的是气象专网。气象专网由国家级、省级、地市级、县级网络逐级对接组成，对接数目越多，需要的出接口带宽就越大。

从气象专网的网络架构不难看出，气象数据的信息同步是从一个源发出被转发到一组特定的接收者，这种点到多点的信息传输方式就是组播传输方式。如果采用传统的组播技术方案，需要为每条组播流建立组播分发树，并且分发树中的每个节点均需要维护组播状态。举个例子，全国有100种气象数据需要分发，那么网络中就得有100个从国家级到地市级的组播分发树。这会导致中间设备性能压力大，整体管理维护复杂。

在气象网络中应用BIERv6组播技术，则可以实现气象数据国家级-省级-地市级-县级节点之间高效数据传送，保证气象数据的传输时效。以图2-42为例，国家级（北京气象总局）与省级气象局（广东气象分局、上海气象分局）建立连接，各个省级气象局再与地市级气象局建立连接，直至县级的接收节点，全国建立一颗组播树。组播流量采用BIERv6技术按照国家级-省级-地市级-县级的顺序逐级按需复制。因为业务只部署在头节点，组播业务变化时，中间节点不感知。所以，网络拓扑变化时，无需对大量组播树执行撤销和重建操作，从而大大地降低了设备负荷。应用了BIERv6技术后，气象专网的整体带宽可以节省约13%。

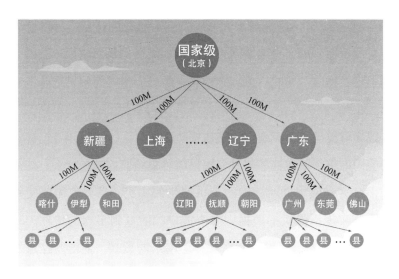

图2-42　气象专网架构图

除此之外，气象专网中可能还会有部分设备不支持组播通信。在这种情况下，传统组播技术需要复杂的部署才能实现组播数据转发。而BIERv6技术具有跨越不支持BIERv6的IPv6设备传输数据的能力。部署BIERv6后，即使网络中有不支持组播通信的设备，气象数据也能顺畅传输。

IPTV场景。IPTV业务基于服务提供商固定宽带网络和业务平台，集互联网、多媒体、通讯等技术于一体，以机顶盒或其他具有音视频编解码能力的数字化设备为终端，为用户提供多种交互式服务。IPTV业务主要包括电视直播（新闻、赛事、网络直播等）、视频点播等。近年来，IPTV用户数持续增长，服务提供商也越来越关注于引入新的视频服务，并将交互式多媒体功能视为IPTV新的增长机会，支持IPTV市场的增长。

在这样的背景下，传统组播技术本身所存在的局限性，将成为IPTV业务大规模部署的关键阻碍，此时BIERv6技术无疑是最合适的选择。利用BIERv6组播技术大幅降低网络负载的特点，可以使视频点播更加快捷、画面更加清晰、观看更加流畅，从而使用户获得更好的视频观看体验。同时，该方案部署、运维、扩容简便，适合大规模部署。

视频监控场景。在地铁，城市安防等场景下，对视频监控有着很大的应用诉求。而在这些需要大规模部署视频监控的场景下，往往需要在多个客户端上同时监控一个摄像机的实况，那么就需要使用组播技术，实现摄像机的数据到多个客户端的点到多点的传输。利用BIERv6组播技术，可以有效降低整个网络的负载，使得监控数据的传输更加实时、快捷。

下一代IP网络将会逐渐归一化向Native IPv6演进，BIERv6和SRv6一起在IPv6数据平面统一了单播和组播业务。BIERv6技术的出现无疑将会推动组播业务的发展和部署规模达到一个新的高度，从而更进一步地减少网络中的冗余流量，降低网络的整体负担。

（五）小结

未来，云网络得到普及，接入网络的设备将急剧增加，用户对于网络服务质量的要求也将提高。BIERv6技术和SRv6技术的提出解决了在IPv6网络中如何采用单播和组播方式传输数据的问题。对于需要依赖组播方式传输数据的业务，可以在服务提供商的核心网络中部署BIERv6传输组播流量。对于需要通过单播方式传输数据的业务，可以通过SRv6技术转发数据。SRv6与BIERv6结合，可以基于统一的IPv6基础网络，提供完整的单播与组播业务，达到协议极简，这也是网络发展的大方向。

八、业务功能链：寻找多项流程组合的最优解

（一）需求

传统网络基础设施一般为静态物理方式管理，随着网络用户和流量需求日益激增，这给运营商带来较大挑战。业务组网复杂化及新型网络架构的出现，使得数据流量飞速增长，传统的硬件化网络依赖于网络物理拓扑，并且操作管理较为复杂，运营代价也越来越高，因此，网络服务商通过虚拟化方式对网络基础设施进行统一管理，通过网络虚拟化技术（NFV），服务商能够便捷地将各种网络服务部署于分布式的虚拟网络基础设施上，这些服务功能（SF）包括防火墙（FW）、Web应用防火墙（WAF）、负载均衡（LB）、深度包检测（DPI）、入侵检测（IDS）等。

网络设备的虚拟化使得SF从传统的硬件设备上剥离出来，部署到通用服务器的虚拟机或者容器上，并实现了按需/灵活部署、动态迁移，NFV技术虽然为网络服务部署提供了灵活性，但在用户需求动态变化和网络拓扑复杂化的情况下，虚拟化网络功能在生成、修改、删除等生命周期管理过程中的动态变化仍然存在很多问题。

端到端的业务实现往往需要各种服务功能，包括防火墙和网络地址转换以及对应某些特定服务需求的功能等。通常，用户的请求需要经过多个服务功能节点，按照一定顺序被服务功能节点处理。在这种场景下，需要将各种服务功能按照特定的顺序串联起来，从而满足用户的各种处理需求，这样串联起来的一组有序的服务功能定义、实例

化以及对流量的引流被称为服务功能链（SFC）。

如图2-43所示，我们通过一个生活中的例子来对SFC进行说明。假设今天A女士要结婚，她需要一大早从家里出发去司仪家确认婚礼流程、去婚纱店换婚纱、去化妆室完成化妆等流程，最后到达举办婚礼的酒店。在这里，我们可以将确认流程、换婚纱、化妆看成三个增值服务功能，从家到酒店并经过司仪家、婚纱店、化妆室是一条路径，A女士通过从家出发到达酒店这条路径，将确认流程、换婚纱、化妆这三件事情给串了起来，在这条路径上以特定的先后顺序分别接受了确认流程、换婚纱、化妆三个服务，确认流程、换婚纱、化妆这三个服务就组成了一个婚礼准备的服务功能链。

图2-43　婚礼准备服务功能链示意图

当前服务功能部署模型相对静态，与网络拓扑和物理资源强耦合，也就是说在图2-43中，去司仪家确认流程、去婚纱店换婚纱、去化妆室化妆从物理位置上来说与几个地点在哪里是强相关的，无法改变。这种服务功能部署模型相对静态的状况大大降低了运营商引入新业务的能力，而服务功能链技术可以有效地进行虚拟化功能部署以及实现虚拟化功能的自动编排，解决现有业务部署的拓扑独立性和配置复杂性问题。同样以图2-43为例，如果确认流程、换婚纱、化妆这三个服务在哪里都可以完成，或者说司仪家、婚纱店、化妆室在空间上是可以移动的，那么对于A女士来说，她从家到酒店就可以根据需要自由选择一条最优的路径，这就是 SFC 的价值。

综上所述，SFC 的主要优势包括：

（1）增值业务可以按需组合，流量按照指定路径顺序流过各个虚拟化功能；

（2）支持虚拟化业务简单灵活扩展、功能快速迭代和演进。

（二）技术方案

1.标准进展

目前业务功能链的标准化工作主要在 IETF 进行。IETF 是一个公开性质的大型民间国际团体，汇集了与互联网架构和互联网顺利运作相关的网络设计者、设备生产商、网络运营者、投资人和研究人员，其是全球互联网最具权威的技术标准化组织，主要任务是负责互联网相关技术规范的研发和制定，当前绝大多数国际互联网技术标准均出自 IETF。业务功能链相关的标准具体包括如下两方面。

（1）控制面方案

SFC 控制平面一般都是基于现有的 BGP/BGP-LS 或者 IGP 等协议进行扩展，目前 IETF 中针对网络服务包头（NSH）和 SR（Segment Routing，分段路由）/SRv6（Segment Routing IPv6，基于 IPv6 转发平面的段路由）的 SFC 控制面方案的标准文稿主要包括以下两点。

① RFC 9015：该文稿定义了如何将 BGP 用作支持基于 NSH 的服务功能链的控制平面，主要是引入了一个新的 BGP 地址族，称为"服务功能链地址族标识符/后续地址族标识符"。文稿定义了两种路由类型，其中一种由节点发起，用于定义 SF 的特定实例，同时说明如何将数据包发送到托管节点；另一种由控制器用于公布服务功能链的路径，并为每个路径提供一个唯一指定符，以便与 RFC 8300 中定义的

NSH结合使用。

②draft-li-spring-sr-sfc-control-plane-framework：该文稿定义了SR based SFC的控制面扩展工作。SR可在MPLS数据平面和IPv6数据平面上实现。文稿总结了服务功能实例和服务功能路径的路由分配以及将数据包引导到服务功能链的控制平面解决方案，包括BGP/BGP-LS/IS-IS/OSPF等方案。

（2）数据面方案

SFC数据面主要包括基于策略路由（PBR）、NSH以及SR/SRv6的实现方式，随着SR/SRv6技术出现，基于SR/SRv6实现SFC数据面成为研究热点以及标准化的主要方向。目前SFC数据面的相关草案已经较为成熟。

①RFC9263、RFC8979 、RFC8393几个文稿从NSH MD类型、单个管理域内SF宣告策略信息机制以及在SFP上传输元数据的机制等几个方面进行了定义。

②RFC8595：该文稿介绍了如何在MPLS网络中通过MPLS标签栈中NSH的逻辑表示来实现服务功能链，即不采用NSH头，但将NSH的字段映射到MPLS标签栈中的字段。

③draft-ietf-spring-nsh-sr：该草案定义了NSH和SR的集成以及封装细节。SR可用于在服务功能转发器（SFF）之间沿着给定的服务功能路径（SFP）引导数据包，而NSH则负责维护服务平面、SFC实例上下文和任何相关元数据的完整性。通过这种技术集成的方式，可以实现NSH和SR的协同工作，并为网络运营商提供灵活性，使其可以在网络基础设施的特定区域使用任何合理的传输技术，同时仍能使用NSH维护端到端服务平面。

④draft-ietf-spring-sr-service-programming：该草案定义了基于

SRv6的服务功能链的数据面扩展方案，包括支持SR的SFC，以及不支持SR时采用代理模式的SFC实现细节，另外还包括基于SRv6 SID进行SFC的转发路径编程实现细节。基于SR实现服务功能链可以在网络头节点指定转发路径，因此无须像NSH那样在每一个节点维护逐流转发状态，因此也称为无状态的SFC。无状态的SFC使得部署更为简单。

2.技术方案对比

PBR和NSH是当前应用较多的SFC实现方案。

基于PBR的SFC实现方案是通过在网络设备上配置策略路由的方式，将进入网络设备的流量基于某种策略（如根据报文源IP地址、报文进入的接口、报文的类型等）强制转发到服务功能设备接受该服务。这里所说的强制的意思是进入网络设备的流量没有根据原有的路由表进行转发，而是按照策略路由进行了转发。由于PBR功能比较成熟，传统的网络设备（如交换机、路由器、防火墙等）都能够支持，所以该方案无需对现有设备进行任何修改，而且实现简单、部署方便。但是一般来讲，每一个SFC业务路径中需要转发流量到SF的网络设备都需要配置一个PBR，如果存在大量的SFC业务，PBR扩展性较差的问题就会显现，而且PBR中的ACL对硬件资源的开销较大。

基于NSH的SFC实现方案是通过在业务报文中插入NSH报文头的方式，根据报文头信息来实现SFC的顺序转发。NSH封装使得SFP上的各个节点能够相互传递信息，帮助用户对数据做动态灵活的处理，但是该方案需要在SFF上维护每个SFC的转发状态，所以业务部署时需要在多个SFF上进行配置，并且保证一致，这使得实现中控制平面的复杂度相对较高。此外，NSH承载透明的特点，从实现角度看，反倒因为封装选项过多，实现工作量过大，变成了缺点。

SR尤其是SRv6的出现，为提出更优的SFC解决方案提供了可能。

SRv6支持在SFC域的头节点指定编程数据报文的转发路径，这个能力天然可以支持SFC，而且SRv6不需要在网络中间节点维护随流的转发状态，中间节点甚至可以不支持SRv6，只需要支持传统的IPv6路由转发即可。基于SRv6的SFC，只需要在头节点下发SFC策略即可，不需要对SFC域中所有的网络节点进行配置，这使得基于SRv6的SFC部署难度（尤其是控制平面的部署难度）有效降低。

除上文所述，在表2-3中也将PBR、NSH和SRv6三种SFC的数据面实现方案进行了对比：

表2-3　SFC数据面实现方案对比

项目	PBR	NSH	SRv6	说明
SFC类型	有状态	有状态	无状态	有状态和无状态的区别在与处理SFC的节点是否需要维护会话的状态。SRv6具备无状态SFC特性，因此只需在头节点下发SFC策略
适用网络	IP	IP/MPLS/SR（包括SR-MPLS和SRv6）	SRv6-only	NSH兼容性强，适用于各种网络类型
传输隧道	IP-in-IP	各种类型	SRv6	NSH兼容性强，适用于各种类型的传输隧道
SFF转发表	IP路由表	NSH映射表	本地SID表	无

续表

项目	PBR	NSH	SRv6	说明
流分类器	无	流分类到指定的SFP，增加NSH封装	流分类并匹配SRv6 policy，统一编排网络标识和服务标识	NSH和SRv6采用流分类器进行业务流分类，便于进行流量调度

在SRv6网络中，通过SID可以对网络中的网络设备、云中的服务节点进行统一标识。

基于SRv6的SFC技术可以与其他类型的SID无缝集成统一编排，简化网络层次，也可以充分利用SRv6的网络编程能力，易于扩展。在SRv6网络中，利用SRv6 SID的业务语义实现SFC，是相对更优的选择。

基于SRv6的SFC技术对承载网设备提出了新要求，但目前仅有部分厂家设备支持该能力，后续尚需要进一步推动各厂家的跟进以及产业链的整体发展。

基于SRv6的SFC技术虽然需要调度云侧服务，但并不强制要求云内交换网络和服务功能支持SRv6。如果云内VNF支持SRv6，可采用SFC Aware方式部署，云内服务功能可以直接参与服务功能链的调度；如果云内VNF不支持SRv6，则可采用SFC Unaware方式部署，将承载网PE配置为SRv6 Proxy，作为云网业务调度点，从而降低对云内服务的要求。在下一章节，我们将对Aware和Unaware两种服务方式进行详细的描述。

3.基于SRv6的业务功能链

（1）系统架构

为实现云网融合能力，使层次间的功能实现相对独立，基于SRv6的业务功能链系统自下而上可分为基础设施层、管理控制层、服务编排层、业务应用层，整体系统架构如图2-44所示。

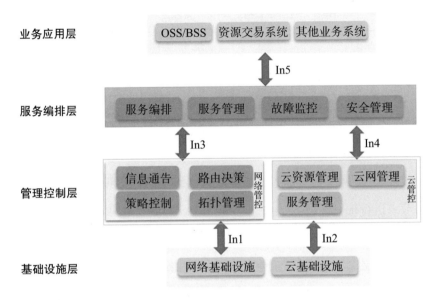

图2-44　SRv6的业务功能链系统架构

基础设施层包含网络基础设施和云基础设施两部分。

——网络基础设施指为数据报文提供转发通道的网络设备及其所组成的网络拓扑，包括路由器、交换机等转发设备，其组成了网络的数据平面。

——云基础设施指为应用服务提供部署载体的资源池，其硬件形式为处理器、内存、存储等组成的服务器或服务器集群，软件形式为虚拟机、容器等通用系统或专用系统。

管理控制层包括网络管控和云管控两部分。

——网络管控包括网络基础设施中各网络设备的控制平面，主要实现信息通告、路由决策、拓扑管理和策略控制功能。信息通告模块通过网络设备完成网络信息的收集并在网络中进行发布实现网络信息的同步；路由决策模块根据网络中同步的信息进行路由计算并完成路由选择；拓扑管理模块根据网络中同步的信息抽象出网络拓扑；策略控制模块按照用户需求动态调整流量路径。

——云管控负责云资源管理、云网管理和服务管理。云资源管理模块负责云基础设施中各硬件资源和软件资源的生命周期管理；云网管理模块负责云内物理网络、虚机网络、容器网络等云资源池内部网络的管理；服务管理模块负责各种服务的生命周期管理，包括服务的注册、生成、修改、删除等功能，以及服务的索引、查询、统计等功能。

服务编排层包括服务编排、服务管理、故障监控和安全管理四部分。

——服务编排是指接收上层用户需求并选择合适的服务，根据服务所处的物理位置进行业务路径的编排。

——服务管理是指对下层能提供的服务的管理，包括服务的增加、删除、更新、查询等管理，以及服务的物理位置等管理。

——故障监控负责对底层的故障情况进行实时监控，并通知服务编排和服务管理模块进行相应的处理。

——安全管理负责服务的鉴权以及上层业务系统的鉴权管理，确保整个系统的安全性。

业务应用层是用户上层业务的入口，接收并传递用户需求。包括各业务功能系统，如OSS/BSS、资源交易系统以及其他业务系统。

在上文按照SRv6的业务功能链架构逐层进行了功能介绍，下文将就层与层之间的协同进行介绍。

基础设施层网络基础设施和管理控制层网络管控之间的接口定义为In1接口。通过该接口，网络设备将节点及链路等拓扑信息发送给网络管控；网络管控将配置信息或路由信息下发给网络设备，用于指导网络数据平面进行报文转发。网络数据平面故障时，网络设备通过In1接口向网络管控上报异常，促使网络控制平面更新路由信息。

基础设施层云基础设施和管控控制层云管控之间的接口定义为 In2 接口。通过该接口，云资源池将云内资源信息发送给云管控；云管控将部署和调度信息发送给云基础设施。

管理控制层网络管控和服务编排层之间的接口定义为 In3 接口。通过该接口，网络管控将网元信息、链路信息等发送给服务编排层；服务编排层将编排后的业务路径发送给网络管控；网络管控结合业务路径信息完成路由计算，并将计算结果反馈给服务编排层。

管理控制层云管控和服务编排层之间的接口定义为 In4 接口。通过该接口，云管控向服务编排层发送云资源信息、服务信息；服务编排层向云管控下发服务选择及业务路径编排信息；云管控对云资源和服务进行配置和调度，并将结果反馈给服务编排层。

服务编排层和业务应用层之间的接口定义为 In5 接口。通过该接口，业务应用层将业务需求信息下发给服务编排层；服务编排层进行服务选择及业务路径编排，然后将结果反馈给业务应用层。

（2）SRv6-Aware 服务和 SRv6-Unaware 服务

SRv6 技术通过 SRv6 Policy 对业务的路径和动作编程，SRv6 Policy 被实例化为一个有序的指令列表，基于该指令列表可以实现 SFC 能力。

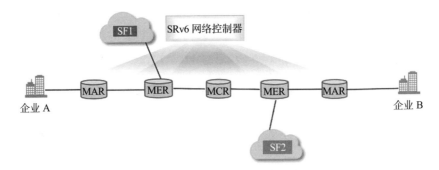

图 2-45 基于 SRv6 的服务功能链场景

如图2-45所示，企业A和企业B进行通信，需要经过服务功能节点SF1和SF2。SRv6网络控制器负责服务发现和SRv6 Policy的实例化，头节点承载网络接入路由器MAR将服务功能链中的业务信息向SRv6网络控制器通告，SRv6网络控制器将SRv6 Policy向头节点承载网络接入路由器MAR下发。在SRv6 Policy技术中，要求承载网络接入路由器MAR必须支持SRv6功能，服务功能节点SF1和SF2可选支持SRv6功能，根据此支持能力的差异，SFC可分为SRv6-Aware与SRv6-Unaware两种模式。

SRv6-Aware模式中，SF可以处理其接收的数据报文中的SRv6信息，即能够正确识别报文中的SR信息并在完成SF自身应实现的功能后进行指针的偏移。

SRv6-Unaware模式中，SF无法处理其接收的数据报文中的SR信息，即无法识别报文中的SR信息。因此，为了在SR Policy中包括这样的服务，需要在SF接收数据报文之前通过SR代理移除SR信息，或者将SR信息修改为该SF能够正确处理的报文格式，然后交由SF完成SF自身应实现的功能。

在这里，用一个简单的示例对SRv6-aware模式和SRv6-Unaware模式进行说明。

一家三口去露营，爸爸喜欢吃碳水，准备了泡面；妈妈习惯用水果加餐，准备了橘子；宝宝还小，准备了独立包装的奶粉。到营地后，按照计划，妈妈先陪宝宝，爸爸拿出泡面、料理泡面、吃掉泡面，然后把随之产生的垃圾放到垃圾桶；爸爸后陪宝宝，妈妈拿出橘子、剥皮、吃掉橘子，然后把橘子皮丢掉；妈妈拿出奶粉和奶瓶，冲泡至合适的温度和浓度，然后递给宝宝，宝宝喝完后把空奶瓶还给妈妈，最后妈妈清洗奶瓶并把垃圾放到垃圾桶。露营结束后返程回家。

在这个示例中，准备露营、露营中、结束露营这三个阶段可以看成是一个编排好的SFC。爸爸在营地吃泡面和妈妈在营地吃橘子都可以类比成SRv6-Aware模式SF；而宝宝在营地喝奶则类比成SRv6-Unaware模式SF，为了使宝宝顺利喝到奶粉，妈妈在其中充当了SR代理的角色。

（三）应用场景

1.需求场景

（1）安全资源池的流量牵引

传统企业的管理结构一般分为总部和分支，分支企业通过组网专线的方式访问总部的核心业务，在对互联网进行访问时，也需要通过企业总部的统一互联网出口进行访问，所有的安全防护均在总部部署。随着企业入云的发展及网络架构的更迭，分支企业经过总部访问的模式不再具有经济效益，分支企业存在直接访问云侧服务的需求，因此安全策略也需要分布式部署。面向用户的安全服务需求，运营商现在正在开展安全资源池的建设。

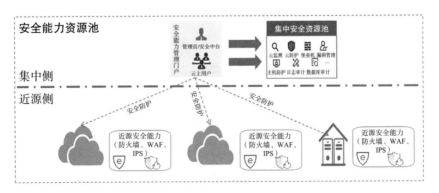

图2-46　安全能力资源池部署示意图

安全资源池包括安全集中类资源与安全近源类资源两类。安全集中类资源针对管理类、扫描类等实时性要求不高的安全服务，如审计设备、堡垒机等，采用集中式部署，管理界面统一管控；安全近源类资源针对网络边界类等实时性要求高的安全服务，如防火墙、入侵防御系统等，各资源池按需分布建设，管理面统一管控。

安全资源池的集中+近源部署策略使得用户流量的牵引更加复杂，用户需要根据详细需求，选择集中类或近源类的安全资源池进行处理，需要网络能够灵活编排，在基于SRv6的专线服务方案中，广东联通采用了基于SRv6的业务链方案。SRv6的技术特点是支持在头结点对数据报文的转发路径进行编程，这一特征天然支持SFC，而且不需要在网络中间节点维护每条数据流的转发状态，因此，采用SR的业务部署方式比NSH要简单很多。基于SR的SFC，只需在头节点下发SFC的策略即可，不需要对SFC中所有的网络节点进行配置，大大降低了SFC的部署难度。

（2）一站式云网服务拉通

企业对云网服务的顶层关键需求包含一站式自助订购云网组合产品，包括专线业务端到端快速开通、云和专线资源根据业务变化灵活调整等。在传统网络中，云和网是独立规划、独立建设、独立运营的产品。随着政企客户数字化转型的深入，海量应用上云后，网络需要能被云上的应用灵活调用，做到"网络即服务"，云侧应用也能够通过网络一键访问，实现真正的云网协同，这就需要打造一张面向服务化承载的网络，使客户能一键式订购云网产品，在线自助快速开通，系统自动化配置网络资源，根据需求灵活调整，全流程可视，面向最终的客户提供云网一体化的产品与服务。

借助SRv6和SFC功能，可以实现将承载网络与云侧服务按需拉通，以服务为导向，基于承载网络灵活提供网络增值服务能力，实现一站式自助订购云网组合产品。

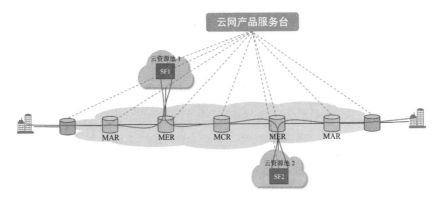

图2-47　一站式云网服务拉通示意图

2.应用实践方案

（1）网络总体架构

该实践项目的网络拓扑结构总体架构包括云网服务编排系统、云管控系统、承载网络管控系统、云资源池与承载网络多个组成部分，服务编排器负责服务功能链的整体业务编排与部署，包括云资源池与关键网络节点的选择，网络控制器负责网络设备的管理，其根据服务编排器提供的业务路径，完成网络路径的计算，云控制器负责云资源池的管理，其根据服务编排器的选择，完成服务功能的开通。

本实践重点打造了云网服务编排系统，实现根据上层应用的服务请求，负责网络中服务节点的编排、管理与调度，其基于网络连接，将广泛分布的云资源进行整合，实现云网协同。

（2）实现方案

基于SRv6的业务链技术应用方案，充分发挥了SRv6的可编程特

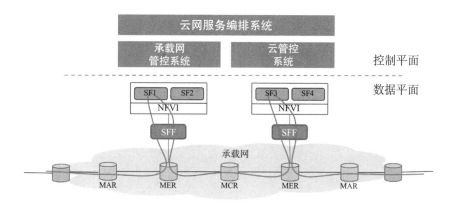

图2-48 基于SRv6+SFC的部署方案示意图

性与原生IPv6特性，以承载网专线服务能力为基础，拉通承载网络与云侧服务，以网络服务为导向实现一网连接多云的链式串接能力，该实践基于安全业务链场景需求，在多个资源池分别部署FW、IPS（Intrusion Prevention System 入侵防御系统）等安全服务，根据业务的诉求，客户可以选购不同的安全服务，网络通过基于SRv6的SFC技术按需灵活的串接安全服务，实现企业分支通过安全服务后访问云侧业务或连接目的节点。互联网专线、企业组网专线、家庭互联网宽带业务按需选择增值业务资源池。

该实践方案所实现的安全服务功能链方案主要解决了以下两个问题。

①普通专线如何快速灵活的升级为可提供安全增值服务的新型专线的问题；

②安全增值服务在分布在多个安全资源池时如何灵活按需的跨资源池串接的问题。

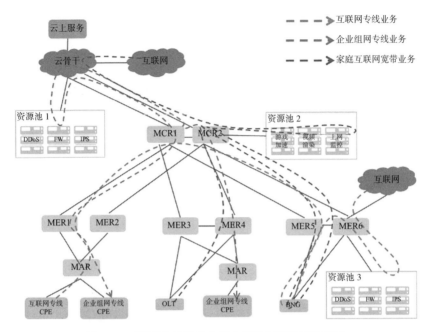

图2-49　基于业务链的专线业务服务灵活调度场景

如图2-49所示，整个场景预期打造两大能力，一是网络调度能力，包括网调应用能力实现极致灵活网络，资源池内应用按需调度；二是生态服务能力，运营商作为服务平台，将支持集成第三方服务，并按需调度网络侧差异化承载服务能力，与应用合作伙伴共同构筑产业生态。该实践中所构建的业务链场景包括以下两种，在当前阶段主要面向功能业务链场景，并将逐步向性能业务链场景演进：

①功能业务链场景：以安全防护需求为代表，通过SFC技术将流量灵活牵引到对应的安全资源池，尤其适用于DDoS攻击按需疏导等业务场景，核心特征在于可以灵活调度业务流量到某个功能服务。

②性能业务链场景：以云渲染需求为代表，灵活的为业务提供对应的计算/服务资源分配，核心特征在于可以通过SFC技术扩展实现灵活的调度不同的资源块，按需增减计算资源需求。

（3）商业模式

该实践项目的商业模式包括两种：一种是直接向用户提供安全增值服务专线，在专线开通时直接提供防火墙等安全服务；另一种是采用类似BOD（Building-Owning-Operation 建设——拥有——经营）的模式，在普通运营商专线之上按需提供增值服务能力。其中增值服务按需秒级提供能力是该项目在商业侧的核心优势之一，在用户提出安全服务需求时，可以通过新增压栈增值服务对应的SID的方式按需灵活提供。

九、迈向IPv6单栈组网阶段

（一）IPv6演进阶段

IPv6协议在网络中的发展包括三个阶段：IPv4单栈、IPv4/IPv6双栈、IPv6单栈，如图2-50所示。目前互联网整体为IPv4和IPv6双协议栈同时运行的双栈阶段。由于在IPv6基础协议上扩展出的IPv6+技术（如SRv6、切片、IFIT及APN6等）的使用，双栈阶段可再划分为两个子阶段：

子阶段1，采用IPv6基础协议，双栈网络中IPv6主要为IPv6基础协议；

子阶段2，采用IPv6基础协议及IPv6+技术，此阶段在原有IPv6基础协议基础上扩展出新的IPv6+技术能力，但IPv4协议在网络中仍然广泛存在，因此仍为双栈阶段。目前国内网络总体处于双栈阶段的子阶段2。要说明的是，IPv6+特性是IPv6协议体系的一部分，并不是独立于IPv6之外的技术。

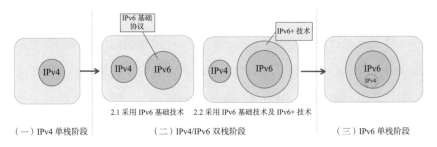

图2-50　互联网协议演进路线

双栈之后为IPv6单栈阶段，IPv6单栈网络就是以IPv6协议为核心进行编址、路由、转发和互联互通的网络，它代表了IPv6发展的最终方向。

（二）双栈网络的挑战

双栈网络的优势是IPv4和IPv6协议相互独立运行，逻辑清晰，容易被网络运营人员理解，但也有如下缺点：

1.运营维护成本高，双栈要求网络同时进行IPv4和IPv6的协议配置、性能监控、安全策略配置，出现故障时对两套协议栈进行诊断，维护工作量大。

2.安全风险大，同时存在IPv4和IPv6两个安全暴露面，两者都面临安全风险，按照"木桶效应"原理，网络的安全是由安全风险最大的协议栈决定的，因此双栈安全风险比IPv6单栈大。

3.对网络设备要求较高，要求网络设备同时运行两套协议栈，两套协议栈均需要占用资源，对于设备的资源配置及调度提出很高的要求。

4.未解决终端地址不足问题，双栈网络依然需要给用户分配IPv4地址，没有彻底解决IPv4地址不足带来的问题。

另外，随着我国IPv6流量的持续增长，移动网上的IPv4流量逐步居于次要地位，在此情况下，需尽快规划考虑未来如何向IPv6单栈网络演进。

（三）IPv6单栈网络同时要支持对剩余IPv4业务的承载

网络IPv6单栈化的本质是消除功能协议冗余，优化网络架构，并将设备和网络的资源集中在IPv6方面进行技术创新和能力提升。IPv6单栈网络具有如下四项特点：

1. IPv6单栈编址，网络为客户网络或服务器与终端只分配IPv6地址，设备接口及回环等管理地址也只采用IPv6编址。

2. 支持互联互通，支持域间IPv6单栈能力互通和跨域协同，形成端到端的IPv6能力，支持与外部IPv4网络和IPv6网络的开放互通。

3. 支持对于剩余的IPv4业务的承载，不仅要承载原生IPv6业务，还要支持用户对存量IPv4业务的访问，确保用户体验良好。

4. 支持IPv6演进（IPv6+）技术，支持SRv6、APN6、IFIT和切片等在IPv6基础上发展的新技术。

网络从双栈向IPv6单栈过渡中，总有一部分不支持IPv6的业务存在而且会长期存在，如果不考虑这个因素，贸然关闭IPv4协议栈后就会出现用户访问业务故障，这样的后果是不能被允许的。基于这样的考虑，IPv6单栈网络不仅要承载原生IPv6业务流量，还要支持剩余的IPv4业务。在国际上，将对剩余的存量IPv4业务的承载作为IPv6单栈网络的一种业务，称之为"IPv4即服务"（IPv4-As-A-Service），IPv6单栈网络对于剩余IPv4业务的承载体现了"疏堵结合"的传统治理理念。

多年来，IETF设计了多项支持向IPv6单栈过渡的网络标准：DS-Lite、轻量级4over6、MAP-T/E和464XLAT等，这些技术具有一个共同点，就是给用户只分配IPv6地址，不分配IPv4地址，而且在单栈情况下都支持"IPv4即服务"能力，即将IPv4数据包转换为IPv6数据包后在IPv6单栈网络中传送。不同之处在于将IPv4数据包转换为IPv6数据包是采用翻译还是隧道技术。另外，在IPv4/IPv6转换网关上是否要维护地址/端口级别的状态。

（四）场景描述

大型运营商的IP网络一般是由多个自治系统互联组成的多域网络，每个自治系统服务于不同的场景，在单栈网络时代，每个自治系统均采用IPv6单栈方式组网和运营，并且相互之间通过IPv6单栈互联互通，如图2-51所示。

多域IPv6单栈网络（后简称"IPv6单栈网络"）对于不同类型的客户，如家庭客户、企业客户、移动客户、云计算客户等，提供接入和数据转发等服务，支持固定/移动互联网访问、专线、L2/L3 VPN、SD-WAN以及计算、存储和低时延等场景的业务要求，支持IPv6业务数据和存量IPv4业务数据的承载与传送。

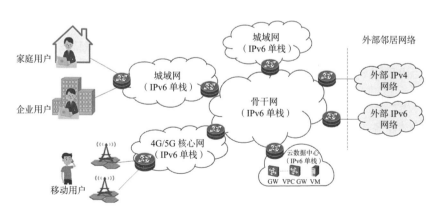

图2-51　多域IPv6单栈场景示意图

尽管IETF已经设计了多项IPv6单栈网络技术，但这些技术就像工具箱里的工具一样，数量多且相对零散，并不会自动成为一个面向多域网络的IPv6单栈整体解决方案，而且整个IPv6单栈技术体系仍然存在不足：首先，当前的IPv6单栈接入技术主要面向接入场景，运营商部署这些技术以后可实现接入段的IPv6单栈编址，不用向用户分配IPv4地址，但单栈接入网关以上仍是双栈，因此仅仅实现了"局部单栈"；其次，如果不同场景部署不同的方案，数据包在传输时需进行多次IPv4/IPv6转换，导致IPv6单栈网络孤岛化甚至碎片化，网络也变得复杂。因此需要一个总体框架来构建体系化的IPv6单栈方案。

（五）IPv6单栈网络体系架构及技术

针对上述问题，中国电信和清华大学联合提出的多域IPv6单栈组网框架方案于2022年在IETF成功立项（Framework of Multi-domain IPv6-only Underlay Networks and IPv4-as-a-Service），并得到了美国Verizon、法国电信、瑞士电信等欧美大型运营商的支持和参与。基于该框架方案，可以将不同网络域中的IPv6单栈能力拉通形成整体方案。

1.总体技术要求

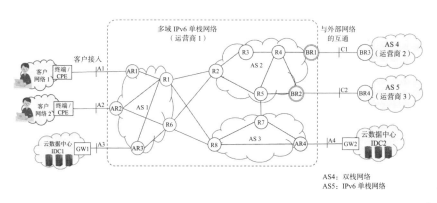

图2-52 多域IPv6单栈网络总体框架示意图

本章基于图2-52的网络框架来说明IPv6单栈网络技术要求，本网络是由运营商1运营，由AS1、AS2和AS3多自治系统组成的IP网络，各自治系统之间通过BGP协议交换路由并进行域间数据交换；网络运营商2的AS4网络、网络运营商3的AS5网络是运营商1的邻居网络，其与AS2网络基于BGP协议进行对等互联。位于IPv6单栈网络边缘的PE设备包括：

——接入类PE设备：指位于网络边缘、可给客户网络或者终端提供IPv6单栈接入服务的网络设备，也包括在数据中心内接入应用服务器的网络设备。

——互通类PE设备：指与外部网络具有直接互联链路、运行EBGP协议的域间三层网络设备，如图2-52中的BR1和BR2。

P设备位于IPv6单栈网络核心，它是与外部没有直接连接关系的网络设备，如图2-52中的R3、R4，与外部网络之间没有直接连接关系的域间BGP路由器也属于P设备，如R1、R2、R5、R6、R7和R8。

IPv6单栈网络内部只采用IPv6协议交换路由和转发业务数据，P设备之间互联均采用IPv6协议，相关接口只配置IPv6地址，如图2-52中的域间R1-R2、R6-R8、R5-R7之间的连接，均只采用IPv6协议交换数据。每个自治系统内部可以自行选择IGP协议进行路由发现和传播，维护内部路由消息的一致性。

IPv6单栈网络支持与外部IPv4网络的互通，与外部其他网络设备互联的接口均根据需求配置IPv4地址。在支持IPv4业务数据的传送时，入口PE（PE1）需要将IPv4业务数据包转换成IPv6数据包，并通过IPv6路由转发系统送达到正确的出口PE（PE2），然后恢复成IPv4数据包。

在IPv6单栈网络的控制面，自治系统间交换地址块可达性信息，每个自治系统选取一个或多个处于自治系统边界的路由器作为代表，向其他BGP路由器邻居通告IPv6路由信息。基于BGP协议交换的IPv6路由，边界路由器在转发面进行IPv6数据包的交换和转发，支持和外部其他网络的互通。

2.地址变换

为了支持对IPv4业务的承载，IPv6单栈网络将IPv4地址空间映射到IPv6地址空间中，并形成IPv4地址块与其所关联的PE的IPv6映射前缀的对应关系如图2-53所示，本映射关系用于标识IPv4地址块在IPv6单栈网络的位置。IPv6单栈网络的所有PE预先配置各自的映射前缀Pref6。对于特定IPv4地址块，其关联PE就是指在IPv4网络侧收到含有该IPv4地址块路由通告的PE。

从IPv4地址映射到IPv6地址就是PE设备在该IPv4地址上添加映射前缀Pref6生成其对应的合成IPv6地址，如图2-53所示。IPv4和IPv6地址之间的映射是无状态映射，即PE不必为IPv4-IPv6地址映射保持和维护地址级或用户级映射表项。反之，当要将合成IPv6地址变换成IPv4地址时，只需提取其后32位即可。这种已专门用作映射IPv4地址空间的IPv6地址子空间中不能再分配给其他IPv6主机使用。

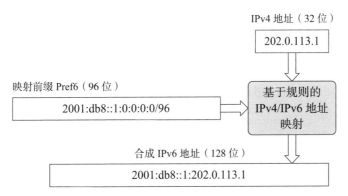

图2-53 从IPv4地址到IPv6地址的无状态映射示意图

当IPv4数据包进入IPv6单栈网络时，对于数据包的源IPv4地址，入口PE使用自己的Pref6合成新的源IPv6地址；对于目的IPv4地址，入口PE在本地映射规则数据库中查找所对应的地址映射规则，若找到，该利用地址映射规则中的映射前缀合成新的目的IPv6地址。入口PE将IPv4数据包转换成IPv6数据包，然后在IPv6网络中进行域内和跨域传送。出口PE从网内接收到IPv6数据包后，则去除IPv6数据包中源和目的IPv6地址的映射前缀，剩下的32位即为原始IPv4地址，并将IPv6数据包恢复为IPv4数据包。

3. 数据包转发

IPv6单栈网络支持原生IPv6数据包转发，IPv6主机H1可以发起访问本IPv6单栈网络内或者外部的IPv6主机H2，并进行双向IPv6的数据通信，这个过程不涉及IPv6和IPv4协议间的转换。

IPv6单栈网络支持IPv4主机与其他IPv4目的主机间的通信需求，在收到IPv4数据包时，入口PE将其转换为IPv6数据包，其源地址和目的地址根据上一节的方式进行映射变换，然后查找本地路由表为其选择下一跳及出接口并进行转发。IPv6单栈网络需同时支持翻译和封装两种技术，下面主要介绍翻译技术。

协议翻译指将IPv4数据包转换为IPv6数据包或反向转换，从IPv4到IPv6数据包的翻译遵循RFC6052和RFC7915定义的方法。假设进入IPv6单栈网络的IPv4数据包的源地址为192.0.2.1/24，目的地址为203.0.113.1/24，入口PE1的映射前缀为2001:DB8:0:0:0:1::/96，出口PE2的映射前缀为2001:DB8:0:0:0:2::/96，PE1通过MP-BGP协议预先获得IPv4目的地址所关联的地址映射前缀，其转发过程如图2-54所示。

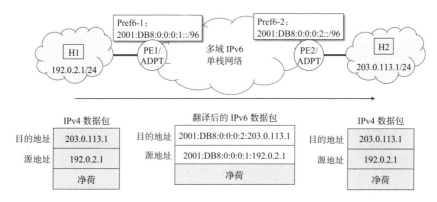

图2-54 IPv4-to-IPv4转发过程示意图

转发步骤如下：

（1）主机H1要访问主机H2时，首先生成源地址为192.0.2.1、目的地址为203.0.113.1的IPv4数据包。

（2）当IPv4数据包到达入口PE1处时，PE1设备在本地地址映射规则数据库中查找目的地址203.0.113.1所对应的地址映射规则，发现该地址对应的映射前缀为2001:DB8:0:0:0:2::/96。PE1使用本地的映射前缀2001:DB8:0:0:0:1::/96将源IPv4地址转换为IPv6源地址，使用PE2的映射前缀2001:DB8:0:0:0:2::/96将IPv4数据包的目的地址转换为IPv6目的地址。

（3）步骤2生成的IPv6数据包穿越IPv6单栈网络到达出口PE2处，PE2解析数据包，发现目的IPv6地址前缀与本设备的映射前缀相同，则依据RFC6052和RFC7915中的翻译方法将IPv6数据包还原为IPv4数据包，并发送至H2所在的IPv4网络。

可以看出，PE设备的Pref6可以标出所关联的IPv4目的地址的路由，因此可基于目的地址中的Pref6信息对于新生成的IPv6数据包进行选路。

4.系统构成

IPv6单栈网络的功能主要是在PE和P设备中实现。PE内的ADPT是IPv6单栈网络边缘适配IPv4业务流量、满足其承载要求的功能子系统，其组成包括RP、RT、PT三个功能模块，如图2-55所示。

ADPT中每个功能的要求如下：

a. RP

RP模块处理PE的IPv4地址块和IPv6映射前缀之间的映射关系。在PE中维护映射规则数据库（MD），用于存储从其他PE接收的所有地址映射规则信息。RP模块向映射规则数据库提供管理功能，包括插入、修改或删除地址映射规则。

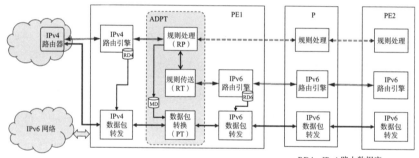

RD4：IPv4 路由数据库
RD6：IPv6 路由数据库
MD：IPv4-IPv6 映射规则数据库

图2-55　ADPT的功能组成

RP模块通过与RT模块之间的接口传输地址映射规则。PE可以从其IPv4 BGP路由实例中提取IPv4地址块，并结合自己的Pref6生成地址映射规则，然后将地址映射规则发送到RT模块。相应地，RP从RT模块接收到其他PE发送的地址映射规则，并将其存储在本地映射规则数据库中。

b. RT

RT模块负责在路由层与其他PE交换地址映射规则信息。在IPv4

数据传输过程之前应进行地址映射规则的交换，否则，由于会缺少与其目标地址对应的IPv6映射前缀，来自IPv4网络的数据将被丢弃。

当接收到来自RP的地址映射规则传送请求时，RT模块将地址映射规则转换为适合于IPv6路由系统中传输的数据结构，并将其发送到IPv6路由引擎。相反，当从IPv6路由引擎接收到路由信息时，RT模块提取地址映射规则并将其发送到RP模块。

c. PT

PT模块主要在数据面进行IPv4与IPv6数据包间的转换：

对从IPv4网络侧接收到的IPv4数据包，PT模块结合映射规则数据库中维护的地址映射规则将IPv4源和目的地址映射生成其对应的IPv6源和目的地址，并利用协议翻译或者封装方式将IPv4数据包转换为IPv6数据包。

对从IPv6单栈网络侧收到的IPv6数据包，当其目的地址与本PE的映射前缀匹配时，PT模块将其源和目的IPv6地址中分别提取其IPv4源和目的地址，并将IPv6数据包转换为IPv4数据包，然后转发到IPv4网络侧。

（六）国内外IPv6单栈发展动态

2021年中央网络安全和信息化委员会办公室、国家发展和改革委员会、工业和信息化部联合发布《关于加快推进互联网协议第六版（IPv6）规模部署和应用工作的通知》（中网办发文〔2021〕15号），其中提出"到2025年末，全面建成领先的IPv6技术、产业、设施、应用和安全体系，之后再用五年左右时间，完成向IPv6单栈的演进过渡，IPv6与经济社会各行业各部门全面深度融合应用"，这是首次在国家层面明确向IPv6单栈方向演进的要求。

1.中国教育和科研计算机网

第二代中国教育和科研计算机网CERNET2属于中国下一代互联网工程（CNGI）示范网络核心网，是我国最早开展IPv6技术试验的网络之一，这也是当时全球最大规模的纯IPv6主干网。2004年，CERNET2主干网开通，并全面支持IPv6协议，连接了我国20个城市的25个核心节点，是我国研究下一代互联网技术、开发重大应用、推动产业发展的重要基础试验设施。并于2020年底CERNET2二期通过验收，完成了CERNET2主干网升级，核心节点增加到41个，覆盖的省/自治区/直辖市从20个扩展到全国31个，主干带宽从2.5G/10G升级到100G，主干网总带宽从127.5G升级到4130G。CERNET2主干网在IP协议的应用上充分考虑了IPv6协议自身优势能力的体现，在协议选择上采用IPv6单栈方式。

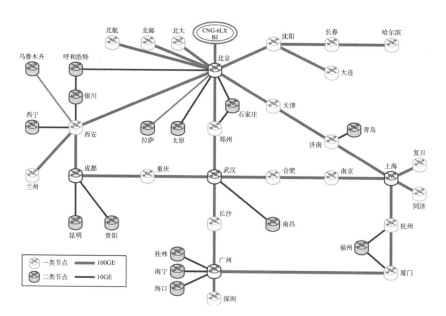

图2-56　CERNET2主干网拓扑图

2.中国电信

中国电信是国内最早探索IPv6单栈技术在商用网络上应用的电信运营商。2020年，中国电信的5G网络从建设起就同步启动了IPv6，在控制面网元内部互联端口全部使用了IPv6单栈，在用户面验证464XLAT+DNS64单栈技术，自主摸索和攻克IPv6单栈技术在5G网络上的多项技术和组网部署难题。同年，中国电信在江苏和四川省公司现网部署了IPv6单栈能力，开展端到端的测试验证。对市面上的12个厂家的20款5G SA终端进行CLAT功能验证，涵盖市场主流的手机操作系统，包含主流手机芯片厂家的多个芯片，1款CPE设备进行测试，共计19项测试全部通过。同时，对包含跨省漫游、4G/5G切换、TOP 100 App的遍历测试等在内的共计16个测试项开展测试，在IPv6单栈现网环境下全部测试通过。最后，在IPv6单栈试验环境上加载了友好用户，这些用户在IPv6单栈条件下业务访问正常，体验良好。在此基础上，2022年起，中国电信已将5G SA网络的单栈试点扩大到包括江苏、四川、广东、湖南、湖北和陕西共6个省份。

中国电信物联网核心网已全部完成改造，支持5G、4G及NB-IoT签约IPv6单栈，全网全部支持ePCO字段转发，支持DNS下发，用于NB-IoT业务承载的CN2 VPN已支持IPv4/IPv6双栈。支持NB-IoT终端使用IPv6单栈接入，通过公网或VPN方式访问中国电信IPv6开放平台，无须经过NAT即可进行会话保活。基于物联网平台南北向IPv6能力改造，支持全网物联网终端基于IPv6快速对接、统一接入和管理，支撑窄带物联网终端快速向IPv6的迁移。

3.国外网络运营商

2020年11月，美国白宫管理和预算办公室发布备忘录，要求"美国各机构尽快完成向IPv6的过渡"。该文件尤其指出"IPv4/IPv6双栈方案由于运维过于复杂，长期来看是一种不必要的路径，IPv6单栈部署能够降低复杂性和运营成本，现在看来已经成为一种非常清晰的选择"。该文件为美国联邦政府网络的IPv6单栈升级设置了行动计划和时间表，要求"2023年前实现至少20%的IPv6单栈网络升级，2024年前实现至少50%的IPv6单栈网络升级，2025年前实现至少80%的IPv6单栈网络升级，无法升级的基础设施将逐年淘汰"。

美国T-Mobile、印度Reliance Jio、波兰Orange、韩国SK-Telecom、澳大利亚Telstra、加拿大Rogers和英国EE大型运营商已部署了IPv6单栈技术，并在移动网络中部署了基于464XLAT的IPv6单栈方案。以T-Mobile为例，其从2016年就开始全面部署464XLAT，目前已有90%以上的移动用户采用了IPv6单栈方式接入网络。根据网络上公开资料显示，T-Mobile在移动网上应用464XLAT技术，如图2-57所示，网络中需要新增NAT64网元和DNS64网元，同时将加入IPv6单栈环境的用户签约成IPv6单栈。

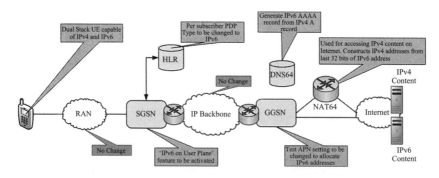

图2-57　T-Mobile在移动网应用464XLAT的原理示意图

4. 推进网络IPv6单栈化的意义

推动网络的IPv6单栈化对于我国的信息产业具有如下意义。

一是服务数字化转型，通过IPv6单栈及IPv6的扩展技术，为全社会的数字化转型提供一个先进的基础网络底座。

二是彻底解决终端编址不足问题，IPv6单栈可以提供海量IPv6地址，满足每一个终端单独占用地址的需求为万物互联打好基础，进而满足云计算、物联网IOT、工业互联网甚至跨境数据治理等新业务的编址需求。

三是降低网络运营运维成本，网络IPv6单栈配置，可进行单栈性能监控、单栈安全管理（防火墙、ACL等），简化网络协议层次，优化网络体系，有望降低网络运维成本。

四是有助于完善IPv6的生态，推进网络的IPv6单栈化给业界发出了发展IPv6的更加明确的信号，引导产业界深化支持IPv6，加速淘汰IPv4，有利于IPv6流量的进一步提升。

五是维护信息基础设施的安全，IPv6单栈的协议风险暴露面比双栈少，有利于增强网络的安全性；IPv6地址中可以承载人和物的标识信息，实现基于IPv6地址的身份标识管理能力，有利于网络中身份溯源与安全管理。

六是提升信息装备制造水平，我国企业在IPv6单栈基础上设计和开发网络设备、终端和应用系统等，将提升我国信息装备产品的制造水平，积极参与国际合作和标准制定，并提高在国际上的竞争力。

5.引入IPv6单栈的策略建议

尽管单栈化是IPv6发展的必然趋势，但全面推进网络的IPv6单栈化还面临一些挑战和难点，譬如，业界对于IPv6单栈缺乏准确认知，共识不够，甚至出现少数不具有应用价值的私有方案在市场上误导业界的现象。在产业方面，现有主流厂家设备对于IPv6单栈的支持不足，固网宽带的IPv6单栈方案还未明确，固定CPE终端普遍不支持

IPv6单栈能力，全面支持IPv6单栈标准估计需要较长时间。另外，目前移动网的IPv6流量占比较高，但固网的IPv6流量占比还较低，这会影响产业界推动IPv6单栈部署的积极性。

推进网络的IPv6单栈化是个系统性工程，建议做好总体顶层设计和未来五年的工作规划，在多域IPv6单栈网络架构体系下，将已有的技术组装形成统一的IPv6单栈组网解决方案，逐步推动我国基础网络设施向IPv6单栈演进。在当前可将5G SA和物联网的IPv6单栈作为切入点，逐步扩大到骨干网、城域网和云数据中心。为此，就推进IPv6单栈网络部署提出如下建议：

一是加强IPv6单栈网络总体方案的共同研究，组织国内产业专家进行合作研究和论证，形成统一的认识、网络架构和技术路线。并且在国内组织必要的IPv6单栈网络技术培训。

二是推动和完善IPv6单栈标准体系，IPv6单栈发展要坚持国际性、开放性和标准性，持续积极参与国际标准化并引领IPv6单栈国际标准制定，同时完善国内的IPv6单栈国标和行标。

三是协力推动产业对于IPv6单栈的支持，明确IPv6单栈对于产业各环节的相关要求，严格测试，确保新上线的终端、设备、应用或系统支持IPv6单栈。新建网络应用系统、App、5G、物联网和数据中心等必须支持IPv6单栈。

四是加强大规模试点和示范，鼓励并支持由多运营商、内容提供商共同参与的多域多场景IPv6单栈示范性项目，逐步推动已有网络的IPv6单栈化，并结合算力、云环境、6G、工业互联网等应用的需求建设IPv6单栈示范区。

五是持续大力推动IPv6流量提升，继续补齐IPv6发展业务短板，推动互联网应用向IPv6的迁移，并要求新上线的互联网应用具备在

IPv6单栈网络上运行的能力。

六是加强国际合作，支持与国际运营商在IPv6单栈方面的深入合作，建议与国际网络进行IPv6单栈的互联互通，向国外分享国内成功的部署经验。

七是强化IPv6对网络安全的提升，持续进行IPv6网络安全防护的研究及试点，确保网络安全领域新建的系统、软硬件、安全策略在IPv6单栈的基础上规划设计。加速国家网络信息安全体系向IPv6单栈系统的同步过渡。

十、IPv6安全及应对策略

互联网已经成为人们生产生活的基础设施，但现有互联网存在诸多安全问题，同时，IPv4地址严重不足，向IPv6过渡已刻不容缓。

IPv6提供128位的地址空间，彻底解决了IP地址不足的问题，恢复了互联网的端到端特性，为互联网的细粒度管控带来好处，可以精确地追踪定位到每个IPv6地址；同时，IPv6强化了对扩展包头和选项部分的支持，为互联网的个性化管控提供了条件。

但实践表明，一方面IPv4中存在的部分问题，在IPv6中依然存在；另一方面，IPv6本身也存在诸多安全隐患；另外，在IPv4与IPv6的互联互通过程中也存在诸多安全问题。

（一）IPv6面临的网络信息安全风险

IPv6面临的网络信息安全风险主要体现在以下两方面。

1. IPv4网络的安全问题在IPv6网络中依然存在

尽管在IPv6协议中实现了安全改进，但实践表明，IPv4所面临的安全风险在IPv6网络中仍未改变性质，如拒绝服务攻击、路由攻击、嗅探攻击、流氓设备攻击、中间人攻击、应用层攻击等，这些攻击对IPv6协议依然造成威胁。

拒绝服务攻击　指攻击节点通过模拟正常节点发送大量报文至被攻击节点，消耗被攻击节点与同一网络上其他用户的网络带宽与计算资源，这种攻击方式的原理在IPv6中并未发生改变，是IPv4和IPv6网络中最常见的威胁之一。IPv6拒绝服务攻击有多种方式，其中一种是通过发送大量伪造的IPv6数据包，使目标主机无法正常处理合法的数据包，从而导致目标主机或网络瘫痪。另一种方式是通过发送特定类型的数据包，使目标主机或网络重新启动或崩溃。

路由攻击　指通过发送伪造路由信息来产生错误路由，以此干扰正常路由的过程。常见的攻击方式为路由泄露和路由劫持，其中典型的案例为Rsmurf6攻击，该攻击利用IPv6多播地址的特点，通过发送针对多播地址的应答包，使目的局域网成为受害网络。攻击者还可以利用该漏洞，发起拒绝服务攻击，使目标网络无法正常访问。此外，IPv6协议中的无状态地址自动配置（SLAAC）机制也存在一定的安全风险。该机制方便了主机配置和管理，但由于没有采用认证机制，攻击者可以通过欺骗手段获取正确的路由信息，并将虚假路由发布出去，导致所有解析到这些地址的数据包都会丢失。

嗅探攻击　中攻击者通过监听网络上传输的数据包，拦截并分析数据以获取机密数据的行为。用户的数据包是网络通信的基础机制，绝大多数都是明文传输，攻击者利用这一点分析数据包内容，以获取机密信息。首先，IPv6报文分为多个字段，包括流标签、RH0、路由头等。这些新引入的字段存在漏洞，可被用于发起嗅探攻击。例如，流标签字段用于标识属于同一数据流的分组，但如果没有正确地设置或使用，会被攻击者利用来混淆数据流，从而发起嗅探攻击。其次，IPv6协议族中引入的新协议如NDP邻居发现协议等同样存在漏洞。攻击者可以利用这些漏洞，通过伪造或篡改数据包来发起嗅探攻击。例如，攻击者可能会伪造一个假的邻居发现数据包，从而获取目标主机的MAC地址等信息。

流氓设备攻击　是指攻击者通过引入未经授权的设备来破坏、干扰或渗透目标网络，危及网络安全和数据完整性。在IPv6中并未进行特殊设置以阻止流氓设备，因此该网络也容易受到攻击。在IPv6网络中，设备的连通性是通过路由器之间的路由协议进行维护的。攻击者可以通过伪造虚假路由信息，将流量重定向到恶意路由器上，从而截获数据包并进行分析。攻击者还可以利用IPv6协议的漏洞，将目标主机的路由表修改为通过恶意路由器进行转发，从而截获所有与目标主机相关的数据包。

中间人攻击　指攻击节点非法潜入正常通信节点间干扰通信过程。IPv6网络中，中间人攻击仍然存在，因为IPv6协议本身并没有对通信双方的身份进行验证。IPv6中间人攻击的一种方式是通过伪造ICMPv6 NA/RA报文实现的。攻击者可以伪造NA报文，将自己的链路层地址作为链路上其他主机的地址进行广播并启用覆盖标志（O）。攻击者伪造RA报文发送至目标节点修改其默认网关，从而劫持通信数据流。另外，中间人攻击者还可以发送带有组播地址的ICMPv6 EchoRequest报文，让路由器转发到攻击者事先设定的恶意节点，实现中间人攻击。再者，IPv4/IPv6的安全防护均依赖于IPsec协议，IPsec加密依赖互联网密钥交换，在交换公钥时可能会成为中间人攻击的目标。

应用层攻击　在IPv6网络中依然高发。如今，互联网上的大多数漏洞均出现在应用层，IPv6网络也不例外，IPv6应用层攻击包括缓冲区溢出攻击、SQL注入、网络应用攻击、不同类型的病毒、蠕虫、木马等。此外，IPv6新的应用也可能带来安全风险。

2. IPv6特有的安全风险

IPv6报文结构中引入的新字段，如流标签、RH0、路由头部等；IPv6协议族中引入的新协议，如NDP邻居发现协议等；均可能存在漏洞，被用于发起嗅探、DoS等攻击。IPv6新的应用也可能带来安全风险。IPv6使用IPSec，IPSec在很多网络安全从业人员来看是把双刃剑。IPv6加密通道及自动配置功能虽然让端到端的通信更为便捷，但同时也可能更为危险。这不仅使防火墙的过滤功能变得困难，防火墙需要解析隧道信息，如果使用ESP加密，三层以上的信息都是不可见的，使得访问控制难度大大增加。此外，还令传统的基于特征检测与分析的入侵检测、内容过滤及监控审计系统失效。

（1）IPv6访问控制面临困难

访问控制在IPv4网络中，相对比较容易配置，但在IPv6网络中则比较复杂。首先，IPv6网络中地址的变化要比IPv4中频繁得多，例如，如果使用了基于隐私扩展生成的IPv6地址，每隔一段时间这一地址就会改变，这给访问控制列表的设计造成了困难。其次，有些特殊的IPv6数据包，要求所有的主机均要接受。再次，ICMPv6在IPv6网络中的作用更为重要，因此，一些对ICMPv6数据包的访问控制列表需要谨慎设计。最后，组播、任播的广泛使用，也使得在IPv6网络中，访问控制列表的设计需要进行更谨慎的考虑。

（2）IPv6特有的报文结构可能面临安全风险

从技术角度来说，流标签、分片组装、扩展包头、多播、流量井喷和通告泛滥等均存在一定的安全风险，这也是IPv6时代网络安全风险应该着重关注的风险点。

在IPv6网络协议中增加了20bit的流标签用于标记特定流的报文，这就使得路由器需要对流标签的数值进行记录，如果较为复杂的流标签过多，会对路由器的运行性能产生较大的影响。

由于IPv6网络协议不能严格禁止分片组装，使网络攻击者可以绕过防火墙。各操作系统之间对于报文分片组装中的重叠分片实现方式具有先后的差异。分片方式的差异，使得入侵检测系统需要重新组装报文，会不在其检查和审核范围内。IPv6不能像IPv4一样随意丢弃报文中的字节，所以存在一定的安全隐患。

IPv6网络协议的包头中可以不含扩展包头，也可以含有一个或多个扩展包头，如果将SIP的接口协议定义在多个扩展包头中，则会涌现出一系列的安全问题。

由于IPv6报文目标地址都有多播性，可对网络接口进行完整的标识，并且IPv6报文传输到多播组多个网络节点的网络接口中。然而，这种特性也有可能引发一些安全隐患，IPv6终端设备接入网络时均采用自动化配置的方式，在此过程中能获取到网络的多项信息，为攻击者提供便利，例如：

未经授权的数据访问：如果攻击者通过多播方式接收到这些报文，就能够访问原本无法访问的网络接口和数据。

恶意流量攻击：攻击者利用多播特性发送大量恶意流量到网络中的多个节点，会导致网络拥堵、性能下降，甚至可能使某些节点离线。

未经授权的设备接入：攻击者通过多播方式接收到这些报文，就能够找到并利用网络中未授权的设备进行攻击。

（3）IPv4与IPv6互联互通机制所面临的安全风险

虽然我国IPv6规模部署工作呈加速发展态势，但IPv4与IPv6网络将共存较长时期，从业务需求、改造投资、工期等角度考虑，IPv4网络过渡到IPv6网络是一个缓慢的过程。由于IPv4本身存在诸多安全隐患，同时，IPv6也面临特有的安全风险，在IPv4与IPv6网络的互联互通过程中，必然面临更为复杂的安全风险，IPv4与IPv6网络的互联互通主要通过"双栈""隧道""翻译"等方式进行，均可带来新的安全威胁。

① 双栈机制

IPv4/IPv6双栈技术是指在网络节点上同时运行IPv4与IPv6两种协议，在IP网络中形成逻辑上相互独立的两张网络，即IPv4网络与IPv6网络。

在IPv4网络中，部分操作系统缺少启动IPv6自动地址配置功能，使IPv4网络中存在隐蔽的IPv6通道，但由于该IPv6通道并没有进行防护配置，攻击者可能利用该通道实施攻击。

过渡期同时运行IPv4与IPv6两张逻辑网络，增加了设备及系统的暴露面，也意味着防火墙、安全网关等防护设备需同时配置双栈策略，导致策略管理复杂度大大增加。

此外，双栈系统同时运行IPv4协议、IPv6协议，会增加网络节点协议处理复杂性和数据转发负担，使网络节点的故障率增加，最终导致安全防护被穿透的可能性增大。

② 隧道机制

一些隧道机制对任何来源的数据包只进行简单的封装和解封操作，不做安全性验证，最终会由于各种隧道机制的引入，导致网络安全风险剧增。

由于不对IPv4和IPv6地址的关系做检查，攻击者可利用隧道机制，将IPv6报文封装成IPv4报文进行传输，又因IPv4网络无法验证源地址的真实性，攻击者可以伪造隧道报文注入目的网络。

此外，不对隧道封装的内容进行检查，通过隧道封装攻击报文，对于以隧道形式传输的IPv6流量，很多网络设备直接转发或者只做简单的检查，攻击者可以配置IPv4 over IPv6 将IPv4流量封装在IPv6报文中，导致原来IPv4网络的攻击流量经由IPv6的"掩护"后穿越防护造成威胁。

③ 翻译机制

翻译机制（即协议转换）通过IPv6与IPv4的网络地址与协议转换，实现了IPv6网络与IPv4网络的双向互访，翻译设备作为IPv6网络与IPv4网络的互联节点易成为安全瓶颈，一旦被攻击便可能导致网络瘫痪。

（二）应对策略与建议

为了有效应对IPv6网络安全风险，需要从单元技术、体系结构、政策法规等方面多管其下，从宏观到微观各方面进行综合治理。

1.提高IPv6网络安全防范技术与策略

在IPv6的部署与应用层面通过增强协议安全、加强设备安全性、合理配置路由表、实施访问控制策略、加强用户培训和教育以及建立快速响应机制等方式，有效地提高IPv6网络的整体安全性。

强化协议安全： 应重视并加强IPSec等协议的安全性，如通过简化配置、增加透明度和提供用户友好的界面等方式，降低攻击者利用这些协议进行攻击的风险。同时，对NDP等协议应进行更加严格的身份验证和数据完整性校验。

增强设备安全性： 设备制造商和操作系统开发商应确保其产品支持最新的安全标准和协议。同时，应加强设备的漏洞扫描和修复能力，以便及时发现并修复潜在的安全问题。此外，还应引入入侵检测系统等安全设备，对异常流量进行实时检测和防御。

合理配置路由表：针对路由表聚合可能带来的问题，应通过配置静态路由、使用BGP等动态路由协议等方式，避免路由环路和拒绝服务攻击。同时，应定期检查和优化网络路由表，确保其合理性和安全性。此外，还可以考虑引入路由优化算法来减少路由表的复杂性和维护成本。

实施访问控制策略：应建立完善的访问控制策略，包括基于IP地址、端口、服务类型等的多层次访问控制，以实现对网络资源的精细化管理。同时，应定期审查和更新访问控制策略，确保其与网络拓扑结构和业务需求保持一致。此外，还可以引入安全审计系统来监控和分析网络访问行为，以便及时发现异常访问行为并采取相应的防御措施。

加强用户培训和教育：应通过开展网络安全培训、发布安全指南等方式，提高用户对IPv6安全问题的认识和理解。同时，应鼓励用户定期更新密码、谨慎配置网络参数等行为，以减少潜在的安全风险。此外，还可以考虑引入激励机制来鼓励用户积极参与网络安全防护工作。例如，可以设立奖励计划来表彰那些在网络安全方面表现优秀的用户或组织。

建立快速响应机制：当发生网络安全事件时，应建立快速响应机制包括及时通知，紧急处置和事后分析等环节，以有效地减少安全事件对业务的影响，并从事件中吸取教训，提高网络安全防护能力。此外，还可以考虑引入第三方机构来进行安全评估和漏洞修补工作，以提供更加客观和专业的评估和技术支持。

优化网络架构：针对IPv6的安全问题，优化网络架构以提高安全性。例如，可以引入防火墙、入侵防御系统等安全设备来加强网络边界的安全防护，同时还可以考虑引入虚拟专用网（VPN）等技术来保护数据的传输安全。此外，还可以通过划分不同的安全区域来减少安全风险。例如，可以将关键业务系统放置在受保护的内部网络中以确保其安全性。

引入人工智能技术：人工智能技术在网络安全领域的应用逐渐成为热点之一，可以引入人工智能技术来提高对网络安全威胁的检测和防御能力。例如，可以运用机器学习算法来分析网络流量模式，识别异常行为，并进行实时报警和处置。同时，还可以运用深度学习技术来构建更加复杂的网络安全模型，以提高防御效果。

建立合作机制：企业和组织之间应当建立合作机制来共同应对IPv6安全威胁。例如，可以共享最新的安全信息和漏洞情报进行协同防御，同时还可以共同开发更加先进的安全技术和方案以增强整体防护能力。

2.构建安全可信下一代互联网体系结构

碎片化的安全补丁和各自为政的安全防范策略无法从根本上解决包括IPv6在内的互联网安全问题。为了构建安全可信的下一代互联网，需要从体系结构的角度入手，综合考虑国家信息安全需求和国家信任体系建设、互联网运行管理、互联网应用等多方面的需求，在继承传统互联网设计精髓的基础上，构建可信任下一代互联网体系结构和协议标准。可信任互联网应该具有如下特性。

（1）实现传统意义上的安全性，即系统和信息的保密性、完整性、可用性；

（2）真实性，即IP分组源地址、用户身份、信息来源、信息内容的真实性；

（3）可追查性，即网络实体发起的任何行为都可追踪到实体本身；

（4）隐私性，即用户的隐私是受到保护的，某些应用是可匿名的；

（5）抗毁性，在系统故障、恶意攻击的环境中，能够提供有效的服务；

（6）可控性，指对违反网络安全政策的行为具有控制能力。

其中，真实性是实现可信任最重要的基础。

3.健全IPv6安全管理相关政策法规

（1）完善国家安全战略，推进网络安全立法

完善国家网络安全战略计划，为关键的网络信息基础架构提供综合性保护。与国家战略的颁布相对应，建立国家信息防御基础设施及其协调反应机制；同时推动各个网络运营机构的自我规范及采用更为严格的安全控制与审计措施；推进网络安全相关立法。

（2）促进各组织机构的全面统筹、协调反应和数据共享

各政府部门、具体职能机构、互联网运行单位、行业机构和企业以及国际合作单位应全面统筹，协调响应，并建立完善的数据共享机制。设立专门机构，统一协调，及时响应。

（3）增加投入、强化管理

充分利用当前拉动内需的投资建设机会，增强信息基础设施建设，合理计划，研制技术，生产设备，培养人才，完善网络和信息安全保障体系。

（4）充分利用可信任下一代互联网的技术支持

利用真实IP地址访问技术实现IP分组粒度的网络安全控制；利用基于真实地址认证技术实现全局用户粒度的网络安全控制；利用基于真实地址的可信任互联网应用技术实现具体应用粒度的网络安全控制。

叁

应用：从数字经济到数字社会、数字政府

网络是当今数字经济、数字社会的重要基础设施，IPv6的发展对于加快网络强国建设、推进经济社会数字化转型具有重要战略意义，"IPv6+"技术创新将为行业数字化建设提供有力的支撑。本章由来自各行业的顶尖专家合作撰写，从政务、通信、电力、石化、水利、金融、互联网、智慧城市等多个行业的应用场景入手，总结"IPv6+"部署架构和案例，提炼为行业应用带来的成果和价值，为各行业IPv6部署和应用创新提供参考和借鉴。

一、5G承载应用

（一）5G引入IPv6技术

5G是新一代可商用的信息通信技术，提供超带宽、低时延、高可靠和大连接为特征的增强型能力。以5G技术构建的移动网络是我国重要的数字基础设施之一，如同水、电、公路一样，提供"数据高速公路"服务于人们工作、生活的方方面面，是生产生活的必备要素。

5G系统架通常如图3-1所示，可以划分成用户平面（VP）、控制平面（CP）和承载平面，其中：

（1）用户平面负责处理用户数据包的路由和转发，直接面向用户终端，通俗来讲，该层面的数据包是从手机发出访问互联网应用的；

（2）控制平面负责整个系统控制层面数据信令等消息的传输承载，保证用户平面的正常工作，该平面的数据包不存在用户访问互联网应用的场景，一般只存在于网络内部；

（3）承载平面负责透传从基站到核心网的数据，该平面只有隧道的作用。

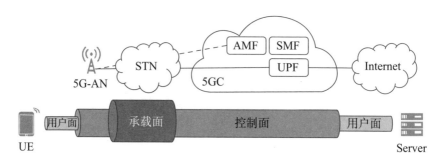

图3-1 5G系统平面分层示意图

5G支持IPv6协议栈则是要求图3-1中的各个平面支持IPv6协议，并且基于IPv6协议来承载网元之间交互的数据。满足该要求的方案有两种：一种是双栈方案，所有平面既支持IPv4协议，又支持IPv6协议；另一种是IPv6单栈方案，所有平面只支持IPv6单一协议栈。

中国是世界上最早商用5G的国家之一，同时期正是IPv6规模部署工作推进的前期，按照互联网发展趋势和国家政策发展要求，5G网络部署IPv6协议是中国必须要做的事情。在当前网络IPv4流量占比仍较高的环境下，在5G网络引入IPv6技术时，保持业务正常被访问和良好的用户体验是重要前提。

（二）5G SA网络IPv6单栈组网技术方案

用户平面、控制平面和承载平面三个平面相互独立，每个平面都涉及IPv6的引入。

（1）用户平面是IP地址消耗最大的层面，是IPv6引入的重点。过渡期用户平面采用兼容终端IPv4业务的IPv6单栈技术方案，下文主要说明的是用户面IPv6单栈引入方案。

（2）对于控制平面，该平面上的接口一般为核心网内部网元的接口，基站接口和4G与5G之间的核心网网元接口，受限于4G核心网网元对于IPv6协议的支持度较弱，除4G与5G之间的核心网网元接口，其他接口可以直接配置成IPv6单一协议栈。

（3）对于承载平面，该平面属于内网，不影响用户对IPv6协议的使用，该平面的演进可按照规划的进度进行IPv6改造，逐步迁移到IPv6平面上。

作为全球互联网的一部分，5G独立组网的IPv6单栈部署的目标是实现终端在只从网络侧获得IPv6地址的条件下，用户通过5G网络能够正常访问互联网的IPv4业务和IPv6业务。

从技术成熟度和全球其他运营商的部署经验来看，464XLAT技术是当前解决移动网单栈化的最佳方案。该技术要求终端支持CLAT功能，网络侧部署NAT64和DNS64功能。目前主流的5G手机终端系统如IOS和Android终端产品中很早就支持了IPv6单栈的CLAT能力，国内防火墙设备基本支持NAT64功能，DNS支持464XLAT必需的DNS64功能和Pref64前缀发现协议，因此试验验证方案选择464XLAT技术实现5G独立组网的单栈部署。

国际上虽然运营商在4G网络上有部署IPv6单栈方案的案例，但国内运营商并没有NAT64/DNS64单栈技术规模商用的先例，特别是在5G SA网络上进行部署试验尚属首例。5G SA网络和4G网络架构和功能相比，有很大的不同，如漫游方式，因此直接照搬4G的IPv6单栈组网方案是不可能的。

IPv6单栈方案是以IPv6为基础协议建立的业务承载和访问体系。该方案是构架在翻译技术基础上的技术，在终端只有IPv6地址的情况下，支持对IPv6和IPv4业务的访问。该方案主要是464XLAT（RFC 6877）双重翻译技术，IPv4数据包在转发过程中通过翻译的方式经历了"IPv4-IPv6-IPv4"形式的转换。

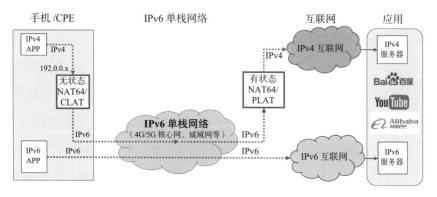

图3-2 464XLAT架构示意图

464XLAT就像互联网的翻译器，翻译的是互联网中运输数据的货车"新旧车牌号"。类比于两个行政区域的车管所A和B:A应用一种编码形式的车牌号叫作IPv4，B应用另一种编码形式的车牌号叫做IPv6。如果想使用货车在互联网公路上从A区域把数据运送到B区域，而互联网的车牌号主要使用IPv6，为确保货物的正常运送，464XLAT这个互联网上的翻译员，在A和B区域的边界上负责将车牌号翻译成IPv4或者IPv6。

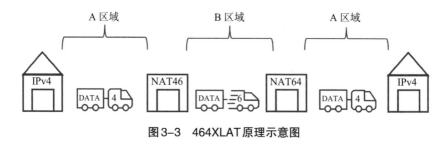

图3-3 464XLAT原理示意图

464XLAT由CLAT（NAT46）和PLAT（NAT64）两部分功能组成。CLAT功能一般位于用户侧设备（如手机或者CPE）上，运行无状态

NAT64翻译算法，将IPv4数据包无状态翻译为IPv6数据包。在此过程中，数据包的目的和源地址在IPv4和IPv6间的变化遵循RFC6052，网络中通常会配置知名前缀或者网络专用前缀用于实现将目的IPv4地址合成为IPv6地址。PLAT功能一般位于网络侧的设备上，运行有状态NAT64翻译算法，将由CLAT翻译的IPv6数据包还原为IPv4数据包，其中从合成的目的IPv6地址中提取出目的IPv4地址，而源IPv4地址则是从网络配置的IPv4地址池中获取。

在实际IPv6单栈网络中部署时，464XLAT技术通常结合DNS64技术共同使用，以应对访问IPv4服务器的应用场景。这里主要有两种模式。

（1）当IPv6单栈App客户端与IPv4服务器通信时，DNS64服务器会返回由NAT64前缀和IPv4服务器地址组成的合成IPv6地址，在这种情况下，IPv6客户端只发送IPv6数据包，CLAT只发挥IPv6路由器的功能，PLAT将执行有状态的NAT64功能。从IP层面来看，数据包只做了一次IPv4/IPv6翻译，这是因为在DNS64上完成了域名解析时目的地址的翻译。

（2）当IPv4单栈客户端或应用与IPv4服务器通信时，CLAT功能会执行无状态NAT64翻译功能，PLAT执行有状态的NAT64功能，在这种情况下数据包经历了两次翻译。

在IPv6单栈手机终端内，CLAT的另外一个作用是为其他终端提供WiFi热点功能。目前主流的手机操作系统均支持464XLAT的CLAT功能。安卓系统早在2013年的4.3版本开始支持CLAT，苹果公司也在2015年宣布所有上载到苹果应用商店的App软件必须具备在IPv6单栈下运行的能力，并从iPhone的iOS 12开始支持CLAT。另外，华为的鸿蒙系统也支持CLAT功能。

（三）5G承载应用的成效

2020年，中国电信的5G网络从建设起就同步启动了IPv6，在控制面网元内部互联端口全部使用了IPv6单栈，在用户面验证464XLAT+DNS64单栈技术，自主摸索和攻克IPv6单栈技术在5G网络上的多项技术和组网部署难题。

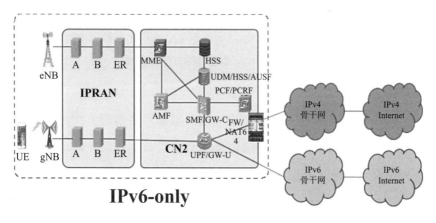

图3-4　5G网络部署IPv6单栈组网示意图

在IPv6单栈环境下，手机开启蜂窝数据功能时，会获得如图3-5所示的以240e开头的IP地址（鸿蒙系统的华为手机IP地址信息页可通过以下步骤打开：设置——关于手机——状态信息）。其中IPv4地址192.0.0.4是手机自动生成的而不是从网络侧获得的，地址范围在192.0.0.0/29知名地址段之内，用于适配手机上的IPv4应用，而IPv6地址240e:478:c800:2:1439:2718:9635:2519是从网络侧获得的，为手机提供IPv6连接服务。不同运营商所获得的地址不同，图3-5中所示的以240e开头的地址是APNIC为中国电信分配的IPv6地址段，与手机左上角显示的运营商名称是一致的。在该配置下，从手机端发出的数据包都是用IPv6协议封装的，即无论应用是否已经全部完成IPv6改造，用户可以正常使用手机访问微信、淘宝等市场上的互联网应用，保证5G网络在引入IPv6技术时能够保持业务正常被访问。

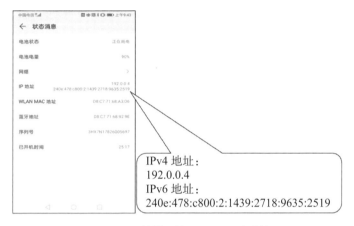

图3-5　IPv6单栈环境下手机IP地址情况

（四）探索5G网络IPv6单栈组网的意义

中国电信在5G SA网络上成功开展了基于464XLAT的IPv6单栈试验，自主摸索和攻克IPv6单栈技术在5G网络上的多项技术和组网部署难题。

现网的测试和用户试用表明，5G SA终端在只从网络侧获得IPv6地址的情况下正常访问互联网业务，用户体验良好，基于IPv6单协议栈就可以享受5G网络提供的各项业务。其次，由于网络维护者为网络和用户只配置单套协议地址，维护负担显著降低。该技术验证具有如下意义：

一是开创了国内商用网络从双栈向IPv6单栈演进的先河，使得网络回归单一协议栈架构，简洁清晰，为后续网络层面IPv6单栈的规模部署提供了参照依据。

二是提供了移动网络这种用户场景模式下的IPv6单栈部署的技术方案，为物联网等其他同类场景的单栈部署提供组网方案基础。

三是有效提升了IPv6流量，解决了双栈模式下因双协议优先选择的机制不合理而导致的IPv6连接数较少、IPv6流量较低的问题。

四是提高了通信网络的运营能力。为用户仅分配IPv6地址，不用分配IPv4地址，不但简化了用户地址的分配机制，而且更易基于IPv6地址进行流量负载均衡。

本案例为国内商用网络真正意义上的IPv6单栈案例，其中的5G SA网络IPv6单栈组网方案总体是成功的，融合了包括5G和IPv6的两种最新网络技术，充分发挥了两种技术的优势，本案例的成功证明商用网络向IPv6单栈演进是可行的。

二、算网融合应用

（一）算网融合的重要性

2023年2月中共中央、国务院印发《数字中国建设整体布局规划》，到2025年，基本形成横向打通、纵向贯通、协调有力的一体化推进格局。到2035年，数字化发展水平进入世界前列。算网融合将实现算力、网络和AI等多种生产要素的融合与开放，并系统性地构建数字底座，从而为科技创新、国民经济发展及生产生活效率的提升注入数字动能。

算网融合是科技创新的前沿领域，全球市值最高的5家公司中苹果、微软、谷歌、亚马逊均在算网融合技术方面投入巨资，是科技竞争的最为激烈的领域之一。算网融合是国民经济的重要产业，据 IDC 预测，2023 年数字经济产值将占到中国 GDP 的 67%。算网融合将深刻改变生产生活方式，为用户提供像水电一样便利的算力服务。

算网融合面临巨大的机遇的同时也存在很大挑战，主要包括三方面的挑战，一是经过多年的发展，我国固网、移动用户早已在规模方面实现全球最大，但网络以地域为中心进行构建，难以实现跨地域的边云算力资源间协同；二是用户接入算力资源往往需要打通多段网络，如果用户同时接入多个算力资源，则工作量需要翻倍，难以实现便捷的用户接入及弹性的资源分配；三是不同应用往往需要差异化的服务能力，针对生产业务还需要提供确定性的连接服务，这就需要对超大规模网络部署集中的业务感知和网络控制能力。

（二）算网融合的技术发展趋势

由于算力和网络资源的能力存在很大差异，国内、外算网融合路径分为两种。国内运营商在网络资源优势的基础上大力发展算力资源，属于有网有云模式，三大运营商均以算力和网络相互独立的现状为起点，全力推动算力和网络多要素深度融合，实现一体化开通和调度；而国外运营商情况不同，属于有网无云模式，国外运营商聚焦网络资源，国外互联网云厂商则算力资源和技术优势明显，这使得国外运营商基本都采用了基于自有网络融合第三方互联网云厂商资源的路线，通过定义 API 接口并采用集中化的业务开通系统分别调用自有网络和第三方云接口实现一体化的开通。

1.国外情况

全球算力投入已进入加速阶段，在计算力指数国家排名中，美国和中国作为前两名处于领跑者阵营，而居于其后的日本、德国、美国等七个国家则处于追赶者阵营。随着大数据、人工智能、物联网等新兴技术对算力的需求逐渐增加，尤其是千亿或万亿参数量大模型的出现，全球的算力规模会保持高速增长，可以说算力时代已经到来。

美国运营商在算网融合发力较早，在2010年前后开始大力建设数据中心以满足云计算服务日益增长的需求。然而，经过十几年的发展，美国公有云和私有云市场逐渐形成了亚马逊、微软、谷歌、IBM以及甲骨文等几巨头争霸的局面。面对激烈的竞争和巨额的投资，导致美国第一大、第二大运营商Verizon、AT&T退出了数据中心市场，回归通信主业。2015年，AT&T开始剥离数据中心资产，将数据中心托管业务出售给IBM公司，至2019年，Verizon、AT&T先后将自己的数据中心资产出售。国外领先运营商形成了有网无云的格局，带来两方面的影响。

一方面，对5G业务的影响巨大。5G核心网要求基于云化部署，由于国外运营商出售了数据中心，导致5G核心网的部署必须和亚马逊、微软、谷歌等公有云服务商合作。虽然节省了运营商的建设成本，但是公有云故障频发，仅2020年，就有微软云、谷歌云、亚马逊云等七个公有云服务提供商相继出现故障或宕机情况，2021年由于美国云计算服务商"Fastly"故障导致全球网络经历了一次大规模的网络瘫痪。为了提高可用性，多云部署成为常态，而这极大增加了网络维护难度。

另一方面，对公有云业务影响巨大。国外运营商的思路转变为利用自己网络及用户优势，打通自己网络和第三方公有云的连接，成为云服务的分销商。例如，AT&T通过构建NetBond产品实现和亚马逊、微软及谷歌等20多个云服务商的云互联，为用户提供多云并分销超过

1000个的云服务，然而这一部分业务发展依然不甚明确，常年未出现在财报中。

2.国内情况

"十四五"期间，我国重点发力"新型基础设施"建设计划，率先提出"东数西算"战略布局，聚焦"计算+网络"融合创新，全面推动信息基础设施落地部署。2021年，多部委联合发布《全国一体化大数据中心协同创新体系算力枢纽实施方案》，明确指出"用3年时间，形成总体布局持续优化，全国一体化算力网络国家枢纽节点、省内数据中心、边缘数据中心梯次布局"。2022年1月，国务院印发《"十四五"数字经济发展规划》，明确提出"推进云网协同和算网融合发展、有序推进基础设施智能升级"。

我国的算网融合技术方向充分贯彻国家关于IPv6的部署要求，以IPv6/SRv6关键技术为核心，开展"IPv6+"系列创新技术攻关，增强承载网对算力资源的任意连接、协同编排、智能调度、资源保障、业务感知等关键能力，实现网络侧和业务侧、资源侧协同供给。未来将进一步向多维度确定性资源保障、算网资源相互感知、联合调度、一体共生方向演进。当前围绕算网融合的两大技术内涵：计算网络化和网络计算化，行业形成了一系列的解决方案"算力网络""分布式云""超算互联网"等，并开展了一系列的创新研究工作。电信运营商主导的算力网络正成为标杆方案，国内三大运营商先后发布多本算力网络白皮书并立项了一系列的标准文件，明确提出"异构算力+网络能力"融合。中国移动在IETF、ITU、CCSA等国内外标准组织开展了算网融合系列工作，积极构建算力网络标准体系；历时四年主导推进的"算力路由"工作组（CATS），在IETF获批成立，并担任工作组主席；在CCSA主导国内首个算网总体技术要求行标；成立算力网络开源社区，获得开放基础设施基金会批准，打造全球首个算力网络开源社区。

产业各方积极开展算网融合布局，将算力网络作为打造新型信息基础设施的战略锚点。中国移动将构建泛在融合的算力网络，算力供给方面，落实国家"东数西算"工程部署，优化数据中心"4（热点区域）+N（中心节点）+31（省级节点）+X（边缘节点）"集约化梯次布局，截至2022年底，对外可用IDC机架已达46.7万架，累计投产云服务器超71万台；网络方面，以"算网融合统一"为发展目标，面向算力资源布局，基于G-SRv6创新技术体系构建广覆盖、低时延、大带宽、智能化的网络基础设施云专网，提供超低时延、敏捷灵活、智能弹性的云边算力高速互联。通过算网的整体布局，打造一点接入、即取即用的"算力服务"，促进算力在物理空间、逻辑空间、异构空间的高效融通，构建算网一体化调度、编排的算网大脑，逐步推动算力成为水电一样的社会级服务。中国电信提出"2+4+31+X+O"云网融合资源布局，即2个服务全球的中央数据中心、4个重点区域节点（京津冀、长三角、粤港澳大湾区和陕川渝）、31省份各一个数据中心以及广泛分布的边缘节点和海外节点，并依托高速泛在的CN2-DCI高品质承载网络，形成云网一体化供给。中国联通提出构建"5+4+31+X"新型数据中心布局，即5个中心枢纽节点（京津冀、长三角、粤港澳大湾区、成渝国家"东数"枢纽节点和鲁豫陕通信云大区）、4个（蒙贵甘宁）国家"西算"枢纽节点、31个省级核心数据中心和X个地市级区域及边缘数据中心。联通将算网一体定位为"云网融合2.0"阶段，将聚焦以CUII承载为主的IPv6+算力网络和全光算力网络，已发布CUBE-Net3.0愿景，开启新一轮网络转型。另一方面，云厂商主导的分布式云方案逐步成熟。

当前，百度、阿里、腾讯、浪潮、华为等国内头部的云服务商聚焦"云算力+网络能力"融合，先后推出自己的分布式云解决方案，力争这一领域的行业话语权。阿里发布了Overlay的云企业网CEN，连接其分布在全球的数据中心，为用户提供快速构建混合云和分布式业务系统的全球网络服务。

在充分发挥算网融合新技术新能力的基础上，产业界加快推出算网融合新产品、新应用、新业务，打造云电脑、云手机、云游戏、云XR、云魔百和等应用，升级云专线、云互联、云组网等云网融合产品，拓展无人采掘、港机远控、工业质检等行业解决方案，探索车联网、元宇宙等新业态新模式，推动算力成为像水和电一样可一点接入、即取即用的社会级服务，进一步聚焦算网产品服务、关键技术研究等方面，为数字中国的建设提供更加优质的算力服务。

（三）算网融合网络架构

算网融合就是需要推动算、网等多种基础资源从独立走向融合统一。其中网络是融合算力、存储等各类资源的大动脉，是融合的关键。网络通过近50年的发展，经历了电路交换、IPv4/MPLS、IPv6/IPv6+三个阶段，已经全面完成IP化。面向千行百业的全新算网融合应用场景，不但要实现用户和算力、用户和用户、算力和算力灵活的拉通，而且还需要对不同业务的承载进行差异化的质量保障。传统的IP路由仅支持尽力而为的转发能力，难以满足差异化、确定性的承载要求。因此网络需以算力为中心，构建"云下一张网"的新型IPv6+架构，具备灵活的路径调度及多业务的承载能力。当前面临的主要挑战在于端到端的连接需要跨接入、汇聚、骨干多个域，每个域内还需跨供应商拉通，叠加4G/5G、PON、SPN、IPRAN、OTN、SD-

WAN等多种技术，构成一个复杂模型。主要从架构、管控及转发三方面入手系统性解决网络融合难题。架构方面将网络分为入算、算间和算内三段，每段网络功能职责明确；管控系统方面采用分别针对入算、算间、算内构建集中化SDN系统实现网络解耦及抽象，从而屏蔽地域和厂商设备的差异，实现跨域、跨厂家、跨专业连接的统一拉通；转发协议方面采用统一的SRv6/G-SRv6承载协议体系消除网络对接过程中协议翻译带来的路由、可靠性等方面的复杂度，并将目的路由转变为源路由极大提升网络的可扩展性，同时赋予业务端到端可编程的能力。

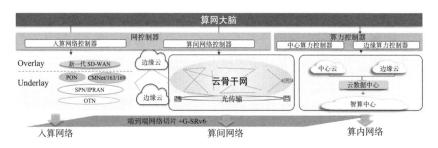

图3-6　算网融合网络架构

入算网络：通过整合多类接入网络资源，为用户提供IPv6泛在接入的能力，提供多样化算力接入手段和差异化承载能力。包括Underlay网络的PON/SPN/OTN/CMNet和Overlay网络的SD-WAN。入算网络主要考虑三点关键需求：业务敏捷开通，业务可靠性及质量保障和业务的灵活创新及定义。第一点考量的是接入资源的覆盖及业务开通的自动化水平，第二点的挑战是多段网拼接情况下，整体的故障保护及业务质量感知，这需要管控系统对各段网络及用户SLA质量要求有全局的信息。第三点是用户业务复杂多变，需要抓住入算网络用户入口这一关键位置，通过整合网资源算资源形成软件可定义的业务能力，从而实现算网服务像水电一样即取即用。可以看到，集中化的管控和可编程是关键。

从 Underlay 网络角度看，通常分专线或互联网两种方式。三大运营商已经实现 4G/5G、PON、数据专线、OTN 等多种接入和云内资源一体化开通能力。不同接入方式决定了业务质量保障的能力。Underlay 方式接入质量有保障，但是开通速度相对需要的时间较长。

从 Overlay 网络角度看，当前三大运营商已经部署的 SD-WAN 具备集中化管控，一个盒子支持入云、组网、互联网加速等多种业务能力，已部署的 SD-WAN 是纯 Overlay 的技术，在质量保障方面深度依赖底层 Underlay 网络质量。因此面向未来 SD-WAN 网络演进，中国移动提出了基于 SRv6/G-SRv6 的新一代 SD-WAN，融合 overlay 和 underlay 能力，在将业务和资源解耦的同时，通过 overlay 和 underlay 资源之间的接口实现资源调用，并通过 SRv6/G-SRv6 可编程能力实现以业务为中心的网络可编程，结合应用驱动融合连接+算力服务一体编排能力，实现差异化、弹性确定的网络质量，满足敏捷开通、灵活组网、一跳入云、一线入多云的需求，已成为运营商 SD-WAN 发展新方向。

算间网络：负责算力资源池间互联，将中心算力、边缘算力等各类算力资源接入到算间网络，实现中心、边缘、三方云多类算力的统一承载。如果我们把用户访问算力的流量称之为南北向流量，则算力资源池间的流量就是东西向流量。大量算力资源池的引入带来流量流向发生巨大变化，过去互联网以地域为中心的网络布局和以算力为中心的布局存在很大的不同。这就需要针对算力互联构建新型云骨干网络。云骨干网络构建主要考虑四方面的需求，一是算力资源池实际是按照区域级、中心级、省级、边缘级多层级的方式布局，云骨干网络要充分考虑算力跨层、跨地域协同的需求；二是"东数西算"对东西算力资源池间的时延提出明确的20ms要求，网络构建需要充分考虑时延问题；三是构建云骨干网络需要充分考虑未来业务潜在需求，前瞻性布局技术演进方向；四是要考虑网络和算力及应用的深度融合问题，这要求网络具备资源可灵活分配并连接具备可抽象且可按需开放的能力。因此，对于云骨干网络来说网络架构和技术体系是关键核心。

从网络布局的角度看，云骨干网络需以算力为中心优化网络架构，并具备超低时延、敏捷灵活、智能弹性的能力，实现算力资源跨层、跨地域互联。体现为两方面，一是云骨干网络需要和算力资源池协同部署，哪里有算哪里就要有网；二是云骨干网络需要从过去互联网的树状拓扑结构转变为网状的拓扑结构，实现业务路径可选择、时延可优化。

从技术体系的角度看，云骨干网络基于SDN+SRv6/G-SRv6技术构建，SRv6使得网络真正实现网络可编程，G-SRv6大幅提升网络承载效率并降低部署成本。同时面向互联网尽力而为的服务特征，云骨干网络需要提供确定性质量保障及内生安全，主要通过资源规划、质量感知实现。资源规划方面通过支持路由器切片，使得带宽可按业务特征规划，不同业务由不同切片承载，互相隔离；质量感知方面通过随流检测技术最真实地感知业务质量，并可以对业务质量劣化问题进行定界处理的能力。同时网络连接可以通过服务化方式（例如BSID）开放网络能力，实现全国E2E算力互联路径编排。在内生安全能力方面通过SAVNET技术实时全面地防护网络边界安全，最终实现对网络带宽、时延、抖动、隔离性、安全性等方面的差异化承载能力，满足行业用户和应用多样化的网络需求。

算内网络：主要分为通算数据中心网络和智算中心网络两大类。

其中，通算数据中心网络需提供 VM/服务器之间连接，应全面部署 SDN、带内遥测等技术提供高效的自动化能力、灵活的可编程能力及智能化的运维能力，并逐步实现云网协同。智算中心网络面向多样性算力，构建全调度以太高性能网络，重构网络交换设备，构建纳秒级转发及在网计算能力。GSE（全调度以太网）最大限度兼容以太网生态，基于报文容器（PKTC）的转发及调度机制，实现逐报文容器负载，全局公平调度避免拥塞，构建无阻塞、高带宽、低时延的新型智算中心网络。

算网一体调度需要在算和网各自拉通的基础上，构建算网大脑实现业务的一体化开通、全局资源一体化调度及业务质量一体化感知及保障。算网大脑具备对算网资源和各要素进行统一编排、调度、管理、优化及运维的能力。算网大脑首先要以开放的方式对资源进行管理，各类算网资源均可以注册到算网大脑，实现基础设施层各专业域能力的接入和管理，能力调用。其次，具备资源后，需要把资源转化为产品，这就需要算网大脑具备算网业务拓扑、流程及端到端解决方案设计，快速形成算网产品方案。再次，在产品设计的同时，会识别出产品相关的各类算网资源，需要把整体的产品分解为对不同资源的调用，从而实现业务开通。最后，面向海量产品的运营以及质量保障，仅人工的方式无法实现可持续性发展，算网大脑需要感知业务质量的劣化或故障，并采用智能化手段提升运营运维效率。算网大脑是资源和业务之间的中枢系统，南北向接口必须标准化。算网大脑的北向通过标准化接口对接算网运营层，提供一体化运营运维能力，支持算网业务订购及管理等功能，支持面向算网运营层的算力网络服务能力开放。算网大脑的南向通过算网能力网关对接算网管控，支持通过对算网管控的原子能力调用实现对算力网络基础设施的算网策略和配置下发，完成算、网资源及其他能力的一体化编排调度，同时支持对算力网络基础设施算网资源信息、性能和状态数据的获取。同时算网大脑构建于算网管控系统之上并拉通算网，为更好地实现分层协同，算、网控制器就需要将资源抽象为原子能力，以业务化的粒度对外呈现能力，实现从产品设计到运维的闭环。

（四）算网融合典型应用

算网融合将改变算力的供给、应用和服务方式，进一步提升算网服务的灵活性和高效性，丰富网随算动、云网边端、算网一体、可信共享等多种新服务方式。算网融合业务场景可分为 To B、To C 和 To H 等三类，典型应用包括数据快递、提供 SD-WAN、应用加速、云手机等创新场景。

1.面向政企的数据快递业务

业务背景

在数字经济逐步成为国家经济主体的过程中，云和算力成为核心生产力。同时，随着国家推进"东数西算"战略，各类型的通算、智算和超算中心呈现爆发式增长。各类型算力发挥作用依赖于大量的原始数据、训练数据或者音视频数据的输入，通过对算力数据进行不同维度的处理，从而为生活、生产和经济带来助力。然而，由于目前的网络专线价格还无法适配巨量数据从企业、个人传递到各级算力中心，出现了所谓"低带宽等不起、高带宽用不起"的现象，使得大量的用户通过"硬盘拷贝＋物流快递"或者"硬盘拷贝＋专人专送"的方式来进行大规模数据搬运，这一方式存在效率低、耗费大、安全可靠性差的问题，严重限制了算力处理的数据规模，减缓了算力发展的步伐。

应用场景

（1）综艺音视频后期制作

以湖南长沙的马栏山视频产业园区为例。通常，综艺节目摄制组在北上广深等热点城市拍摄节目素材，剧组每天会产生10TB ~ 100TB数据，首先存储在闪存卡上，并在晚上通过DIT（Digital Imaging Technician，数字影像技师）带回酒店将多个存储卡内容拷贝到磁盘阵列。在积累2天～3天的原始素材之后，由另一DIT通过高铁或飞机将数据送回马栏山产业园区，在产业园区将数据拷贝到驻地云，通过云桌面进行渲染、调色等后期制作处理。该综艺素材处理方式存在2次"数据拷贝＋人工搬运"过程，原始素材从拍摄地上云至少需要2天～3天，且需要专人往返拍摄地搬运数据，时效性差、效率低，存在硬盘损坏风险，因此，综艺音视频后期制作场景下的关键用户需求可以总结为两点：

a.高效低成本的数据搬运方案

——后期制作公司需要在次日获取到当天拍摄产生的原始素材（12小时～24小时）；

——单部综艺节目每天拍摄产生的原始素材数据量从几TB到上百TB不等；

——原始素材获取相比现有人工搬运方式在总体成本节省方面能带来价值。

b.要求通过稳定云桌面进行后期制作处理

——单部大型综艺节目后期制作需要约50个云桌面（素材总量约1PB）；

——每个云桌面网络带宽需求为20Mbit/s；

——多个云桌面晚高峰时段并行工作期间要求不卡顿。

（2）基因测序数据上云

基因测序技术日趋成熟，应用日益广泛，如无创产前筛查、肿瘤诊断等。基因测序服务市场快速增长，主要面向 Business 端（科研机构等）和 Customer 端客户（医疗服务机构或个人）提供各类基因测序及数据分析服务。我国基因测序行业头部企业以华大基因、贝瑞基因、达安基因等为代表，发展较为成熟。基因测序的数据分析包括本地分析和上云分析两种，上云分析是目标发展的方向。基因测序实验室的数据如果需要上公有云进一步处理，同样采用了"硬盘+快递"的方式来进行。这种方式在数据搬运的效率、安全性、完整性上都存在较大的缺陷。因此，客户同样提出了对于高性价比线上数据搬运方案的需求：

c. 网络互联：实验室、私有云、公有云、超算中心之间互联互通

——连接对象：100 个实验室、多个私有云/公有云/超算中心；

——主要业务：基因测序原始数据在实验室与云及云间高效流动；

d. 流动数据规模：

——100 个实验室年产原始数据约 100PB，分析结果数据另计；

——点对点单次数据流动规模在 TB ～ 100TB 量级；

e. 数据流动时效性：越快越好

f. 成本诉求：按需使用收费，兼顾成本与效率

应用案例

2023 年中国移动在算力网络技术与产业大会上发布了全球首个"神机"网络弹性服务，主要用于解决超算智算在处理科研和商业化计算时遇到的数据传输成本和效率问题。该服务的特点在于为客户提供极致使用体验，能够实现多个地域的"数据快递"需求的并行处理、突发需求的快速响应、动态连接的多地分发等，是我国在算力网

络领域取得的又一重大技术突破。江苏太湖之光超算中心的现网试验
结果表明，该服务已经实现了3小时4T数据的稳定传输。中国工程院
院士郑纬民表示，这一成果不仅为我国超算领域带来了重大突破，也
为其他领域提供了可靠的高性价比的数据快递解决方案。

2.面向政企的新一代SD-WAN

业务背景

新一代SD-WAN融合专线不感知底层网络具体技术，可以协同
4G/5G、PON、SPN、OTN等任意接入类型快速开通业务，同时在用户
终端设备使能SRv6/G-SRv6协议后实现端到端隧道统一承载，使得用
户业务入网分类后就可以实现差异化的路径承载，同时结合业务链技
术将不同类型的流量进行安全增值处理，实现业务云网安一体化。

应用场景

新一代SD-WAN为用户提供一线多业务的服务。首先是入算服务，
可以实现从本地数据中心到云端VPC的安全连接；其次是组网服务，
为用户提供CPE间直接互联的全Overlay的连接，或者提供CPE间经
PoP协同Underlay网络的优化保障能力的差异化连接；最后是可基于
路径调度能力提供互联网访问加速。

应用案例

基于新一代SD-WAN的连接服务通过应用感知技术，将不同应
用承载到不同网络路径上，实现差异化承载。在质量保障方面，基于
网络质量感知能力，当连接质量劣化超过阈值，可自动切换到备份链
路，为业务提供优化质量保障的连接。由于采用尽力而为的互联网接
入，为提升业务质量，可提供多发选收补偿中间过程丢包，大幅优化
应用体验。典型的应用场景有以下3个。

a. 企业入云：零售、医疗、教育、制造等多行业需要敏捷入云、

入多云，且不同应用需要有差异化的承载需求，新一代SD-WAN融合Underlay网络实现不同业务的差异化承载。

b. 企业组网：企业总部和分支机构间需要运行视频会议、办公、数据同步等多类应用，需要对远程会议等关键业务质量进行保障，新一代SD-WAN通过广域优化、路径调度实现关键业务质量保障。

c. 互联网加速：互联网是尽力而为的转发，难以满足游戏、直播等业务的高质量承载要求，新一代SD-WAN通过应用感知、业务感知及低时延选路实现业务的低时延承载。

3.面向家庭的应用加速

业务背景

如今的互联网时代，人们的生活和工作越来越依赖于各类应用程序。然而，诸如在线游戏和视频会议等对实时性要求很高的应用程序在运行过程中会出现卡顿甚至崩溃等问题，严重影响用户体验。针对此场景，应用加速技术应运而生，提升应用的运行效率，差异化地实现特定应用的体验保障能力。

应用场景

目前面向宽带用户的差异化体验需求主要集中在如下2个场景。

a.娱乐场景

以Steam、Switch、XBox为代表的游戏平台及新一代体感、VR游戏设备，为玩家提供了超越现实的代入感及沉浸式体验。游戏作为时延敏感型业务，流畅体验是玩家持续投入的关键，玩家需要E2E低时延的上网宽带服务。

b.办公场景

后疫情时代，居家办公越来越常见，ZOOM、钉钉、腾讯会议和云视讯等视频会议软件成为居家办公的重要工具，卡顿等问题严重影响远程办公的效率，应用加速技术可以优化社交应用的数据传输效率，提供轻松畅聊不掉线的办公体验。

应用案例

当前业界比较常见的有如下2种应用加速方案。

a.终端侧软件方案

该方案通常需要在用户侧启动VPN客户端，客户端可能内嵌在已有应用软件中，也可能需要单独安装，用户需要购买并且启动加速软件。该方案主要解决网络侧产生时延问题，典型代表主要为迅游智慧云加速云平台。

b.运营商侧加速方案

该方案的加速过程用户不感知，主要为家庭和小微企业用户提供游戏、视频等业务的最佳质量保障，运营商可根据应用场景不同包装业务套餐，最终用户可按需订购，对相关业务进行应用加速。此外，应用加速方案还可以和应用质差检测方案配合使用，对于特定用户的关键应用检测到质差以后，自动调动应用加速机制，保障重点用户的上网体验。支持应用级别的用户体验检测，可实现对VIP用户质差应用的自动加速，对宽带差异化体验、带宽保障及低网络时延等问题的改善有重大意义。

4.面向个人的云手机业务

业务背景

云手机是5G时代运营商算力网络标杆应用，可充分发挥电信运营商算网融合优势，引领运营商5G新体验、新价值、新增长，具有云上通信、娱乐、办公、社交等丰富体验场景。5G云手机使用简便，仅需在手机上安装"云手机"App，可快速实现"算力随身"。"5G云手机"与实体手机性能解耦，不受存储空间限制，数据上云，具有比实体机更高性能、更高容量、更高安全的属性，有助于打造5G特色应用，未来将可实现终端、网络、业务和生态的重构，打造云端用户数字生活和工作的统一入口。

云手机模拟实体手机，在云端虚拟出带有原生操作系统的云手机OS，将本地的存储、计算、渲染全部迁移到云上，本地设备将用户的触控指令以及传感器、通话等数据上行同步至云端，云手机OS运行的实时画面以音视频流的形式下行传输至本地设备显示，实现端云之间的交互。

应用场景

运营商可发挥自身云、网、边、端协同的产业优势和网络优势，通过5G云手机，构筑统一云底座，可快速开发云手机、云TV、云电脑等云终端应用，形成超级流量统一入口，对外开放接口与第三方伙伴共享生态。

5G云手机将充分满足个人、家庭、企业数字化需求，实现算力具象化、助力算网新业务快速推广，实现用户大众向云端生活的全面转型，典型的应用如下：

a.云应用、云游戏：应用多开，云端应用，存储无限扩展，游戏运行在云端，即点即玩；支持老旧手机运行大型互动类游戏，帮助用户摆脱终端束缚。

b.云VR/AR：云端无线算力加持，帮助VR/AR设备摆脱高算力主机束缚，降低VR/AR使用成本，提升应用普及率。

c.远程关怀：老人使用过程中遇到问题，家人可远程登录云手机，协助老人处理问题。

d.云办公：办公应用上云，统一维护，统一管理，数据云端保存，防录屏、防截图、数据不外泄，办公、生活一机搞定。

e.一播多创：使用云手机代替多个物理手机对接多个直播平台，实现多平台多账号同画面直播，减少直播成本，提高效率。

应用案例

4G时代，云手机业务就已经出现，但由于网络条件无法支撑云手机的体验，发展并不理想。当云手机遇上5G，云手机业务体验实现质的提升，它的春天才真正到来。基于5G端到端切片的云手机创新验证表明，5G云手机在切片条件下体验流畅，带宽、时延、抖动等指标均满足使用要求。

在2023年中国移动"数字惠民计划"发布会上，为响应用户"更轻巧、更快速、更安心、更便捷"的算力服务需求，中国移动发布算力终端产品，移动云手机作为算力终端产品的标志性应用正式推向市场。目前移动云手机活跃用户已达到百万，年底用户数突破千万。未来云手机随着技术的发展，网络的进步，使用场景的孵化，消费者理念的培养，配合移动办公设备外设的进步（例如，VR、虚拟键盘）等，必将获得和传统手机同台竞技的机会并被消费者接受。

三、IPv6在数字政府的应用

（一）数字政府概述

数字政府是将数字技术广泛应用于政府管理服务，推进政府治理流程优化、模式创新和履职能力提升，构建数字化、智能化的政务运行新形态，是遵循政府理念创新、政务流程创新、治理方式创新、信息技术应用创新四个创新为一体的全方位、系统性、协同式变革。加强数字政府建设是建设网络强国、数字中国的基础性和先导性工程，是创新政府治理理念和方式、形成数字治理新格局、推进国家治理能力和治理体系现代化的重要举措。数字政府建设有利于促进经济社会高质量发展，增强人民群众获得感、幸福感和安全感，全面引领数字经济、数字社会、数字生态发展。

我国数字政府建设经历了从"点"到"线"，再到"面"的三个发展阶段，第一阶段以政府部门"单点"信息化为主；第二阶段强调政府垂直"条线"的业务系统建设；第三阶段是以数据为牵引的"互联网+政务服务"，政务数据交汇融合，政务服务连接成"面"。当前，数字政府建设进入全面加速期，建设重点正从"建系统"转向"谋场景"，从"技术驱动"转向"场景牵引"，从"重视建设规模"转向"注重场景效果"，信息技术应用与业务重构开始走向"立体化"和"全方位"。

党的十八大以来，党中央、国务院深刻把握时代发展趋势，立足新发展阶段，高度重视数字政府的发展，数字政府建设步入快车道，中央和地方各级政府部门积极探索数字政府的建设方式。党的十九大提出建设网络强国、数字中国和智慧社会，党的十九届四中、五中全会分别提出推进和加强数字政府建设，《国民经济和社会发展"十四五"规划和2035年远景目标纲要》将数字政府建设单列为一章，擘画了数字政府蓝图。2022年6月，国务院正式印发《关于加强数字政府建设的指导意见》，作为国家层面第一个关于数字政府建设的纲领性文件，其系统性地提出了政府数字化履职能力、安全保障、制度规则、数据资源、平台支撑等数字政府体系框架，并对构建智能集约的平台支撑体系做出了明确部署，为全国各地加强数字政府建设指明路径，必将开启我国数字政府建设新篇章。

数字政府建设依赖平台支撑体系提供算力、算法、共性应用、网络、安全等全方位服务。构建智能集约的平台支撑体系，是建设数字政府的重要基础，是促进数据汇聚共享、推进业务整体协同的重要前提。深入推进"最多跑一次""一网通办""一网统管""一网协同""接诉即办"等业务创新实践，都需要统筹数、云、网资源，形成互联互通、协同联动、数据赋能、安全可靠的平台支撑能力，全面保障政府数字化改革向纵深推进。地方数字政府创新实践表明，平台支撑体系的技术水平很大程度上决定了数字政府的建设水准。因此，要强化信息技术应用创新，加强IPv6、5G、大数据、人工智能等新技术集成创新，构建智能集约的平台支撑体系，全面夯实数字政府建设根基。

（二）IPv6在数字政府中的价值

IPv6作为下一代互联网的基础协议，凭借其海量地址及丰富的扩展能力，助力构建智能集约的数字化基础设施底座，匹配数字政府建设发展趋势，满足政府数字化转型所带来的业务需求。

1. IPv6可有效提升政府基础设施效能，有利于构建智能集约的平台支撑体系

IPv6具备海量地址空间，可以满足终端爆炸式增长需求，有利于扩大政府基础设施服务范围。"家门口的政务服务"、"网格化管理"让政务服务更便捷更暖心，让基层治理更精细更高效，这需要政务网络向基层延伸，打通"中央—省—市—县（市、区）—乡镇（街道）—村（社区）—网格"多级信息网络，接入更丰富的政务服务终端。"城市大脑""一网统管"让城市更智能，让管理更科学，通过政务网络将分布于城市各角落的感知数据回传到政府大数据分析平台，需要连接更广泛的物联感知终端。政务业务的创新发展，带来终端IP地址数量的指数级增长，IPv4协议已无法满足互联网地址的高效管理诉求，IPv6协议凭借其丰富的地址空间可有效解决地址不足问题。

IPv6具备丰富的可扩展性，满足业务承载和保障需求，提高政府基础设施服务质量。"一网通办""跨省通办"依赖政务数据的充分流通、共享和利用，需要打通部门间的数据壁垒，推进政府基础设施共建共享。基础设施统一承载各类政务业务，并满足业务的差异化带宽、时延、丢包率等需求。基于IPv6的"IPv6+"技术创新可有效提升网络服务效能，如网络切片技术让重要政务业务独享网络带宽，不被非重要业务干扰；SRv6技术为重要业务选择最好的网络通道，保障业务时延始终最小。IPv6的应用提高了政府基础设施服务质量，打消政务部门的网络质量顾虑，可以让更多垂直"条线"的专用网络进行整合，实现网络基础设施的共建共享。

IPv6具备良好的适应性，更适合支撑移动应用，拓展政府基础设施服务场景。随着政务数字化的推进，移动办公、移动执法、应急指挥等业务日趋频繁，政务网络需要在有线通信的基础上满足移动政务的业务诉求。依托运营商5G网络，利用IPv6技术对5G的更优支撑，将5G政务专网与政务外网有机融合，提高政务网络移动接入能力，满足政务终端全场景接入的要求。

2. IPv6可有效加强网络安全防护能力，有利于保护重要信息系统和数据

西北工业大学遭美国国家安全局网络攻击事件，以及武汉市地震监测中心设备被黑客植入后门程序事件，无不警示网络安全的重要性。网络攻击手段日新月异、攻击目的更加明确、攻击潜伏性更高，网络安全防护的难度越来越大。

IPv6具备巨大的地址空间，不需要广泛使用地址转换技术，可以为每个终端分配唯一确定地址，终端之间可以直接建立点到点的连接，因此IPv6地址更容易溯源，更安全。同时巨大地址空间让地址扫描攻击不易实施，假设攻击者以每秒100万个主机的速度扫描，大约需要50万年，网络扫描的难度和代价大大增加。IPv6天然支持加密功能，可在IPv6地址之间方便地进行数据加密传输，政务信息不会被轻易窃听、劫持和篡改，可以提供更好的通信隐私保护能力。

我国在IPv6领域的标准贡献度高，从IPv4、IPv6到"IPv6+"，我国的国际标准数量贡献率实现了从跟随、同步到引领的跨越。IPv6时代，我国拥有众多知识产权，具备网络空间话语权，可引领网络向有利于我国的方向发展。

3. IPv6可有效支撑精细化运营管理服务，有利于保障政务业务连续性

政务服务"不打烊""不断档"是提升政府满意度的重要手段，政务业务连续性关系到百姓办事的切身感受，这依赖于政府基础设施的高可靠性和高可用性，即当遇到故障时可快速定界、定位问题，极速恢复高质量的连续性服务。

IPv6可为基础设施带来更直观的感知能力，将网络和业务性能图形化、可视化呈现出来，运维人员只要坐在大屏幕前即可全面掌握基础设施运行态势，资产、网络、安全、性能状况尽收眼底，有效降低运营、运维难度，告别以往手工输入、逐台查询、人为计算的复杂运维方式。利用IPv6能实时监测重要业务在网络中的表现，将真实业务在基础设施中的转发路径、带宽流量、业务时延、丢包情况等通过大屏幕直观展示，帮助运维人员对重要业务进行精细化管理和保障。

IPv6可为基础设施带来更先进的运维手段，自动识别和定位网络故障，准确提供故障恢复建议，降低基础设施管理复杂度。当出现业务故障时，网络可快速判断是基础设施的问题，还是终端或应用侧问题，如果是基础设施问题，协助定位具体故障点，并将业务流量自动调整到无故障的网络通道上，从而快速恢复政务业务服务。除故障问题发生后的快速定位与恢复外，还可以通过分析网络参数、指标等综合数据来预测网络故障，防患于未然，保障政务业务的不间断服务，群众办事不等待、效率高，增强了群众的获得感、幸福感和满意度。

从联接人到联接万物，基于"IPv6/IPv6+"的技术应用和创新满足了更丰富、更广泛的政务业务需求，为数字政府提供更高效、安全、可信的基础设施支撑，推动数字政府改革和建设进一步深化，促进数字经济和数字社会高质量发展。

（三）应用场景和案例

1. IPv6在政务网络中的应用：广西政务外网以IPv6单栈助力数字广西建设

为落实IPv6规模部署要求，推动政务外网IPv6发展，同时解决政务外网业务开通压力大、溯源能力不高等问题，结合"壮美广西"建设任务，广西壮族自治区（以下简称广西）信息中心基于"IPv6+"技术建设了广西政务外网IPv6单栈网络，实现网络可管可控、高效可靠、自治自愈，从而保障各类政务业务快速上线和高效稳定运行。

视频服务类业务应用网络切片技术，业务体验更流畅。广西政务外网在2021年12月已完成视频会议切片的部署，实现在一张网络中切分出"视频专用网络"，保障其他业务不影响视频业务的平稳运行。2022年3月，广西信息中心首次成功支撑了自治区发改委全区会议保障工作，会议全程图像清晰、音画同步，政务外网网络平台持续保持零故障、零丢包，会议并发峰值用户1060人，带宽总计2.1Gbps，会议结束后回收切片带宽资源，恢复网络带宽的共享利用。自此之后，视频会议切片又高质高效地支撑了19次全区视频会议，业务体验满意度高达99.99%。

差异化需求类业务应用SDN、SRv6技术，快速部署，灵活可靠。广西政务外网单位接入或业务上线时，原有手工部署方式，接入设备配置和调测需要耗时"小时级"。部署SRv6、SDN等技术后，转变为图形化自动部署方式，业务上线耗时降至"分钟级"。2022年3月，新上线了自治区发改委视频业务，网络配置开通仅耗时约15分钟。此举推动各级各部门主动落实IPv6改造工作，促进政务领域门户网站IPv6支持度稳步提升，广西重点领域门户网站IPv6支持度连续两个季度全国第一。

重要保障类业务应用随流检测技术，状态实时感知，运维智能化。广西政务外网以前70%的运维是被动响应，业务访问出现问题时，故障定位耗时"小时级"，偶尔出现的网络少量丢包问题，无法定位根因。部署随流检测技术后，由被动运维转变为主动运维，重保业务质量情况实时可视，故障定位降至"分钟级"，网络丢一个包都可被检测到，运维效率提升了25%，大幅提升政务服务满意度。2022年6月，在自治区发改委视频会议调试中，利用随流检测及时发现运营商链路丢包问题，在会议召开前消除了故障隐患。

广西政务外网曾获"2023首届IPv6技术应用创新大赛一等奖""2021信息技术应用创新优秀解决方案"和"IPv6规模部署关键技术创新类优秀案例"，网络运行稳定、安全可靠、技术成熟，实现了广西政务外网IPv6规模部署新突破。

2. IPv6在数据中心的应用：江西省IPv6单栈政务云为应用系统提供更优支撑

江西高度重视IPv6规模部署和应用，先后印发了一系列指导文件，要求"全面推进IPv6规模化应用"。江西省信息中心充分认识到推进IPv6规模部署和应用的重要意义，成立"新一代电子政务基础设施联合创新实验室"，加快推进IPv6规模应用。为探索政务外网IPv6单栈演进路线，指导全省政务基础设施向IPv6平滑演进，省信息中心启动了江西省政务外网IPv6单栈实践。

IPv6单栈资源池助力应用平滑演进，提升应用访问速度。江西政务云数据中心承载了政务部门的100余个公众服务类应用系统，560余个生产业务系统和办公应用系统。目前，90%以上的公众服务系统已能够提供IPv6访问，但多数采用地址转换技术实现，未对应用本身进行实质性IPv6改造，仍然以IPv4应用为IPv6用户提供服务。随着政策要求及业务要求的深化，江西进一步对省级电子政务云及公众服务类应用进行IPv6单栈试点，建立了IPv6资源池。改造后，应用访问时间平均缩短约200ms。

IPv6智能无损网络助力政务云服务能力提升。江西省信息中心对省级电子政务云平台内业务网络、计算网络与存储网络三张网络进行了IPv6以太网络改造，建设和运维成本降低26%。同时部署了IPv6智能无损技术，通过AI智能算法，在保证网络零丢包的基础上实现最高吞吐和最低时延，加速计算和存储的效率。在时延和性能方面，改造后明显优于传统以太网和光纤通道网络，存储时延降低29.1%，吞吐提升26.9%，政务云服务能力提高30%。

"IPv6+"智能网络助力政务应用服务更优。政务外网作为连接政务云与用户的管道，以"IPv6+"体系作为技术支撑底座，将政务云中的应用、数据和算力，按需智能、平稳持续、安全高效地输送给各类终端，实现业务上云部署效率提升6～10倍，重要业务零丢包，排障效率从"小时级"降低到"分钟级"，助力政务应用更优质地服务。

江西省政务外网IPv6单栈实践为全省政务网络、应用、运维体系全面IPv6化探索一条可行的道路，有效支撑业务体系、管理体系、技术体系"三位一体"的数字政府建设目标，曾获"2023首届IPv6技术应用创新大赛二等奖"。

3. IPv6在移动网络的应用：江苏省固移融合政务外网提供高速泛在接入能力

江苏省大数据管理中心顺应新时代技术发展趋势，响应国家IPv6规模部署号召，积极开展IPv6在政务外网的创新实践。以"IPv6+"为纽带，以5G政务专网和政务外网为基础，打造固移融合政务外网，满足高速泛在、移动感知、安全可控的网络接入需求和业务支撑要求，为数字政府、社会治理各类应用场景提供全面网络基础支撑。

掌上政务，固移网络切片提升应用体验。江苏省大力打造"苏服办"总门户，将240项标准应用集成至"苏服办"移动端，企业、群众只登一个入口就完成事项办理。利用固移融合政务外网网络切片提升政务外网后台业务的高效协同、安全隔离和网络服务质量，能够有效改善移动办公等多个业务的应用体验，支撑"苏服办"各项服务更加出色。

应急通信，IPv6网络基座提高应急救援效率。各类政府部门物联感知终端、移动终端、应急指挥终端等依托固移融合政务外网实现安全泛在接入，IPv6网络基座通过统一"网络大脑"实现实时调度。当发生应急事件时，应急部门可通过"一键联动"向各相关部门同步发出指令信号，应急指挥调度效率在原有基础上至少提升20%。

移动执法，5G加持提升基层实战能力。固移融合政务外网具备高可靠、低时延以及超高上下行带宽的特点，使更多应用模式和场景成为可能，为移动执法提供更加丰富的技术手段。比如，远程操作无人机对现场交通进行指挥调度，确保道路畅通的同时提升了基层实战能力。

江苏省固移融合政务外网顺应政府数字化转型发展趋势，强化安全泛在感知能力，促进部门间协作协同，有力提升政府的数字化、网络化、智能化水平，曾获"2023首届IPv6技术应用创新大赛二等奖"。

4. IPv6在会议保障的应用：深圳市政务外网"视网一张图"让会议重保更高效

深圳市"十四五"规划中明确提出要"推动通信网络、业务及终端支持IPv6"。深圳市政务服务数据管理局在IPv6应用实践中做了很多探索工作，创新性地提出基于"视网一张图"的视频会议保障理念，并进行了试点实践。"视网一张图"通过构建统一的运营服务平台，快速调阅视频会议系统和网络管理系统的各类状态数据和性能数据，并将数据进行综合汇聚、分析和协同呈现，辅助重大视频会议保障工作。

视网到边，视频切片专网延伸到局域网，端到端保障会议质量。据深圳调研，视频会议出现的问题中，有将近50%没有最终定位和找到根本原因，而在能确定原因的问题中，又有超过50%是局域网的问题，那么对于部署在局域网中的重要会场，如何保障会议质量呢？深圳提出将专用保障设备和网络切片延伸部署至重要会场（已在深圳市民中心、资源中心等多个会场试点应用），为重要会议提供专享带宽保障，使会议"最后一公里"畅通无阻，会场网络零丢包，网络延时降低30%，出现问题故障率下降15%。

端网协同，视频终端携带应用标识，构建高品质视频会议。当前视频会议保障人员和网络运维人员往往不是一个团队，会议信息不同步，人员沟通不顺畅。会前保障需要网络人员手工录入大量会场IP地址等信息，耗时"小时级"甚至"天级"。深圳创新性地使用APN6技术快速同步视频会议信息，作为会议保障人员和网络运维人员的"桥梁"，会前保障不再需要输入烦琐信息，会前保障降至"分钟级"，会中基于VIP用户、重要会议自动下发保障策略，会中保障效率提升25%。

视网联动，视频会议管理系统和网络管理系统结合，问题快速定界。据深圳调研，在重大会议保障中，主要面临两大难题，一是会议业务涉及会议终端、网络、视频系统等多个领域，故障定界难；二是会议和网络保障不可视、不可控，有没有问题心里没底。基于此难题，深圳提出"视网一张图"方案，在一张全景图上实时呈现一场会议中各会场位置分布、会议质量和网络质量等，若有会场质量不好，分钟级判定根因在哪。部署后，定界效率提升30%，重保效率也得到大幅提升，预计未来全面推广后，每次开会从只能保障20个会场提升到100个，重保会议频率从每周1～2次提升到6次。

（四）应用演进路线

按照《关于加快推进互联网协议第六版（IPv6）规模部署和应用工作的通知》《推进IPv6技术演进和应用创新发展的实施意见》等文件部署要求，数字政府基础设施的IPv6演进整体遵循"统一规划、因地制宜、分步实施、安全稳妥"的原则，以用户和应用需求为驱动，瞄准IPv6单栈目标，基础设施先行，终端和应用逐步改造。到2023年末，在数字政府领域基本建成IPv6体系，各级骨干网、数据中心出口支持IPv6；到2025年末，全面建成IPv6体系，完成政务云和部门政务外网IPv6改造，新应用和新终端规模部署IPv6单栈，深化"IPv6+"的融合创新；到2030年末，全面完成IPv6单栈演进，停止IPv4服务。

为进一步推动IPv6规模部署，加速推进政务外网IPv6发展，有效应对数字政府的业务挑战，国家信息中心先后发布《政务外网IPv6演进技术白皮书（2021）》《IPv6演进路线图和实施技术指南——政务外网》等文件，详细阐述数字政府基础设施的IPv6演进路线和实施方式，并于2023年牵头编制《国家电子政务外网IPv6部署要求》国家标准，指导各地方数字政府基础设施IPv6改造。

1. IPv6演进技术路线

数字政府基础设施的IPv6演进服务于政务应用的IPv6部署，IPv6在数字政府领域的演进技术路线如下：

政务应用全面上云，数据中心内利用IPv6资源池支撑IPv6单栈应用部署。数据中心内新建IPv6资源池承载IPv6应用。新应用直接部署在IPv6资源池，通过地址转换技术为IPv4用户提供访问。现有IPv4应用在过渡期内若需提供IPv6访问，通过地址转换技术实现，同时监测访问该应用的IPv4、IPv6用户数占比，当IPv6用户数占比超50%时，对该应用做IPv6改造并在IPv6资源池内部署，原有IPv4应用逐渐退网。

骨干网络先行改造，基于SRv6统一承载IPv4和IPv6流量。骨干网络是连接政务云和终端的管道，各级骨干网络优先进行IPv6改造。骨干网络采用SRv6技术统一运载IPv4和IPv6数据，不再使用IPv4地址，实现骨干网络IPv6改造一步到位。

部门局域网根据IPv6应用访问诉求适时部署双栈，逐渐过渡到IPv6单栈。部门局域网优先在现有网络基础上开启IPv6，快速满足

IPv6应用访问诉求。具备条件的部门可新建IPv6单栈网络，专门用于访问IPv6应用，现有局域网继续提供IPv4应用访问，随IPv4应用消亡而逐渐退网。不支持IPv6的终端，按需进行升级和替换。局域网内可通过网络切片等技术对业务数据进行隔离。

四、IPv6专网

（一）IPv6专网的重要意义

2023年2月，中共中央国务院印发《数字中国建设整体布局规划》，指出建设数字中国是数字时代推进中国式现代化的重要引擎，是构筑国家竞争新优势的有力支撑。《规划》指出，要夯实数字中国建设基础，需要打通数字基础设施大动脉，加快5G网络与千兆光网协同建设，深入推进IPv6规模部署和应用，推进移动物联网全面发展，大力推进北斗规模应用。系统优化算力基础设施布局，促进东西部算力高效互补和协同联动，引导通用数据中心、超算中心、智能计算中心、边缘数据中心等合理梯次布局。整体提升应用基础设施水平，加强传统基础设施数字化、智能化改造。

《规划》还明确，数字中国建设按照"2522"的整体框架进行布局，即夯实数字基础设施和数据资源体系"两大基础"。新型数字基础设施包括数据创新为驱动、通信网络为基础、数据算力设施为核心的基础设施体系。它还涵盖了利用物联网、边缘计算、人工智能等新一代信息技术，对交通、能源、市政、医疗、教育等传统基础设施进行数字化、网络化和智能化改造升级。它能够广泛拓展数字基础设施建设的应用范围，擘画全新的数字生活图景，已经成为人们生产生活的必备要素，为产业格局、经济发展和社会生态发展提供了坚实保障。

以教育行业为例，当前校园网络仍面临诸多挑战：宽带速度、数据传输安全性、网络域名规范性等仍有待提升。高质量的校园网络是建设教育信息化的基础保障，教育专网作为专门服务于教育、有统一规范管理且有安全保障的网络环境，不仅能够实现网络的高速连通和绿色上网，更能有效推动教育信息化高质量发展。教育专网连接区域级、省市级的新型教育基础设施，对教育行业有以下促进：

一、提升教育资源共建共享水平。促进高质量网络课程、在线学习平台和多样化的教学资源数据集的推广共享，解决优质教育资源分散和不平衡的问题，推动教育公平。

二、优化教育资源的分配和管理。通过数字赋能的教育资源优化和合理分配，以及在线教育、网络公开课等数字化教育资源，可以帮助全体学生更容易地获取到优质的教育资源。

三、改进教育评价体系。数字赋能也改变了传统的教育评价方式和体系，提供了更为科学、全面和公正的评估方法。例如，基于数据，在线测评和自适应测试等技术手段可以帮助学生更准确地反映素养能力水平，提高评估透明度、公正度和科学性。

四、促进信息化与教育教学的深度融合。通过数字赋能的新型评价方式，学生的学习过程和学习成果可以被更加客观地记录和呈现，这使得评价结果更加全面和准确。同时，也可以通过建立更加客观和准确的评价机制，减少人为干扰和主观性，更加注重学生的表现和成果。

五、提升网络安全水平。有效感知网络安全威胁，过滤网络不良信息，强化在线教育监管，保障广大师生的切身利益。

作为IPv4下一代版本的IPv6，以其巨大的地址空间、良好的安全性、灵活的使用方式获得业界的瞩目，成为下一代互联网的重要技术组成和创新基础。中国三大主流运营商都已经全面支持IPv6，整体上来看，逐渐停止IPv4，全面部署IPv6，是全球下一代互联网发展的趋势。为不同行业建设IPv6专网，可以为行业量身定制最优网络，使得网络发挥最大的价值，有助于打造数字底座，建设新型的行业数字基础设施，促进行业发展。

（二）IPv6专网的需求和挑战

不同行业对IPv6专网有不同的诉求，一张先进、高效、安全可靠的IPv6专网在承载业务时，需求基本概括如下：

1.大带宽、广覆盖、灵活连接：IPv6专网需要具备大带宽能力，千兆、万兆末端接入，可以覆盖所有的行业分支；接入方式灵活，包括光纤、5G、WIFI等。

2.业务隔离、E2E SLA保障：不同行业、关键业务隔离，保证行业之间、行业内不同业务之间网络资源刚性隔离，实现资源独享，从而保证高价值行业、高价值业务的SLA。

3.安全可靠：行业专网业务数据与外部数据隔离，保证行业数据不外泄。极简的网络架构和可靠的网络设备，充分考虑网络的可靠、冗余和容错能力。

4.云资源共享：专网内云资源行业/企业共享，满足业务上云诉求。

5.运维简单：行业客户运维能力较弱，网络需要具备自动化、可视化的运维能力。

6.新业务TTM（Time To Market）快：新业务自主随需快速开通。

7.扩展性强：适合多业务类型的终端接入，网络弹性扩缩容；适配网络应用的持续新增和优化，灵活的业务调度和扩展能力。

当前行业专网一般采用SDH网络或传统IPv4网络，设备老旧，空间、功耗消耗偏大、网络运维难度增大，无法适应新业务发展需求。

1.SDH网络只支持刚性管道，无统计复用能力，组网不灵活，带宽小（2M/155M/622M），无法满足大带宽（10GE/100GE）业务诉求，且SDH无进一步技术演进，现网设备逐步清退。

2.传统IPv4网络无"IPv6+"的新技术和新能力，如SRv6、EVPN、切片、随流检测等能力均不具备。网络资源共享，导致带宽、时延无法保证，时延敏感、大带宽业务无法承载，运维复杂，业务开通慢。

3.无法满足企业数字化转型中最主要的快速上云诉求，网络不具备一跳入云、一跳入多云能力，云资源和网络割裂，无法进行融合。

（三）IPv6专网的建网模式

IPv6专网的建网模式根据客户情况有不同的选择。对于规划、建设、维护能力较强的省市级行业专网，并且预算充足的情况下，可以选择自行建网模式。对于规划、建设、维护能力较弱的区县级行业专网，且预算有限，可以选择运营商代建代维模式。

行业自建IPv6专网。此模式下，网络的建设和运维均由行业自行承担，需要具备比较强的技术能力，行业内不同业务通过网络切片进行隔离，保证关键业务的资源刚性隔离。

运营商代建代维IPv6专网。运营商代建代维的IPv6专网，又分为两种模式。

一是运营商为单个行业建设一张独享的IPv6专网，行业内不同业务通过网络切片进行隔离，保证关键业务的资源刚性隔离。

二是运营商为多个行业建设一张共享的IPv6专网，不同行业通过网络切片进行隔离，从而保证资源刚性隔离。行业专网切片内还可以基于层次化切片为不同业务或不同用户提供子切片能力，保证一个行业专网内关键业务、关键用户的资源刚性隔离，进行差异化SLA保障。

（四）IPv6专网的部署和运营

IPv6专网主要包括网络基础设施和智能管控系统两部分，如图3-7所示。以IPv6为核心的网络基础设施是赋能新技术、新业务、新场景发展的核心部分，而网络智能管控系统是IPv6专网的大脑，为网络提供可管、可控、可视及智能运维的能力。

图3-7 IPv6专网示意图

IPv6专网根据网络规模，可以分为接入、汇聚、核心三个层级，逐级汇聚。基于SRv6 EVPN技术统一网络协议栈，采用Flex-E网络切片技术提供行业、业务、用户多种层级的差异化服务逻辑网络，实现行业、业务、用户、网络协同的最优调度。智能管控系统纳管接入、汇聚、核心路由器，路由器使能SRv6能力，管控系统进行端到端SRv6 Policy业务自动配置、调优等。

IPv6专网设计和实施主体如表3-1所示。

表3-1　IPv6专网建设

设计内容	实施主体-行业自建模式	实施主体-运营商代建代维
网络架构设计，包括网络规模、容量、设备能力选择等	企业	企业、运营商
IP地址设计，包括网络接口地址、SRv6 locator、业务地址规划	企业	运营商
路由协议设计，包括IGP、BGP、隧道、VPN等	企业	运营商
网络切片设计，包括业务切片承载，各切片带宽分配	企业	企业、运营商
运维设计，包括故障定位定界、业务开通，E2E SLA可视	企业	运营商

在智能运维方面采用iFIT随流检测满足业务更加精细化的运维保障，实现对网络带宽、时延、抖动、隔离性、安全性等方面的差异化承载能力，满足行业用户和应用多样化的网络需求。在接入、汇聚、核心路由器之间按需部署E2E iFIT检测，超过设定阈值后自动启动逐跳iFIT检测。智能管控系统可以呈现逐跳业务质量情况及性能报表，并可通过北向上报到运营系统，向行业用户呈现对应增值服务能力。

IPv6专网根据建网模式的不同，网络实施和运营主体可以是运营商，也可以是行业。当运营商代建代维IPv6专网时，需要能够向行业客户呈现网络服务质量，包括资源占用、资源利用率、E2E业务SLA，并且能够快速提供新连接、新业务上线的能力。

（五）IPv6专网的广泛应用

IPv6专网采用EVPN over SRv6、网络切片、iFIT等关键技术，对于智慧政务、远程医疗、在线教育、智慧城市、金融证券等典型业务场景都可以显著地提升用户的业务体验。IPv6专网的先进性体现在以下这些方面。

广联接。面向智慧城市、智慧政务等行业，通过EVPN over SRv6技术将IPv4/MPLS时代的IGP、LDP、BGP和RSVP-TE等多层次、多种类的控制协议简化到IGP和BGP两类控制协议；将MPLS、VxLAN、GRE和L2TP等多种隧道封装协议全部归一为IPv6封装。

极简协议极大提升了IPv6专网的超大规模组网、泛在连接以及极简业务配置能力。从传统跨域业务需要逐段、逐跳配置，提升到只需要在网络两端进行业务配置，从多跳逐段开通演进到一跳开通，开通效率极大提升，开通时间极大缩短。

低时延。面向远程医疗、证券交易等低时延类需求业务，IPv6专网通过具有网络编程能力的SRv6技术，使网络具备自动快速建立端到端低时延SRv6 Policy的能力，保证了业务安全可靠的承载。

确定性。传统网络由于共享转发资源，不同业务间的突发会造成干扰，业务抖动、时延等无法保障，只能做到尽力而为。面向智能制造、远程手术等时间敏感类业务，IPv6专网可以提供行业级、业务级层次化切片能力，构建面向业务级的专网，对指定业务提供端到端的带宽、时延、抖动、丢包等多维度的确定性保障。

智能化。采用SRv6的源路由机制实现网络可编程，大大提升了网络业务开通自动化能力。管控平台通过采集协议收集网络拓扑和流量后，根据业务SLA进行路径计算，并将符合SLA要求的路径下发到网络设备，网络设备根据路径中的指令进行转发。采用iFIT随流检测技术，基于真实业务流，高精度测量时延和丢包数据。业务SLA指标上报给管控平台，管控平台在感知到业务劣化后，对业务路径进行优化。IPv6专网实现SLA可视、自动化、精细化业务调度，结合管控平台达成分钟级的快速业务发放和故障运维。

高安全。面向政务大数据、城市物联、金融等业务，IPv6专网利用SRv6业务链结合安全云服务能力，为业务提供可灵活定制、弹性扩缩容的安全增值服务能力。

当前IPv6专网已经广泛应用于多个行业。

IPv6政务外网。自2017年《推进互联网协议第六版（IPv6）规模部署行动计划》印发以来，国家陆续出台多项政策，引导IPv6规模部署及演进。2021年，国家发布《关于加快推进互联网协议第六版（IPv6）规模部署和应用工作的通知》，要求推动国家及地方政务外网IPv6改造，探索IPv6单栈化试点。

IPv6技术助力数字政府实现上下联动、部门协同、服务导向的"互联网+政务服务"。基于IP网络切片技术，打造前瞻性、全覆盖、安全智慧的"一网多平面"，保障不同业务差异化体验，建设云网安一体的超融合、超联接、服务化的数字政府网络。政务外网主要有业务隔离、便捷开通、智能运维三大主要需求，需要支持各业务独立承载、一跳入云、敏捷组网，以及业务可视、故障快速定位等智能运维功能。通过IP网络切片实现政务外网的业务隔离，每个部门或者每种业务独占一张切片逻辑网络业务互不干扰，可以满足安全性、可靠性，保障业务体验。通过SRv6实现一跳上云和便捷组网，端到端组网和入云业务自动快速开通，实现业务上云集约化、业务开通自动化。通过智能运维，支持全局拓扑展现、业务SLA可视，可以实时动态监控、故障快速定位，提升业务体验。

IPv6政务外网的建设，推动了多部门业务互联互通，实现了信息共享，消除了业务壁垒，同时还实现了各级政府、部门之间的互联协助，提升了部门的工作效率。

市民业务办理云化，以前需要多次多部门去办理业务，现在可以通过网上预约和网上办理，节省了办理业务的时间，提升了办理业务的效率，同时还节约了社会资源。

IPv6教育专网。教育部、中央网信办、国家发展改革委等六部委发布指导意见要求建设教育专网，21省跟进发文推进规划建设。意见要求到2025年，基本形成结构优化、集约高效、安全可靠的教育新型基础设施体系，并通过迭代升级、更新完善和持续建设，实现长期、全面的发展。建设教育专网和"互联网＋教育"大平台，为教育高质量发展提供数字底座。

教育专网需要承载互联网、财务管理、电子巡考、安全视频监控、理化考务等多业务，针对高价值业务，需要进行切片硬隔离。以考务业务为例，需满足考务数据绝对安全、视频监控流畅不卡顿，即保障业务的安全性、可靠性和实时性。按照上述业务要求，教育专网部署方案基于IP网络切片、SRv6 Policy等技术实现考点监控数据、会议视频等业务数据和互联网网络隔离，确保安全传输不泄露。通过SRv6一跳入云，实现快速访问考务私有云。通过随流检测实现组网拓扑可视化，网络SLA指标可视化，以保证视频监控、考点安防、智慧教室等业务接入的可靠性。

IPv6医疗专网。2018年，国务院办公厅下发关于促进"互联网＋医疗健康"发展的意见。意见要求医疗联合体要积极运用互联网技术，加快实现医疗资源上下贯通、信息互通共享、业务高效协同，便捷开展预约诊疗、双向转诊、远程医疗等服务，推进"基层检查、上级诊断"，推动构建有序的分级诊疗格局。鼓励医疗联合体内上级医疗机构借助人工智能等技术手段，面向基层提供远程会诊、远程心电诊断、远程影像诊断等服务，促进医疗联合体内医疗机构间检查检验结果实时查阅、互认共享。推进远程医疗服务覆盖全国所有医疗联合体和县级医院，并逐步向社区卫生服务机构、乡镇卫生院和村卫生室延伸，提升基层医疗服务能力和效率。

随着医联体如火如荼地开展，IPv6专网助力智慧医疗的数字化转型是大势所趋，在远程医疗、医疗影像共享等场景尤为突出。远程医疗操纵类业务主要涉及远程手术、远程急救等，具有小带宽、确定性低时延、高可靠、高安全的业务特点。这类业务带宽需求一般不大于20Mbit/s，最严格的端到端单向时延要求为小于20ms，保证不会因通信原因出现手术、急救等场景的医疗事故。医疗影像在病患诊断中有至关重要的作用，提供在线影像检查预约和在线查询报告服务，各医院影像数据需要共享，支撑远程医疗的开展。这类业务的接入带宽普遍不小于100Mbit/s，具有大带宽、高安全、业务体验可视可管理的业务特点。通过IP网络切片技术，提供满足确定性低时延需求的远程医疗类切片和满足大带宽需求的医疗影像类切片，确保差异化承载和确定性体验，并保障业务隔离。通过随流检测技术，满足业务体验可视可管的需求，秒级采集链路信息，实时呈现丢包、时延等业务质量，实现分钟级故障恢复，从而保障用户业务体验。医联体的建设可有效提升偏远地区医院的技术水平，缓解群众就医压力。

经济要发展，基础要先行，IPv6专网就是各行业快速发展的最底层的基础设施之一。IPv6专网基于SRv6、EVPN等新协议体系赋予了网络广联接、低时延、确定性、智能化和高安全的新特性，使网络具备向下智联万物、向上一跳入云、全域安全可信、差异化服务等关键能力，最终面向企业和用户可以提供新型基础连接能力、定制差异保障能力以及云网融合服务能力，从而满足千行百业数字化的需求。

五、国家电网"IPv6+"创新实践

（一）行业趋势和需求

电力设施是国家的关键基础设施，也是国家经济发展的发动机，国家电网有限公司（以下简称"国家电网公司"）是为生活、工业、商业等提供输电、配电和售电服务的主要保障单位。为提升业务能力和服务水平，国家电网公司大力推动IPv6技术应用，通过SRv6等IPv6+先进技术武装电力基础设施，构建覆盖发电、输电、配电、用电全环节的IPv6应用链，打造基于IPv6+的新型电力系统。按照国家"十四五"IPv6规模部署发展要求，为加快电网向能源互联网转型升级，实现数字化赋能新型电力系统建设，电力通信网亟须在现有基础上利用IPv6技术持续开展创新和融合应用，以适应新能源、双向互动等多元化服务要求，提供安全可靠、经济高效的智能电力网络。同时电力通信网研究要综合考虑业务和技术演进趋势，在进一步提升IPv6应用水平基础上，构建安全可靠、经济高效、技术先进、兼容互通的电力通信网，以IPv6技术全面支撑公司能源转型发展。

（二）典型场景和架构

1.构建"IPv6+"业务承载网

国家电网"IPv6+"业务承载网作为国家电网云网业务一体化的

基础资源供应平台，提供智能、便捷、灵活的支撑服务能力。建设业务承载网之前，公司各单位互联网大区"孤岛式"运行，数据交互和业务访问均通过互联网公网完成，交互效率低、数据安全性差，且受各地运营商服务质量制约，以及传统的MPLS-VPN技术和传统的网络管理技术制约，难以满足公共服务云及公司数字化转型需要。因此，国家电网公司融合应用IPv6+技术大力推进网络建设，既解决了自身数字化转型升级中面临的痛点、难点问题，又是支撑新型电力系统建设、强化网络安全水平、支撑能源互联网企业建设的客观需要。

国家电网公司融合应用"IPv6+"创新技术积极推进网络建设，首次将SRv6、SDN、CDN、DNS、iFIT等技术融合创新应用于电力通信网络，对内实现了"3+27"数据中心（三个总部数据中心+27个省公司级数据中心）的网络高效互联互通，满足网络资源统一管理和集中调配，有效保障各级业务系统快速向IPv6应用演进，推动向云网融合转变；对外基于IPv6环境重构了CDN加速网络及智能DNS系统，使用户可以快速就近获取所需内容，有效降低网络拥塞，提高用户访问各类系统的速度及成功率，进一步提升用户感知体验。

该网络具有以下几个要点：

SRv6+SDN融合：本网络采用了先进的、基于IPv6的源路由技术，同时又增加了SDN网络管控平台，进一步简化了网络部署和维护，极大地提升了网络可管可控能力。

CDN+DNS配套系统：CDN和智能DNS的融合，可以进一步发挥出CDN加速效果，赋能IPv6应用，大幅提升各类IPv6系统访问体验。

IPv6地址规划：在IPv6地址规划方面，建立了层次清晰、易维护和可扩展的规划方案，可以满足当前和未来各类业务和服务需求。

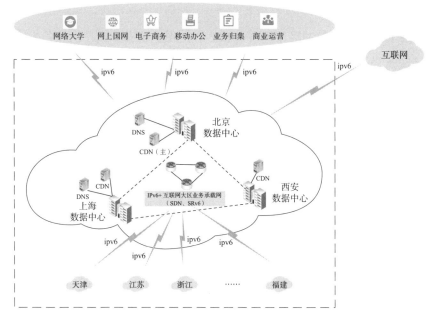

图3-8 国家电网公司"IPv6+"业务承载网示意图

IPv6体系：根据电力生产各环节实际需求，构建了"五位一体"全方位架构体系，全面推动IPv6在电力行业的创新应用。

国家电网公司"IPv6+"互联网大区，构建了国内乃至全球能源领域首个SDN智能化的大型IPv6广域承载网，有效缓解了网络拥塞，提升了访问体验，助力能源互联网建设向更高层次推进，为其他电力通信网络建设和业务演进提供了优秀参考样板，将进一步引领能源电力行业从传统网络向先进的下一代"IPv6+"融合网络演进，带动IPv6上下游厂商的协同发展，为"IPv6+"技术在数字政府、智慧金融、智慧能源、智能制造等行业的应用推广提供了落地实践，是"IPv6+"赋能全行业数字化升级的重要参考。

2."IPv6+"业务融合应用

国家电网公司重要互联网应用在上线初期均基于IPv4协议运行，

应用系统的部分软硬件可能存在不支持IPv6协议情况。IPv6适配改造首先需开展互联网应用内现有软、硬件现状调查分析，梳理各应用系统对IPv6协议支持情况；其次根据现状分析结果制定可行的技术路线，梳理相应资源需求。

国家电网公司积极开展业务系统IPv6改造工作，以新一代电子商务平台（ECP2.0）、网上国网等重要系统为模板，发挥央企在IPv6发展中的重要作用，提升企业网站IPv6改造深度，推进行业互联网网络和应用改造，强化网络安全保障。通过网络架构部分IPv6改造、互联网应用部分IPv6改造等系列方案，完成70余套系统全部IPv6改造，实现互联网用户IPv6访问。新一代电子商务平台（ECP2.0）、网上国网等作为电力行业用户量大、服务性广的典型互联网应用，IPv6改造工作的圆满成功，支撑对外IPv6流量访问，拓宽了服务通道，提升了服务质量。

（三）典型案例及价值

电力通信网广泛应用于电网生产控制、管理、经营等各个环节，是电网的神经系统。在数据通信领域已经从MPLS时代发展到了IPv6+时代，IPv6+在IPv6的基础上，增加了多个内涵，包括网络部署调整的自动化，业务的确定性、低时延以及安全性的增强等，内涵更加丰富，是网络技术体系和运维体系的全面创新。国家电网公司结合"IPv6+"业务承载网的应用实践，进一步探索IPv6+在电力数据通信网的应用落地，兼顾存量网络和技术，实现分批次、分区域的升级改造，逐步从传统MPLS向SDN平滑演进，实现上层电力业务对网络演进零感知，同时实现从传统的网络运维模式和MPLS-VPN、VLAN等方案，逐步向SDN云网融合模式和SRv6 EVPN方案平滑演进，结合SRv6流量工程技术，并借助SDN管控系统，实现网络的智能化、自动化升级改造，推动数据通信网络提供可管、可控、可靠的承载模型。数据通信网向SDN智能网络演进过程中，传统的MPLS-VPN与新一代的SRv6-EVPN两种技术共存，平滑演进数据通信网，演进过渡阶段完毕之后，目标网络将完全使用SRv6-EVPN技术承载电力业务。

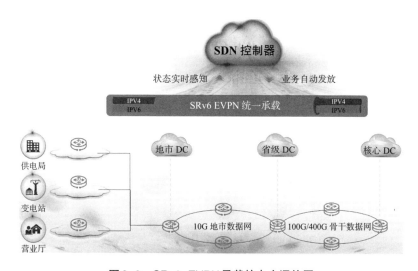

图3-9　SRv6-EVPN承载的电力通信网

基于IPv6+提升电力通信网网络运维和业务保障能力。通过SDN+SRv6+iFIT随流检测技术，实现了业务时延、抖动和丢包的可视化，可以将故障定位时间从过去的4～5小时缩短为5分钟；使用仿真校验技术，可以提前了解网络变更带来的影响，规避错误变更引起的网络事故。在业务质量保障方面，IPv6+网络切片技术可以提供业务的严格隔离，保证重要业务不受其他业务突发的影响，做到重保视频无卡顿。

国家电网公司在IPv6+的众多实践证明，IPv6+是下一代电力通信网的发展方向。这张网络具备如下特征：

第一，以SDN+SRv6为基础，实现业务快速部署，业务快速上云；

第二，业务质量保障实现差异化，可实现多业务的高效承载；

第三，网络实现智能运维，业务质量实时可视，故障分钟级快速定位。

（四）应用展望

随着5G和云时代业务快速发展，新型电力系统建设深入，新能源电站大量接入势必导致并网节点数量出现爆发式增长，电力系统电网特性发生重大变化，电网呈现智能化、场站无人化、泛在连接的趋势。电力通信网通过研究引入"IPv6+"技术，构建智能、泛在、安全的电力通信网，从而实现网络管理精细化、可视化、智能化，实现自动部署，按需调优的高质量网络服务，满足电力通信网核心业务系统和核心数据"零丢包"的要求。

通过在电力通信网研究引入"IPv6+"为代表的新一代网络技术，全网统一采用IPv6+SRv6技术架构，基于SRv6实现控制面和转发面的网络协议简化，奠定电力通信网智能化、自动化的基础，简化网络运维难度；简化新业务配置和业务上线速度，网络动静态信息实时获取，直观可视化呈现，实现传统运维向智能运维的转变；采用FlexE硬切片技术提高业务隔离效果，为不同业务系统提供差异化高质量网络服务，实现关键业务保障；部署iFIT随流检测技术，提供更高精度的SLA测量，实时上送检测数据，满足日常运维监控及故障快速定界等诉求，是电力承载的重要运维手段，为实现智能运维奠定坚实基础。

"IPv6+"是电力通信网的发展方向，极大地提升了电力通信网的智能化运维能力和确定性体验保障能力，为能源互联网的发展构筑面向未来10年的网络基座。

六、IPv6在石油石化领域的应用

（一）行业趋势和需求

石油石化行业正在大力推进数字化转型，依托数字化技术提升成本竞争力和生产管理决策水平。高质量发展是战略核心，要求石油石化企业通过数字化智能化加大加快创新，在复杂竞争环境下，全面提升效率与效益。油气行业正在重塑价值链，数字化转型成为领先油气企业战略发展方向，大力推进应用新一代信息技术，变革生产运营模式、业务模式，以求在行业重塑中制胜。其中IPv6技术对于油气行业的支撑必不可少，是数字化转型的基石。

油气生产业务当前正在从传统业务向数字化业务大幅度转型，油气生产物联网、炼化物联网、加油站管理系统等一系列工业互联网和物联网平台正在逐步搭建。在物联网、工业互联网等业务发展过程中，大量生产装置、重点设备将逐步接入到网络当中，需要海量的IP地址资源，并且需要区别于IPv4更加敏捷、高效、安全的服务能力，大力发展IPv6技术将成为必然的选择与趋势，利用IPv6技术为中国石油生产业务提供海量地址资源。

此外，石油石化公司当前在大力推进认知环境创新应用数据摄取、数据充实、数据洞察等核心理念与技术构建数据湖，实现勘探开发数据全连接；采用微服务构建专业PaaS平台，支持上游业务自动化、智能化应用场景；在炼油化工场景，大量动设备监控节点、DCS、

MES等系统逐步网络化，精细化管理与生产调控正将触角延伸到每一个化工生产工艺流程。在智慧加油领域，利用智能设备自动识别客户，基于客户画像，为客户提供个性化信息服务，并通过智能设备接受客户加油金额或加油量指令，实现无现金交易，正在成为石油石化行业的发展趋势与引领方向。

基于以上，海量工业互联终端接入、网络化的生产精细管理、数字化转型重构传统业务，都对网络基础设施提出了更高的要求，要求提供更高的网络地址接入能力，更加安全、高效、可编程的网络传输协议，更加感知业务的网络调控能力。在此基础上，IPv6技术以及延伸出来的IPv6+相关技术将为石油石化行业新型智慧基础设施的构建提供坚实基础。

（二）典型场景和架构

石油石化行业IPv6典型网络设计采用三层网络架构，建设基于IPv6的基础网络和过渡环境，根据工控系统对网络的安全要求，部署访问控制、安全隔离等防护措施，构建IPv6生产网安全防护体系，同时结合软件定义网络技术实现生产网弹性扩展、灵活可用、简化操作、可视化管理、终端管理与安全控制。

1. IPv6基础网络架构

石油石化IPv6网络的业务范围包括油田公司总部到采油厂、作业区、大型站场的生产专用网络，在油田公司总部建设DMZ区域，作为生产网与办公网的统一数据交互区域，即生产网与办公网边界。承载业务包括工业互联网、物联网、工业控制系统、工业视频等生产相关业务系统。

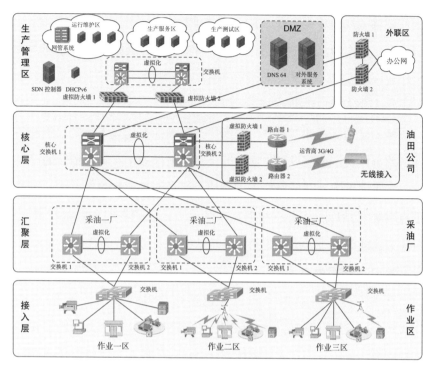

图3-10 石油石化IPv6网络基础架构

根据油气田企业的实际情况，IPv6网络采用典型的三层园区网络进行设计，分别为核心层、汇聚层和接入层，建设生产接入网的SDN网络基础架构，提供IPv4、IPv6双栈生产网络支持。

（1）核心层

核心层是IPv6生产网的核心，连接汇聚层和内部数据中心以及与外部数据交换区域。核心层设备实现不同层次、不同区域之间数据的快速交换，同时能够智能感知承载的业务类型，为业务提供所需的服务保障。

（2）汇聚层

汇聚层是实现各个作业区的接入设备的汇聚，减少作业区到核心区的传输资源。根据各单位的生产作业区分布情况和链路资源情况，选取厂、矿作为汇聚层节点，采取"就近接入，共享共建"原则，各个作业区就近接入汇聚节点。

（3）接入层

接入层是实现油气水井、站库生产数据的上传接入，采用单设备双链路上连至汇聚层设备，通过冗余链路来保障生产数据传输的可靠性。接入层下连到井场及站库，采用有线和无线两种接入方式：对于重点井场、站库，或者有视频需求的站点，采用有线方式进行接入；对于边远地区有线无法覆盖的井场及站库，采用无线方式进行接入。

2. IPv6数据中心

石油石化IPv6数据中心主要包括网络升级改造、部署DNS、DHCP、IPv6过渡网关等设备，在原仅支持IPv4的基础上，增加IPv6支持能力，保障各生产业务系统在网络过渡阶段及全面建成IPv6网络后的稳定运行。规划将数据中心网络在功能上逻辑划分成数据中心数据交换区和DMZ两个区域，利用防火墙和数据中心交换机，进行相应区域的划分、隔离、数据访问控制等。

数据中心数据交换区在逻辑上划分成生产系统服务器区、生产测试功能区、运行维护区，对各功能区块进行有效的逻辑隔离，这样既增加了数据中心网络的安全，又方便维护，结构清晰、明了。

DMZ区将DNS系统、对外服务系统放入区域内，利用防火墙增加安全性，对数据访问策略严格控制，避免外部攻击对内部造成影响，杜绝安全隐患。

3. IPv6网络过渡环境

由于IPv6和IPv4的报文格式并不兼容，如何实现IPv4和IPv6的无缝结合以及无损害的平滑过渡已经成为IPv6大规模部署的瓶颈。

IPv4 向 IPv6 的过渡阶段所采用的过渡技术主要包括双栈技术、翻译技术和隧道技术，以上三种技术在石油石化行业当中均有应用，其技术特性对比如下。

表3–2 网络过渡技术特性对比

过渡技术	技术介绍	优点	缺点
双栈	同时支持 IPv6 和 IPv4 协议，应用程序根据 DNS 解析地址类型选择使用 IPv6 或 IPv4 协议 基础的过渡技术，用于 IPv6 孤岛互联、IPv6 和 IPv4 的互通	互通性好，实现简单。允许应用逐渐从 IPv4 过渡到 IPv6，适合大规模部署	对每个 IPv4 节点都要升级，没有解决 IPv4 地址紧缺问题。（企业使用私有地址时无此影响）
隧道	主要利用 IPv6 报文作为 IPv4 的载荷或由 MPLS 承载。在原有 IPv4 网络上使 IPv6 孤岛互联	将 IPv4 的隧道作为 IPv6 的虚拟链路	额外的隧道配置，降低效率，只能实现 v6-v6 设备的互联，适合小规模使用
翻译	翻译技术用于实现纯 IPv6 节点和纯 IPv4 节点间的互通。一般是借助中间的转换技术服务器实现 IPv6 网络与 IPv4 网络间的通信。主要技术有 NAT64 和 IVI 等	不需要升级设备，适合大规模部署	需要投入额外的设备

针对以上三种技术，以及石油石化 IPv6 互联互通场景，可以构建 IPv6 网络过渡模型，实现 IPv4-IPv6 网络的相互通信。

其中，在石油石化 IPv6 网络的建设及过渡中，IPv4 终端访问 IPv6 应用的情况需要利用地址翻译技术来解决互访问题。因此，在 IPv6 网络中部署两台 IPv6 过渡网关，采用 NAT64 实现 IPv6 网络至 IPv4 网络之间的访问，采用IVI技术实现IPv4网络对IPv6网络的访问，采用IPv6应用互通技术来实现应用层的IPv6与IPv4互联互通，以满足IPv6与IPv4业务的数据同步需求。

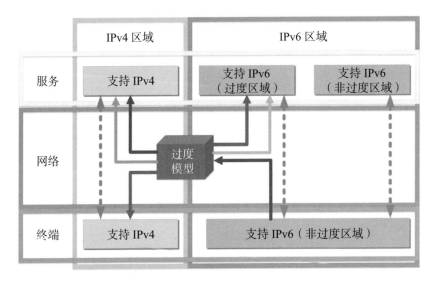

图3-11　IPv6网络过渡模型

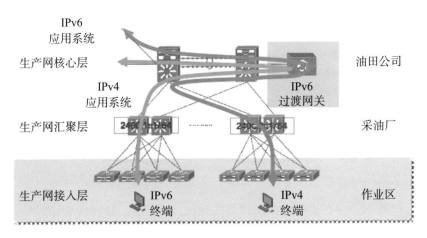

图3-12　IPv6翻译流量流向设计

（三）典型案例及价值

中国石油是较早进行IPv6技术试验和应用的企业，在国家专项承担、技术研发、资源储备、标准制定等方面取得了"321411"的阶段性成果，承担3个国家IPv6试点专项，申请21位IPv6地址空间，完成4个网站升级改造，制定1套标准体系，开展1系列前瞻课题研究。同时积极参与国家IPv6规模部署专家委工作，参与起草国家IPv6规模部署政策指导文件，力争成为贯彻落实IPv6行动计划的先行者。

1. 建设完成了全国规模最大的IPv6工业生产专网和防护体系。2012年，国家发展改革委委托中国石油组织开展"下一代互联网信息安全专项"基于IPv6专网的安全防护研发及应用试点工程项目，在大庆油田建设了全国规模最大的IPv6工业生产专网，并构建了基于IPv6的安全防护体系，覆盖油田13个采油厂，69个作业区，近800个小队在IPv6技术研发和应用过程中取得了多项技术创新。

2020年5月，中国石油批复局域网改进（生产网IPv6）项目建设，将国家试点中的建设成果进行推广，大力推进IPv6专网规模化应用，在中国石油长庆、大庆、吐哈、吉林、大港5家油田建设基于IPv6的生产网络，进一步贯彻落实国家IPv6行动计划，争做中央企业网信建设排头兵。

2. 组织开展了基于IPv6的下一代互联网技术的应用示范工程。2012年，中国石油承建了国家发改委项目《下一代互联网技术在智慧油田的应用示范》，选择华北油田作为下一代互联网技术的应用示范点，推动华北油田信息化建设从"数字化油田"迈向"智慧油田"。

目前，集团公司首个IPv6应用测试平台已在华北油田公司数据中心搭建完成。利用IPv6地址庞大的特点，油田众多单井采集的海量井场实时数据第一时间传送到生产调度中心和决策中心，为智慧油田建设提供坚实的平台基础，同时利用IPv6网络安全优势，使油田公司实现生产网与办公网最终隔离成为可能。

3. 成功入选工信部IPv6网络化改造试点示范项目。为深入贯彻《国务院关于深化"互联网+先进制造业"发展工业互联网的指导意见》，2019年11月工业与信息化部启动了工业互联网试点示范遴选工作。经工信部专家评审、现场核查，大庆石油管理局有限公司申报的"基于IPv6的石油石化工业互联网网络改造建设"项目成功入选。2020年2月，工业与信息化部发布公示，该项目被核定为国家2019年工业互联网试点示范项目。

4. 国内首批规划，申请了工业生产领域IPv6地址。中国石油于2014年向亚太互联网络信息中心（APNIC）申请了21位的IPv6地址空间，是全球IPv4地址数量的2048倍。地址申请时间、申请规模、应用成效均为国内领先，对将来中国石油网络的扩展具有重要的战略意义。

5. 超前完成集团公司门户、加油站管理等网站IPv6升级。2018年3月，国资委印发《关于做好互联网协议第六版（IPv6）部署应用有关工作的通知》，要求中央企业完成集团公司门户网站和面向公众的在线服务窗口IPv6改造。

中国石油组织力量经过多次方案论证和技术选型，完成了集团公司门户网站和加油站管理系统IPv6升级改造。应用云计算技术与应用层IPv4-IPv6转换技术创新结合，成功解决网站域名解析记录升级、IPv4-IPv6网站页面一致性、网站内外链IPv6访问、IPv6访问速度优化等难题。2018年11月，完成全部改造任务，集团公司门户网站和加油站管理系统包括首页、356个二级页面、3249个三级页面全部支持IPv6访问，支持度100%，超前完成国资委督查指标要求，改造效果位列中央企业第一名。

2019年，中国石油持续对昆仑金融租赁、中石油专属财产保险等公司门户网站进行IPv6升级改造，改造效果满足国家网站IPv6支持度指标要求，在中国人民银行检查中IPv6支持度达到100%。

6. 形成了一系列基于IPv6的标准规范。中国石油与清华大学、公安部第一研究所多次开展技术交流、研讨，将项目建设过程中的管理规范、建设经验以及技术标准总结归纳，共同完成了《基于IPv6的网络建设与运行维护规范》《基于隧道的IPv4 over IPv6技术规范》《物联网感知层协议安全技术规范》等17项标准草案，填补了我国在IPv6标准规范方面的多项空白，具有指导和借鉴意义。

7. 开展一系列基于IPv6的前瞻课题研究和应用。中国石油与清华大学合作，陆续开展IPv6专网流量分析研究、IPv6专网中DDoS攻击安全防护技术研究、IPv6专网中关联应用分析及关键业务保护方法研究等课题的研究和应用，从基于IPv6的专网流量特性、数据中心关键业务保护以及新型拟态技术的角度对IPv6网络中的关键安全防护技术进行调研，分析和建模，实现了相关原型系统，为IPv6专网中的网络安全防护提供了前沿性的理论研究和技术支撑，对顺利实施和推广IPv6网络并有效提高整体网络运维能力提供了重要技术保障。

8. 参与国家IPv6规模部署专家委工作，有力支持行动计划贯彻落实。2019年，中央网信办IPv6规模部署专家委员会专门成立国家"IPv6+技术创新工作组"和"IPv6评测监测工作组"，中国石油作为首批单位已加入到国家工作组当中。目前我们已参与起草专家委

"IPv6演进路线图与实施指南""IPv6安全设备支持度评测"等国家指导性政策文件，为不断完善我国IPv6技术标准体系，促进IPv6新技术创新应用，保障IPv6网络安全，提升IPv6网络互联互通贡献力量。

（四）应用展望

随着石油石化行业数字化转型的逐步深入，油气业务对基础网络的要求越来越高，IPv6+技术所提供的技术优势逐步凸显，在未来SRv6、iFit、APN6等IPv6+技术在石油石化领域将为业务提供强化的赋能能力。

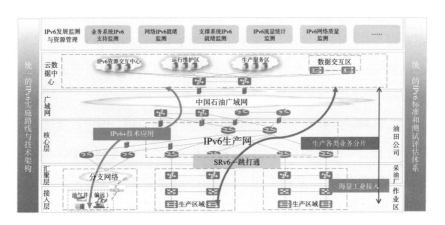

图3-13　IPv6+网络在石油行业的布署

SRv6采用IPv6地址作为路由的路径节点信息，其路径列表信息放在IPv6头内，兼容了传统IPv6转发。同时，SRv6头信息除了标识节点/链路信息外，也支持自定义扩展信息，可满足带内测量等新需求。SRv6以IPv6地址作为协议栈，适应多种业务场景下的端到端编排需求。SRv6具备TE流量工程能力和扩展性能力，能够很好兼容IPv6，实现全网的IP转发技术统一。在石油石化领域，SRv6的天然跨域、一键入云的能力，将为油气产业链的打通提供坚实基础。

此外，利用SRv6的特性，可以在同一张网络中天然地为不同的油气业务提供各类网络切片，形成"一网共载，柔性定制"的能力，提供对油气产业链各类不同业务的天然特性支持。

此外，IPv6协议的演进与新技术的迭代，还将为油气业务提供更加多样的网络服务和网络接入能力，在此根据现有技术为基础进行展望，有以下四方面可供参考。

1.轻量级协议替代ZigBee

油气生产物联网的基础是油气生产数据的采集，数据的采集是通过采集终端RTU来实现的。物联网的传感器、数据采集终端大多计算能力不强、存储空间有限，针对这种情况IPv6协议还提出了一种轻量化的协议6LoWPAN，其好处不仅是轻量化而已。

目前油气生产井间短距离传输采用的多数是ZigBee等专用技术，与ZigBee相比采用6LoWPAN的优势非常明显。

（1）6LoWPAN作为轻量级IPv6协议天然可与任何其他IP网络连接，而ZigBee与非ZigBee网络之间桥接需要非常复杂的转换设备和应用网关；

（2）6LoWPAN是无状态的，不需要维持任何应用层状态，能够有效减轻边缘路由器的压力，而ZigBee等专有协议是有状态的，需要维持链接状态；

（3）通过6LoWPAN路由不需要额外的包头信息，而ZigBee这部分信息无法削减，因此一个ZigBee堆栈大小为90kb，而6LoWPAN为30kb；

（4）6LoWPAN是开放式IP标准，包括TCP、UDP、HTTP、COAP、MQTT和WebSocket，在此基础上可以做更多的物联网功能扩展；

（5）6LoWPAN能够实现端到端的IP网络架构，具有良好的互通性和稳定性，可以将大网管理范围延伸至无线传感网，有效提升网络管理水平，尽量减少由于协议转换产生的不必要故障点，便于故障的检查和发现。

2.无状态地址自动配置实现即插即用

IPv6协议支持无状态和有状态地址自动配置，其中无状态地址自动配置可以根据设备自身MAC地址、路由器获得的网络前缀等信息生成全局唯一IPv6地址，非常适用于数量众多的油气采集终端RTU的网络配置。通过这种方式可以有效减轻DHCP服务器的负载压力、降低过程中人工干预环节、规避不必要的操作和维护过程，能够实现"即插即用"的快速响应机制。

3.有效的网络隔离提升工业网络安全

在工业生产网络当中安全是非常重要的一环，有效的隔离机制是工业网络安全的一项重要安全措施，IPv6协议提供了非常方便的6PE/6VPE、VPLS、VRF等技术来实现网络隔离。

以IPv6油气生产专网为例，全网采用了6VPE技术实现逻辑区域的划分，一个路由域对应一个采油厂VRF VPN；对于同一路由域接入至不同汇聚节点的情况，采用VPLS技术实现跨骨干网的互通（L2 VPN）。通过以上的技术运用，将每个采油厂划分至一个VPN中，不同采油厂之间无法实现通信，有效地对网络进行了隔离。

4.真实源地址验证鉴别非法终端接入

IPv6网络提供了海量的IP地址也意味着会有海量终端接入，在如此量级的情况下采用传统技术很难甄别非法终端，清华大学在IPv6协议的基础上提出了SAVI真实源地址验证技术，通过侦听接入交换机地址分配报文，生成动态的绑定表，根据绑定表的信息能够有效鉴别终端合法性，并根据记录进行溯源。将此项技术应用于油气生产当中，可以配合DHCPv6技术实现对接入生产网终端的验证，及时发现针对生产网的源地址欺骗攻击。

七、IPv6在水利领域的应用

水利部将IPv6技术与推进智慧水利建设深度融合，在《智慧水利建设顶层设计》《"十四五"智慧水利建设实施方案》，数字孪生水利技术架构中，均明确把IPv6融合应用作为重要内容和基础支撑。水利行业在IPv6应用方面起步较早，早在2003年就曾作为首批试点单位成功探索水利部网站的IPv6协议支持改造。近年来，作为"IPv6+创新推进组政府工作组"首批成员单位，按照"网络基础先行、核心应用引领、服务数字孪生水利"的技术路线，主要围绕基础网络、水利政务服务、数字孪生水利建设等方面，开展行业IPv6+技术创新和融合应用，取得积极成效，为水利IPv6升级奠定网络基础，打造了业务应用IPv6升级示范样板，有效助力数字孪生水利建设。

（一）IPv6与水利信息网

1.水利信息网发展历程

水利信息网最早可追溯到20世纪70年代。1975年8月淮河特大水灾后，我国加强了水利通信和水文自动测报系统的建设，构建了防汛专用通信系统，是最早的水利信息网雏形。90年代，水利部开展了以X.25为主要通信手段的窄带全国实时水情广域网的建设。21世纪初，建成以SDH为主要传输信道的防汛抗旱指挥系统网络，覆盖全国的计算机网络基本成型。目前，水利信息网以水利部机关为核心，直接连接长江水利委员会、黄河水利委员会等7个流域管理机构，31个省（自治区、直辖市）和新疆建设兵团的水行政主管部门，各流域管理机构、省级水行政主管部门又向下延伸覆盖至市县级，甚至乡村街道级。水利信息网承载的业务也从最初的水情信息报送发展到现在的流域防洪、水资源管理与调配、水利工程建设与管理、河湖管理、农村水利管理、水土保持、水利异地视频会议会商等水利各类业务。

在网络架构方面，水利信息网最初以IPv4等技术为主要依托，全网采用专用地址，各单位之间采用IPv4协议和专线进行通信连接，建设了星状的水利专网。2004年颁布水利行业标准SL 307《水利信息网命名及IP地址分配规定》，对各单位IPv4网络地址分配、线路互联、网络命名等方面进行规定。近年来，随着IPv4地址的资源枯竭和IPv6技术的不断发展，水利信息网在原来IPv4地址基础上，增加了/24（约2.028E+31个）的IPv6地址池为全国水利行业提供公私网统一的网络地址资源。2021年印发《水利业务网IPv6地址分配规范》等文件，为各单位分配IPv6网络地址。目前，已实现IPv6网络的互联互通基础，水利信息网进入IPv6时代。

2.基于IPv6+的高质量水利信息网建设

在地址资源和IPv6+先进网络技术的支撑下，水利部率先开展了基础网络的升级改造，包括水利部本级全网IPv6升级和水利信息网骨干网SRv6升级等。以水利部本级为试点，开展全网包括终端办公区、互联网区、业务网服务区等所有区域的网络IPv6升级改造，通过升级交换机、路由器等网络设备，优化防火墙、DNS等设备的IPv6兼容性，结合SDN软件定义网络技术，实现内外部IPv6协议全支持和"网随人动，业务自适应"的应用效果，为深化IPv6应用奠定基础网络平台支撑。目前全网超过300台网络和安全设备支持IPv4/IPv6双栈协议，1100多台服务器和3500多台终端配置了IPv6地址。

在水利信息网骨干网IPv6升级改造方面，升级相应的交换机、路由器、安全设备等，同时积极利用SRv6，结合广域网软件定义网络技术和IPv6网络切片技术，在实现40个单位IPv6互联互通的基础上，实现链路自动调优、网络切片、业务隔离的网络能力和业务路径检测、质量可视、端口级故障定位的高质量业务保障。可对网络承载的不同业务进行精细化带宽管理和专线网络故障自动切换，对防汛、视频会议会商等重点业务实现了实时随流检测，提高了网络基础的保障能力，确保业务时时刻刻有稳定的网络带宽和传输性能。

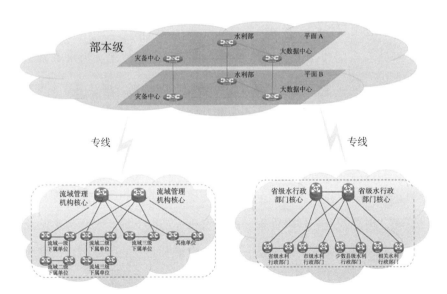

图3-14 基于IPv6+的水利信息网骨干网架构

（二）IPv6与水利政务服务

1.水利部网站群IPv6升级

水利部网站由水利部门户网站主站（www.mwr.gov.cn）和22个机关司局子站、11个直属事业单位子站和14个其他水利单位网站等超过40个子站组成。自1999年12月15日开通上线以来，历经六次改版升级，网站功能定位从单一宣传为主导到服务为驱动转变，网站栏目内容从单一简略到丰富多样转变，网站建设管理从各自为战向协同管理形成合力转变。多年来，在服务水利改革发展，宣传水利方针政策，传播水利信息，展示行业形象等方面发挥重要作用。2022年，水利部网站群访问量高达9.4亿，日均258万人次。

2019年以来，按照国家关于政府网站IPv6有关工作要求，结合水利部网站实际情况，充分利用IPv6和云原生技术对网站基础设施层、数据层、应用服务层、表现层等全面开展升级改造。

网站后台的IPv6升级改造使用云原生集约化技术，为水利部网站群、统一资源库与数据开放应用提供共同的基础支撑，减少100多项重复建设工作量，实现业务不中断，网络平滑升级。具有全媒体采编、管理中心等服务模块，提供面向前台具体业务应用的各类云服务资源，汇集文字、图片、音视频及业务数据库等多种媒体形式的信息资源，支持以业务组件的形态统一对外提供服务，提供站点管理、栏目管理、资源管理、权限管理、内容发布等功能支撑。水利部主站及各子站可根据业务发展的规模、需求、申请所需要的服务组合。集约化门户管理平台实现了100% IPv6网络支持和全云化支持，同时支持微服务架构，保证敏捷开发与高效扩展。在改造中也推进了数据共享共用，切实提高资源的利用效率。

通过升级改造，实现网站多级页面100%支持IPv6单栈，IPv6流量占比明显提高，信息采编、发布和公众访问的便利度显著提升。水利部门户网站获2020年度中国"互联网+"服务创新型政务网站称号，在国务院办公厅组织的2020-2022年度政府网站和政务新媒体检查中成绩名列前茅。水利部网站群IPv6升级改造也成功入选由中央网信办指导，推进IPv6规模部署专家委员会评选的2021年IPv6规模部署和应用优秀案例。

2.水利政务服务IPv6升级

近年来，水利部高度重视"互联网＋政务"服务工作，形成了包含12314监督举报平台、水利证照审批、水利企业信用、水利业务公众咨询等在内的面向公众服务的应用系统，在深化"放管服"改革、持续优化营商政务环境、推动数字技术广泛应用于水利政务服务、推动"一件事一次办""跨域通办"及电子证照应用等方面发挥了重要作用。

为提高服务质量，更好服务公众，对水利政务服务平台开展了全面IPv6升级改造。对应用系统开展包括服务器升级改造、应用程序升级改造及全量测试上线工作，确保应用系统在IPv4/IPv6双栈环境下稳定运行。完成移动小程序的网络配置和模块开发，支持手机端IPv6网络的直接访问。在完成IPv6升级改造的同时，也实现了水利部政务服务的一键登录、一网通办、一网通查，有效提高了服务水平。

目前，已实现网页Web、移动H5、App端的IPv6服务，多级页面100%支持IPv6，IPv6流量大量提升。年平均办理行政审批事项约8万件，办结好评率99.99%，为深化水利"放管服"改革，加快推进政府职能转变，持续提升营商环境提供有力支撑。实现涉水7类证照全部电子化，累计发放电子证照118万本，有效整合和共享水利信息资源。

特别是支撑12314监督举报平台搭起了水利行业"民心桥"，自开通以来，及时处理2800多起老百姓身边的涉水问题。

3.水利蓝信IPv6升级

水利蓝信是水利行业共用的移动工作平台，融合了即时通信、语音交互、视频会议、通信录、综合管理系统等多种移动应用。上线5年来，已覆盖2500多个单位，注册用户超过12万，每天处理消息14万余条，月均支撑视频会议超过400次，是水利日常办公使用较为频繁、支撑水利综合决策较为紧密的平台。

水利蓝信完成安卓客户端、IOS客户端、PC客户端等IPv6网络环境适应性改造，实现App全面支持IPv6单栈网络运行。进行应用发布改造，包括核心API平台模块、应用配置模块及PC端模块改造等，实现移动工作平台中的第三方程序包和第三方服务端IPv6升级。视频会议系统完成硬件终端、手机客户端、PC客户端、媒体服务器、代理服务器IPv4/IPv6双栈适配，开发IPv6防火墙、IP黑名单、IPv6终端状态实时监控告警等功能，提高系统易用性和运维能力。

通过IPv6升级改造，大幅提升IPv6网络流量占比的同时，水利移动工作平台平均连接时延降低至15ms以内，并发容量提升200%，用户综合满意度超过99%。

（三）IPv6与数字孪生水利

1.数字孪生水利建设对IPv6的需求

2021年6月，水利部将推进智慧水利建设作为推动新阶段水利高质量发展六条实施路径之一。随后，明确把建设数字孪生水利作为推进智慧水利的实施措施，提出统筹建设数字孪生流域、数字孪生水网、数字孪生水利工程，实现流域防洪、水资源管理与调配等水利业务应用的预报预警预演预案（"四预"）功能。

目前，数字孪生水利体系建设已成为支撑水利行业数字化、网络化、智能化的重要手段，也是水利高质量发展的重要驱动力。水利部提出至"十四五"末期，建成七大江河数字孪生流域，骨干水网中的数字孪生南水北调中线基本建成，省级数字孪生水网取得突破，大江大河重要控制性枢纽基本建成数字孪生水利工程，在重点防洪地区实现流域防洪"四预"，在跨流域重大引调水工程、跨省重点河湖基本实现水资源管理与调配"四预"，N项业务智能应用水平大幅提升，数据共享和网络安全防护能力明显增强，为新阶段水利高质量发展提供有力支撑和强力驱动。

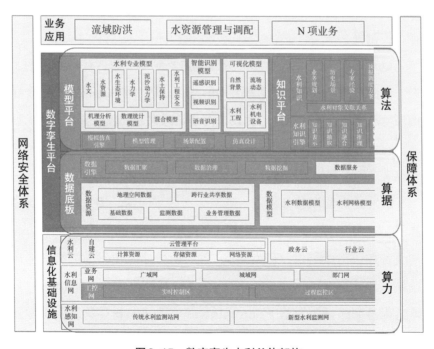

图3-15 数字孪生水利总体架构

数字孪生水利的建设离不开IPv6+等先进网络技术的支持。尤其是水利感知网、水利信息网、水利云等信息化基础设施中对IPv6的需求极为迫切。未来数字孪生水利体系应是构建在IPv6网络基础上的，才能满足海量传感器传输控制、海量数据传输共享、海量业务使用运转等场景的要求。

2.洪涝防御水利感知网IPv6应用探索

流域防洪是水利核心业务之一，也是数字孪生水利建设最重要的业务。在数字孪生水利建设中，明确提出了流域防洪领域预报、预警、预演、预案功能建设的技术路线。这需要在高质量网络基础上，采集实时准确的监测数据，并开展及时分析处理。IPv6等先进网络技术的地址唯一、公私网通用、协议安全、云网一体等特性将发挥积极作用，尤其是在感知网方面，可助力实现端到端的信息传递和调节控制等。

以粤港澳大湾区水旱灾害防御为主要应用对象，针对其河网复杂、高温多雨、内涝和风暴潮叠加的特点，从水旱灾害防御工作现存的环境恶劣、运维困难，监测设备网络延时大、丢包严重，水利工程站点间无法直接通信等痛点问题，以IPv6等先进网络技术为基础，探索洪涝防御水利感知网IPv6融合应用的端到端解决方案。

研发IPv6物联感知设备。针对大湾区洪、涝、潮三种典型监测场景，充分发挥IPv6技术优势，结合新建、替换、改造等不同前端设备IPv6升级需求，研发完成3款不同类型的IPv6前端物联感知设备。即基于4G网络的IPv6单栈多要素遥测终端、基于IPv6的一体化内涝监测设备和基于6LoWPAN的前端IPv6物联网路由，铺设IPv6单栈网络传输专线，开通了广东省第一张静态地址的IPv6物联网卡。

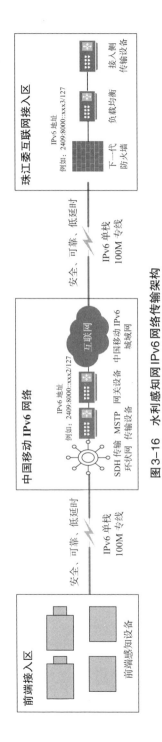

图 3-16 水利感知网 IPv6 网络传输架构

开发水利感知网IPv6传输与数据接收技术。改进传输层、网络层协议、构建IPv6单栈传输网络、研发IPv6单栈数据接收展示平台，实现NB、4G网络制式下的水文数据IPv6单栈端到端采集、传输、接收。

在粤港澳大湾区完成城市内涝监测、河口风暴潮、水库综合监测IPv6应用示范点，申请"一种IPv6水利智能物联感知方法、设备及系统"发明专利1项。并进一步推广应用至大藤峡水雨情监测站和南岗河IPv6内涝监测站，为数字孪生大藤峡建设提供有力支撑。通过试点探索，初步形成整套水利感知网升级改造解决方案，实现IPv6技术和行业需求融合，后续将持续推广深化应用。

（四）水利IPv6网络安全保障

网络安全是水利网络稳定可靠运行的重要基础，随着IPv6等新技术的融合应用，网络安全要素也逐渐发生变化。水利部在推进IPv6行业推广应用的同时，严格同步建设完善网络安全防护体系。通过强化完善组织管理体系、安全技术体系、安全运营体系、支撑保障体系四个体系建设，提高网络安全防护水平，确保IPv6环境网络安全。

建设网络安全基础服务，统筹建设身份认证、密码、威胁情报、代码安全检测等共性安全服务，为全网应用系统提供支撑。针对IPv6网络环境增加安全设备系统，部署下一代防火墙、零信任安全接入系统等13台套网络安全设备，增强IPv6网络边界和计算环境的安全防护。开发业务融合的IPv6威胁攻击检测算法模型，依托水利部网络安全威胁感知系统，开发基于威胁情报的异常扫描攻击检测、基于统计与无监督学习的数据恶意爬取监测等10多个IPv6网络攻击监测算法，基本实现IPv6网络威胁监测和攻击溯源。平均每天抵御攻击2万多起，处理网络安全告警50件，提供500万次基础安全服务，有效提升网络安全纵深防御和监测预警能力。

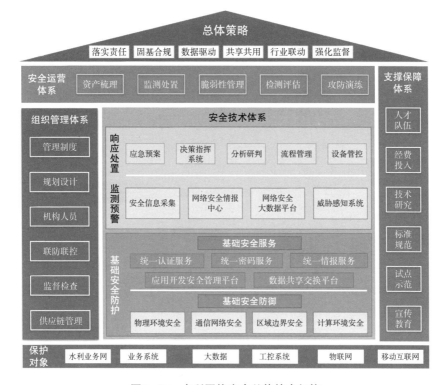

图3-17 水利网络安全总体技术架构

（五）水利IPv6应用展望

持续深化IPv6等先进网络技术和数字孪生水利建设的融合，提高水利数字化、网络化、智能化水平。在水利感知网、水利业务网、水利大数据中心，以及各项水利业务中，充分利用大数据、物联网、北斗、5G等先进信息化技术，实现网—云—应用—安全全方位的IPv6升级部署，全面支撑智慧水利发展。

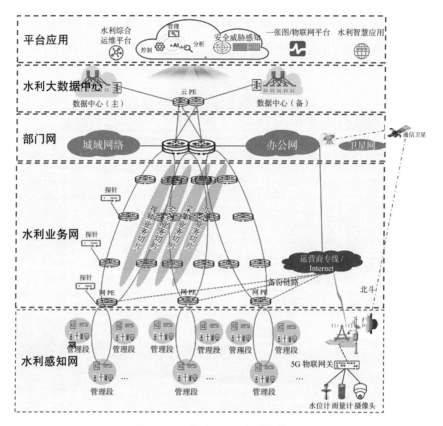

图3-18　水利IPv6+发展架构图

八、IPv6在金融领域的应用

（一）金融业务的发展趋势

2019年初，中国人民银行会同中国银保监会、中国证监会积极联合发布《关于金融行业贯彻〈推进互联网协议第六版（IPv6）规模部署行动计划〉的实施意见》（银发〔2018〕343号印发），系统谋划金融业IPv6改造方案，提出了金融业IPv6规模部署的规划和推进路径，强调以"保障系统安全稳定运行"为前提，采取"应用系统改造与软硬件基础设施升级相结合、递进式推进与增量式推进相结合"的工作原则，促进互联网演进升级与金融领域的融合创新。

2019年11月，中国人民银行科技司印发《金融行业IPv6规模部署技术验证指标体系V1.0》。该指标体系涵盖技术和管理要求，包括5大类11个验证项58个验证指标，完善了金融行业信息系统IPv6规模部署改造的技术要求，本着"科学量化，精准引导"的指导原则，系统形成统一、标准的评测方法，力求全面客观地评价金融业IPv6改造情况，对金融服务机构进行精准引导。

2021年12月，中国人民银行印发《金融科技发展规划（2022—2025年）》，把"架设安全泛在的金融网络"作为"打造新型数字基础设施"的重点任务之一，并提出"全面推进互联网协议第六版（IPv6）技术创新与融合应用，实现从能用向好用转变、从数量到质量转变、从外部推动向内生驱动转变"的任务目标。

2022年1月，中国人民银行、国家市场监管总局、中国银保监会、中国证监会联合印发《金融标准化"十四五"发展规划》，将"制定互联网协议第六版（IPv6）应用推广、检测评价等配套标准"纳入健全金融信息基础设施标准的任务目标，并积极探索零信任网络、无损以太网络等新技术应用标准，稳妥提升网络基础设施自动化、虚拟化、智能化水平。

金融行业除了通过政策牵引IPv6规模部署外，全国金融标准化技术委员会等各层组织同步通过构建行业标准进行规范性指导，推动金融行业IPv6演进升级和融合创新，关键的行业标准如下：

2023年7月，由全国金融标准化技术委员会发起并发布《基于SRv6的金融广域网络技术要求》金融行业标准（征求意见稿），该标准从功能角度制定了基于 SRv6 的金融广域网络的通用技术要求，是完善金融行业"IPv6+"技术创新与融合应用的重要举措，为金融机构构建金融广域网提供了新的技术思路。

2023 年 8 月，由全国金融标准化技术委员会发起并发布《IPv6 技术金融应用规范》金融行业标准（征求意见稿），该标准由应用验证、网络验证、安全验证、保障措施验证、运维验证组成，指导我国金融行业 IPv6 规模部署和应用工作高质量进行，为金融服务机构评估、指导应用系统及信息基础设施改造和建设提供依据。

从科技在金融行业应用的深度和变革来看，我国金融行业正在向提供无处不在的现代科技金融服务转型，这更加依托科技创新和技术升级，侧重业务前中后台的全流程科技应用变革，利用前沿技术对业务流程优化，并推动业务创新。金融服务变得无处不在，融入各类生活场景，提供"个性化、智能化、实时化、体验化"的金融服务。人工智能、物联网、5G、区块链等新技术为金融业务的发展提供了更多可能，以客户体验为中心，提供全渠道、无缝式、定制化的产品和服务，全面提升客户体验。金融的业务发展总体趋势有以下三点。

1.利用开放平台与生态合作伙伴提供完整场景化解决方案，如面向大众的消费类场景、面向企业的供应链金融场景、面向政府机构的金融缴费辅助场景等。

2.直销银行模式是当前我国商业银行互联网化的主流模式，使得商业银行不再依托实体网点和物理柜台，通过互联网、手机、ATM 和电话等远程通讯渠道为客户提供银行产品和服务，该模式具有获客半径更广、经营成本和服务门槛更低、不受地域限制、敏捷直达等优势。

3.利用大数据分析实现精准用户画像，能使 AI 技术进行业务推荐和个性化服务，如智能风控、智能推荐等，让用户体验再升级。

金融服务变得无处不在后，需要连接海量的终端，而海量的各类业务一方面需要规划大量的地址段，另一方面要求提供差异化的网络服务，如网络时延、网络带宽等。例如，针对存取款、转账、线上支付等关键、实时性业务，需要高可靠和低时延的网络；而针对办公邮件收发、文件上传下载等非关键、非实时性业务，在统筹考虑网络整体成本和资源利用率的基础上，为其提供可用的网络。

当前的IPv4体系无有效手段满足上述诉求。IPv6提供了海量地址，是构建万物互联的新一代网络基础，同时"IPv6+"对IPv6技术体系进行了全面升级，推动IPv6走向万物智联，满足多元化应用的需求，释放产业效能。IPv6网络可以在满足海量联接的基础上，方便地为不同业务提供差异化网络保障，符合金融行业的业务发展需求。

以中国建设银行为例，围绕着"住房租赁""普惠金融""金融科技"三大战略，中国建设银行持续在商业模式上进行创新，包括围绕服务实体经济，精准滴灌普惠、三农、科创等重点领域，探索租购并举的房地产发展新模式，助力化解房地产市场风险，支持"一带一路"建设等。商业模式的创新主要依赖于建设银行的双子星线上生态战略，通过不断迭代的手机银行让金融服务更加触手可得，巩固零售信贷第一大行优势。而这些商业模式的创新离不开中国建设银行的"TOP+2.0金融科技"战略，将人工智能、区块链、云计算、大数据、移动互联、物联网新技术深度融合。通过双子星线上生态战略，更多的连接接入银行网络，并且业务之间存在差异化的诉求，这也是建设银行坚定全面推进IPv6的原因。

（二）IPv6在金融领域的演进路线

1.演进挑战

IPv6技术在金融行业推进势在必行，但金融行业的业务连续性要求高，业务错综复杂，IPv6需要有节奏分阶段的有效推进。为了匹配业务和用户终端的IPv6演进迁移过程，网络应先行改造，满足IPv6业务和终端在迁移过程中IPv4和IPv6共存的通信诉求。在保障业务连续性、可持续演进、网络安全可靠等诉求下，金融行业应制定全局的演进策略，充分考虑创新技术的落地、存量架构优化等各方面的因素。IPv6在金融行业已推进了一段时间，目前纵观金融行业IPv6部署的实际情况，仍存在着诸多挑战。

IPv6改造难度大。金融网络架构庞大，涵盖数据中心网络、广域网络、多分支园区网络等，同时IPv6演进迁移过程涉及业务、网络、终端和安全的整体配合。金融业务数量众多，对业务连续性要求高，需要在兼顾业务稳定运行和改造建设成本的基础上，制定全面、准确的IPv6改造一揽子方案，难度大。

IPv6改造深度不足。部分应用IPv6改造不够彻底，应用系统、数据库及云平台的IPv6适配性有待提升。早期建设的数据中心、终端、服务器及部分域名解析、负载均衡、安全设备等应用基础设施IPv6支持度不高。

IPv6专业人才短缺。IPv6应用生态建设能否走向深入，归根结底是人才问题，只有组建起并培养业务精湛的IPv6专业技术队伍，此项工作才能开拓创新、稳步向前推进。然而当前IPv6人才严重短缺，已成为制约IPv6技术与应用创新最为突出的因素。

IPv6相关标准体系有待完善。一方面，随着IPv6规模部署和应用的不断深入发展，IPv6发展和评估指标需要进一步深入研究；另一方面，IPv6规模部署和应用等技术标准体系还需要在实践中不断积累和总结，并不断刷新对金融业IPv6发展演进、规划设计、建设选型等的支持和规范性指导。

2.演进目标

严格贯彻落实国家加快推进IPv6规模部署和应用的有关要求，深入推进金融机构核心网、分支机构网络、数据中心的IPv6改造，提升互联网应用系统IPv6支持能力，是"十四五"时期金融业系统IPv6演进升级的重点任务。IPv6规模部署是一个系统性工程，涉及工程实施、生态构建、过程度量、技术创新和标准制定等多方面。要加强顶层设计，充分研究，稳步推进金融业信息化体系平滑演进升级。金融行业IPv6的演进目标主要有以下三点：

保障系统安全与稳定运行。金融信息系统分布式架构转型、网络规模和流量持续增长、物联网及移动通信等网络发生新变化，对IPv6规模部署的网络安全性和可靠性都提出了新挑战。要继续坚持发展与安全并举，实现网络、应用、安全的协同，高度重视金融监控运维体系和安全防护体系建设，确保IPv6规模部署实施过程中网络和系统安全稳定运行。

协调规模部署与融合创新。以IPv6规模部署为主线，在部署实施和发展演进中，积极支持以"IPv6+"为代表的自主技术创新、应用创新、服务创新、管理创新，充分释放IPv6技术潜能和优势，加快构筑安全泛在的金融网络，推动实现金融IPv6网络从能用向好用转变、从数量到质量转变、从外部推动向内生驱动转变。

加强全局统筹与标准制定。深入研究金融领域银行、证券、保险、互联网金融等多种业态在业务需求、网络基础、技术能力和发展目标等方面的差异化要求，在推进IPv6规模部署规划和实施中，做好全局统筹，分类研究，因网施策。积极推进重点场景IPv6相关标准制修订与示范应用，以实现全行业上下游协同健康发展。

3.实施路径

根据金融业IPv6规模部署总体要求和演进路线，IPv6部署实施遵循"网络先行、云端并进、双栈过渡、逐步单栈"的原则，围绕网络、应用、终端、安全及相应的资源、支撑系统及制度管理等方面，遵循先试点、再双栈、并最终实现单栈的演进方案。在此过程中，改造方案需要以技术领先、架构最优、业务影响可控及经济可行为目标，制定体系化的IPv6规模部署实施指引，重点考虑IPv6地址资源规划、网络部署及终端与应用改造、安全管理和防护体系建设、运维支撑系统改造、流程体系规范建设等重点问题。

（三）IPv6在金融领域的成功应用

自2018年起，IPv6在金融行业（包括银行和保险等金融机构）的网络中得到了广泛部署。在人民银行、银保监会、证监会及互联网金融协会、支付清算协会等单位联合推动下，以"保障系统安全稳定运行"为前提，采取"应用系统改造与软硬件基础设施升级相结合、递进式推进与增量式推进相结合"的原则，确定三阶段递进式工作任务表。同时，搭建金融行业IPv6发展监测平台（试运行）（https://finance.china-ipv6.cn/），实现金融行业2000多个监测点的动态监测，监测IPv6部署进展。

在管理部门的指导和各家金融机构的努力下，金融行业IPv6的建设多点并发，如火如荼，取得了阶段性成就。金融业门户网站及面向公众服务的互联网应用系统IPv6支持率如图3-19所示，可以看到与

2021年底相比，IPv6支持率均有明显的提升。

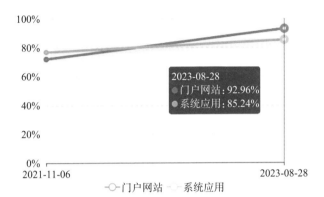

图3-19 金融门户网站及应用系统IPv6支持率变化状态（截止到2023年8月底）

根据金融行业IPv6发展监测平台的监测数据，截至2023年8月底，相关统计分析如图3-20所示，其中：

在门户网站IPv6支持率中，银行业为97.44%，保险业为82.99%，证券业为94.43%，其他为82.99%。

在系统应用IPv6支持率中，银行业为91.29%，保险业为53.21%，证券业为88.49%，其他为70.5%。

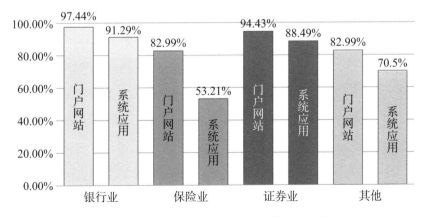

图3-20 金融细分行业门户网站与系统应用IPv6支持率（截止到2023年8月底）

在金融行业业务愈加多元化、金融机构持续构建"金融+非金融"生态以提升竞争力的大背景下，各类业务导致网络流量激增的同时，也使得网络链路资源利用率变得不均衡、业务体验难以保障。

受益于"IPv6+"的可编程、智能化等优势，"IPv6+"的落地可以使金融业务获得更好更快的业务体验。下文基于几个典型金融业务，介绍其背后用到的"IPv6+"技术，以及这些技术为金融业务带来的价值，希望可以为更多金融机构向"IPv6+"演进带来更加坚定的信心。

1. 5G+智慧网点

随着金融科技的深入，人们对金融网点的依赖性正在逐渐降低。金融网点作为直面客户的第一线，正在主动转变职能，打破刻板印象，构建全新的线下服务体验，提升金融机构的整体竞争力。当前大部分金融机构正在依托5G进行网点的智慧化建设，5G+智慧网点融合了5G、物联网、人工智能、远程交互、生物识别、"IPv6+"等核心技术，致力于创造智慧、便捷、绿色的数字化交互式新金融体验场所。5G、"IPv6+"等技术支持金融业务远程服务，扩大客户自助办理的业务范围。

例如，在中国建设银行的智慧网点的智能服务区，智慧柜员机运用生物识别、电子签名等技术手段，真正实现业务在线无纸化绿色办理。大部分个人业务、公司业务均可实现"一机通办"。

智慧网点除了提供常规的金融服务之外，还整合了周边景点介绍、门票预约、在线语音讲解等互动展示，市民通过点击屏幕和扫描二维码，即可沉浸式游览各个景点。这仅是金融智慧网点层出不穷的新型业务的一个缩影。

可以看到，现代金融行业打造的5G+智慧网点，会承载各类新型业务，而不同的业务对网络的带宽、时延、可靠性等要求不同。不管是金融网点本身的生产类、办公类基础业务，还是创新型的服务类应用，都需要通过网点网络与上一级机构互联互通。另外，由于网点地理位置分布较广，为了兼顾可靠性和成本，MSTP、MV（MPLS VPN）、5G等多种线路共存已成为金融网点组网常态，为此需要统筹协调多种链路资源，一方面需要提升总体链路利用率，保护投资；另一方面需分析不同业务特点，并为之提供合适的网络连通"套餐"。

智慧网点的网络建设中，可将SRv6延伸到网点层级，基于智慧网点中不同业务的SLA诉求，自动选择差异化线路转发，基于SRv6的路径可编程能力，灵活实现端到端业务流量的灵活调度。通过5G结合IPv6技术，针对重要的生产类业务，当检测到原有链路质量下降，无法保障业务时，将5G作为业务灾备使用，保证业务的连续性。例如，当遇到水灾、地震等不可控因素导致金融网点的上级机构不可用时，金融网点可通过5G直接与总部机构通信，从而保证业务持续不中断。

金融网点的生产、办公、物联等业务，大部分业务需要与总行数据中心互联，业务流量会穿越接入网、核心网的不同功能区，这给网络运维和故障定位带来了较大的挑战。此时可部署iFIT技术，实时监测网络对业务承载的质量，当发生网络丢包、时延增大、网络中断等情况，可以分钟级定位故障发生位置并第一时间上报给运维中心，大大简化了运维工作量，缩短了排障时间。

2.智慧金融安防

金融安防是指以维护金融机构公共安全为目的，借助安全防范技术以有效保障金融机构人员人身和财产安全，保证正常的工作秩序，为金融机构建立具有防盗窃、防入侵、防抢劫、防破坏等功能的安全防范系统。随着金融行业数字化转型的深入，安防也从传统的弱电领域向ICT领域转型，各种新型技术手段不断融合并深入应用。金融智慧安防已经融合了物联感知、人工智能及大数据等技术体系（如人脸识别技术、区域人数统计技术、人员行为分析技术、物品遗留检测技术、语音分析技术、门禁控制技术、入侵报警技术、热成像报警技术等），实现了对人、车、设备、环境、态势、空间等场景信息的实时感知、智能分析和自主控制，将传统安防的事后处理变为全时感知、实时管控和精准预判，提升风险事件的提前预警和主动管理水平。

以中国建设银行业为例，该银行的安防物联管理平台以维护安全运营为目的，为全行安全防范和消防管理提供智慧管理。该平台面向全行营业网点、金库、办公楼、计算机房、自助银行的海量安防设备和消防设备，利用物联网技术构建具有信息采集、传输、控制、显示、存储、管理等功能的平台，具备为全行各业务系统提供视频服务，为监管机构提供重点部位及区域视频，以及为全行日常安全管理工作提供可靠支撑的综合能力。

金融机构安防设备（如摄像头、录像机、门禁、对讲设备、安全报警系统、智能识别系统等）和消防设备数量庞大，大型金融机构安防设备的数量接近百万级别。近年来随着设备更新换代，传统摄像头等模拟设备逐步更新为数字设备，以及新安防设备入网等，对IP地址的需求急剧增加，给现有IPv4地址体系带来极大压力。同时，安防业务的主要流量类型为重点部位监控视频的存储与调阅业务，该业务的特点是大带宽需求、周期性轮询调阅、调阅时段突发流量高等特点，容易对金融的其他业务造成影响。

通过在金融物联网全面落实IPv6的端到端改造，实现百万级别各类物联终端有序入网，后续新终端均采用IPv6方式入网。同时，在广域互联方面引入成本相对较低的MV线路，均衡链路成本和带宽需求。

在安防设备所在的接入层面开始部署SRv6 Policy，通过设计灵活的调度策略，将金融安防业务流量调度到高带宽低成本的MV链路上。当金融生产类业务存在突发时，可合理占用MV链路资源，从而达到提升链路使用效率、提供高质量网络服务、实现线路精细化管控的目标。

同时，基于SDN技术与核心网SRv6 Policy完成端到端拼接，自动下发配置到各网络节点，大幅提升金融网点到总部机构业务的端到端开通效率，简化了网络部署的复杂度，降低了运维成本。

3.供应链金融

供应链金融是指金融机构围绕核心企业，管理上下游企业的资金流、物流和信息流，并把单个企业的不可控风险转变为供应链企业整体的可控风险，通过立体获取各类信息，将风险控制在最低的金融服务。随着社会化生产方式的不断深入，市场竞争已经从单一客户之间的竞争转变为供应链与供应链之间的竞争，同一供应链内部各方相互依存，处于供应链中上游的供应商，很难通过"传统"的信贷方式获得银行的资金支持，而资金短缺又会直接导致后续环节的停滞，甚至出现"断链"。供应链金融利用大数据、人工智能等技术优化各类风险管理系统，将数字化风控工具嵌入业务流程，提升风险监测预警智能化水平，提高供应链资金运作的效力，保障供应链的生命力。

以中国建设银行为例，该银行接受动产作质押，并借助核心企业的担保和物流企业的监管，向中小企业发放贷款。在这种模式下，该银行会与客户、第三方物流仓储企业签订《仓储监管协议》，客户将存货质押给建设银行，送交第三方物流仓储企业保管，银行根据质押存货价值的一定比例为客户提供融资。客户补缴保证金或打入款项或补充同类质押物后，银行会向第三方物流仓储企业发出放货指令。这就需要质押物在运输和仓储过程中能够被有效监控，这带来了海量物联的诉求。一方面，分散性的海量终端接入网络时带来了安全风险；另一方面，在IPv4时代往往通过NAT技术解决地址不足的问题，但NAT转换后导致地址溯源难，给网络运维带来了极大的挑战。

金融机构在供应链场景上全面推进IPv6端到端部署，新入网终端采用IPv6地址入网，在网络设备上避免部署NAT，地址在转发过程中不会改变。当终端访问行为识别异常时，可根据IPv6地址借助资产管理系统快速找到终端，并进行有效处置。未来，可以基于APN6技术，当终端访问物联平台时，由终端携带APN标签，并在网络中逐跳携带，可实现终端地址被人为恶意修改后的有效溯源。

以中国建设银行为例，在动产质押融资业务场景中，为应对质押货品在运输过程中出现丢失、盗窃或非法移动给企业带来的损失，以及给银行带来的管理风险，银行通过在运输介质上安装支持IPv6标准协议的智能锁绳监控终端，实时采集货品定位信息和告警信息，从而实现物流活动全程监测预警和实时跟踪查询，全面感知质押物状态和位置，并确保数据真实可靠，有效降低动产质押融资业务风险。

4.快捷支付

快捷支付是一种便捷的支付方式，它允许用户使用预先绑定的银行卡或支付账户进行快速支付，无须重复输入卡号、密码等详细信息。快捷支付的发展改变了人们的消费方式，使支付变得快捷便利。以支付宝、微信为代表的移动支付已融入人们的吃喝玩乐、旅游出行、缴费就医、政务办事等日常生活的方方面面。

快捷支付可以简化收款手续，方便购物消费的同时给金融基础网络也带来了挑战。以微信支付为例，消费者在扫一扫后，通过互联网入口接入三方平台如银联网联，银联通过三方接入区接入银行基础网络。由于银行普遍为多地多中心的网络架构，当微信支付流量进入银行基础网络后，会与金融网点生产、办公、物联等不同的业务混跑，尤其在遇到"双十一""618"等重大电商活动时，容易造成网络流量突发并对支付业务产生影响。

金融机构在金融支付场景上全面推进IPv6技术的落地，通过SRv6 Policy和网络切片技术保障不同业务的网络SLA质量，通过IFIT快速检测网络实时质量，为链路切换、负载均衡策略刷新提供可靠依据。

以中国建设银行为例，目前该行已经实现与微信、支付宝、银联等主流快捷支付平台对接。快捷支付流量要经过核心骨干网传输，整个通信交互呈网状结构，极容易出现路径负载不均的问题。建设银行引入SRv6 Policy和网络切片技术，将支付类业务独享专属带宽，通过设计灵活的调度策略，将流量分散到不同路径上。实现链路的负载分担同时，基于IFIT技术实时监测业务承载质量，当检测到网络出现故障后，可以快速切换到备份路径，保证支付业务连续性。

5.金融视频会议

金融机构的组织层级多、员工数量庞大，日常办公协作、培训、工作会议等需求十分普遍。传统协作模式下的组织和出差费用高，往往耗费大量人力、物力和时间，因此金融行业采用视频会议形式替代线下会议和培训已成为业内常态。

以中国建设银行为例，该行创新应用"龙视讯"云视频会议系统，已覆盖集团用户46万人，能支持行内、行外各种远程会议需求，支持工作部署会议、跨层级和部门的协同办公，促进建设银行快速、便捷的信息交互和协同。依托云视频、音视频服务，建设银行还在贷记卡、个人贷款等业务推出远程在线服务，客户足不出户就可以与银行工作人员"面对面"交流、在线办理业务，打破金融服务的物理时空边界。当前，云视频已具备IPv4和IPv6双栈接入能力，为用户提供更加安全、更加真实、更加便捷的视频会议体验。

同时，建设银行部署"4K视频会议"平台，以多重备份机制，为用户提供极致安全、极致高清的4K会议体验，为全行重要会议提供高效、可靠的远程沟通方式。"4K视频会议"平台对网络带宽提出了更高的要求，同时对VIP类会议，需要额外提供足够的网络SLA，保障VIP会议的端到端体验。这些都对网络提出了更高的要求。

针对每一路视频会议，可选择在网络边缘设备、会议终端或使用三方插件来为视频会议流量打上APN6的标签，并以此来识别不同的视频会议媒体流。其中，将VIP视频会议媒体流使用预留的网络切片转发，这样可对VIP会议媒体流优先预留足够的网络资源，保障VIP会议的端到端体验。针对其他视频会议媒体流，网络主动识别APN6标签，并在网络中进行基于SRv6隧道的负载分担选路，充分利用网络带宽，避免因网络拥塞而导致视频会议卡顿。

在网络运维层面，使用IFIT来对整个视频流经过的网络路径进行质量检测。当发现端到端的网络SLA（如网络时延、抖动）劣于预期的阈值后，则立刻自动进行逐跳的质量检测，定界质量劣化的节点，然后自动或手动地将原有视频会议流量切换到另一条健康的链路上，保障视频会议体验。整个检测结果通过运维系统可视化显示出来，帮助管理员快速定界定位故障。

（四）IPv6在金融领域的应用展望

当前金融行业IPv6规模部署已经逐步进入"深水区"，逐层深入推进网络、应用、终端的IPv6升级改造工作。随着"十四五"的逐步落实，金融数字化转型加速。"IPv6+"技术作为智能算力数字底座的重要组成部分，对实现充分发挥金融数据要素价值，全面提升金融服务质量有着不可替代的作用，目标实现"无处不在的联结，无所不及的智能"。

1."IPv6+"规模部署和应用改造持续深入，向上推动金融应用入云，联接智能算力，向下带动边、端延伸改造，打造泛在智慧物联。

2."IPv6+"的灵活扩展、APN6应用感知、精细处理的技术优势，与金融业务场景和应用类型日益丰富和多元化相契合。网络技术与应用保障相结合，通过高质量和可度量的联接，促进金融服务体验的持续优化。

3.安全可靠的网络基础设施是金融转型与创新发展的"数字底座"，"IPv6+"结合量子可信加密，APN6安全策略联动等创新技术，不断巩固和扩展网络安全防护边界，为金融业务平稳运行提供安全保障。

4."IPv6+"金融业务场景随着创新实践的深入，将不断扩展，例如进一步与大数据、AI技术融合，持续不断地推进金融科技创新发展。

九、IPv6在互联网与云平台及算力网的应用

IPv6在我国的规模部署和应用的一个重要目标是IPv6用户和流

量持续提升。特别是2020年工信部和网信办印发《IPv6流量提升三年专项行动计划（2021-2023年）》以来加强了对基础设施IPv6承载能力，激发应用生态IPv6创新活力的要求。互联网应用、应用基础设施CDN、云计算对IPv6的支持和规模应用对提升IPv6流量至关重要。因此本章将以阿里巴巴集团IPv6规模部署和应用作为案例，分析和介绍互联网应用，云平台和云上企业的IPv6部署应用最佳实践。尤其是面向AI大模型时代，以阿里云为代表的科技企业在IPv6算力集群网络的技术创新和应用情况。

（一）阿里巴巴IPv6规模部署和应用整体情况

阿里巴巴的IPv6规模部署和应用经历了时间上有并行的两个阶段：第一个阶段是IPv6规模部署阶段，从2018年到2022年，以用户和流量提升为主要目标，期间分为三时间段，开启了IPv6启动、用户数提升、流量浓度提升三个子项目。这个阶段IPv6展现了它最基本的价值，就是解决IP地址不够的问题。第二个阶段是IPv6创新应用阶段，从2020年开始通过研发IPv6的创新技术，极大释放了IPv6的价值，比如，对网络性能和质量具有极致要求的智算集权网络。

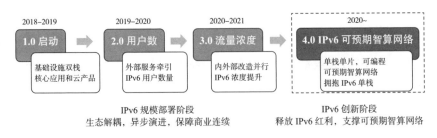

图3-21　阿里巴巴IPv6规模部署和应用过程

尤其是2021年开始的IPv6流量提升三年专项行动计划期间，阿里巴巴集团以IPv6流量提升为主要目标，重点突破应用环节IPv6部署短板，着力提升网络和应用基础设施服务能力和质量，突出在以下四个方面工作。

一是提高基础设施IPv6承载能力方面，已经完成主要机房网络和公有云主体的改造，累计在全国华东、华南、华北、华中等超过40个IDC开通IPv6网络服务，CDN完成超过1000个节点改造。2022年已经完成全部核心公有云全部可用域（Region）的IPv6升级改造。

二是在提升云平台能力，促进IPv6产业生态方面，阿里云致力于进一步降低用户使用IPv6的门槛，提供一站式IPv6的解决方案，已经形成覆盖全部场景的核心IPv6云产品和解决方案矩阵，并帮助全国Top 200中的App客户显著提升流量。

3.强化网络安全IPv6保障能力方面，随着IPv6规模化部署快速推进，为了保障阿里自身电商业务和云上客户在IPv6网络环境的业务安全，我们继续强化网络安全和IPv6保障能力，投入研发完善针对电商和云平台的IPv6全栈安全防御技术体系，包括IPv6网络地址风险库、IPv6恶意流量清晰技术、IPv6分布式高性能抗DDoS攻击网关，系列安全云产品的IPv6升级改造等。

4.在建立区域示范，加强生态协作方面，2022年11月在推进IPv6规模部署和推进专家委员会和浙江省委网信办的共同指导下，阿里云智能集团联合浙江省优秀企业和国内IPv6领域专家共同成立和建设浙江省IPv6规模部署和下一代互联网创新实验室，打造浙江省IPv6规模部署和创新应用平台，重点以应用、终端等环节IPv6规模部署和流量提升为切入，促进IPv6+新技术融合创新，为省域互联网创新做示范。

集团IPv6用户规模和流量实现大幅度提升。截到2023年6月，全国Top 200 18款App平均测试数据为95%，10款App超95%，整体稳中有进。集团月活IPv6用户超过8亿规模，以淘宝移动端App

为例MAU占比已超过90%。同时一些代表App如淘宝、淘特、盒马、钉钉等进入了IPv6-only阶段，可以在IPv6单栈环境使用核心功能。

基于阿里巴巴在IPv6用户和网络调度，IPv6云网络高性能设备，IPv6安全等方面的核心技术突破，阿里云牵头的"面向云计算和互联网业务的IPv6商用部署技术研发及大规模应用"项目，荣获2019年中国通信学会的科技进步二等奖，探索出了大型互联网和云计算企业IPv6规模部署的可行路径。

（二）大规模应用部署实践

1.淘宝IPv6演进概述

淘宝是国内电商的代表应用之一，具有直播、视频、图片、通信、支付等多个综合业务场景。淘宝的IPv6双栈改造是互联网IPv6部署和应用的一个典型代表，面向海量移动终端与云的IPv6商用部署与规模化应用，实现研发端业务无感升级、用户端体验不劣化，打造创新应用环境目标。

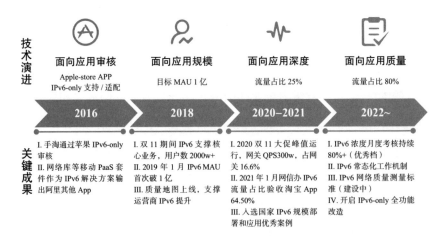

图3-22　淘宝IPv6技术演进和部署成果

淘宝App从2016年开始进行IPv6的支持改造，一直持续到现在。首次改造诉求来自App-store，在苹果商店上架的App必须具备IPv6-only的基础能力，淘宝App在2016年通过了苹果公司的审核，并将网络库等移动PaaS套件作为IPv6解决方案输出到阿里的其他App。

从2018年开始，淘宝App开始注重IPv6在业务上的实际应用，覆盖淘宝App的核心业务，2000万以上的淘宝用户首次在"双十一"期间通过IPv6链路完成购物，更是在2019年1月，淘宝App的IPv6月活跃用户首次突破1个亿。

2020年，淘宝App不止步于核心下单链路的IPv6支持，进一步提升IPv6链路的深度，使得更多的链路支持IPv6的访问，在"双十一"期间IPv6的请求量占比达到网关整体请求量的16.6%。经过淘宝App的持续努力，在2021年，淘宝App在网信办的IPv6流量浓度验收中，超过了80%（"优秀"标准）。

2022年开始，一方面要持续保障IPv6流量浓度的覆盖，为此我们建立了IPv6的常态化工作机制，保障流量浓度持续维持在高水位。其中IPv6年活跃设备数超过10亿，IPv6流量浓度超过95%。另一方面，IPv6链路下的用户体验也变得更为重要，IPv6网络质量的测量标准的建立也开始提上议程。

2.淘宝IPv6应用体系建设

淘宝App落地IPv6的挑战在于，IPv6基础生态发展的不平衡性带来复杂性挑战，以及复杂生产环境中IPv6的大规模应用挑战。起初三大运营商（电信、移动、联通）在不同省市的IPv6的覆盖率各不相同，有些覆盖率达到了90%，有些则甚至不足10%。用户的接入环境也较复杂，有用iOS（苹果）和Android设备接入，相同类型不同版本的系统对于IPv6的支持情况也各不相同，再叠加上接入的网络类型（4G、

Wifi）的差异，网络环境变得异常复杂，如何能够保障IPv6接入的质量，成为IPv6覆盖率进一步提升的最大难题。

为了在高速飞行的飞机上更换"引擎"，淘宝IPv6改造遵从了先易后难，先试点灰度成功再复制全国放量的原则，通过构建IPv6网络质量大图，结合各维度的精确调度和端上的网络策略学习与应用，优化IPv6网络下的用户体验，大幅提升IPv6技术落地的效率。总结下来主要有三方面的关键技术研发和突破，确保淘宝业务IPv6平滑迁移：

（1）主动式大规模网络质量拨测技术

当前业界并无可供直接参考的无线IPv6质量数据，在无参考数据的情况下，应用侧直接灰度放量，样本质量波动大，噪点数据多，放量决策价值不高。在业务正式上线前，必须对整个网络需要有端到端的全景式观测，为业务放量、调度做到有效可靠支撑。

针对现有基础网络IPv6发展不平衡的问题，设计了主动式大规模网络质量拨测系统。通过调度大规模端侧设备对指定IPv6地址提前探测，实现对基础网络IPv6质量的提前测量；通过在大规模移动端实现ping6、traceroute6等拨测指令，满足对网络的细粒度全景测量。在该体系基础上，通过对不同省份、不同运营商、不同设备类型、不同无线环境的多维度分析，实现基于用户侧的无线端到端大数据全景测量。

构建全球首个大规模无线IPv6监控体系，同时为国内运营商提供了可靠的问题发现与度量系统，进一步推动了国内IPv6演进速度。在应用侧业务安全定向灰度放量提供可靠的决策依据。

前置探测并不能代表实际业务质量，因规模大，影响面广，业务运行期实时监控，也是必不可少的环节。且实际运维中，故障的发现与原因排查，后续网络部署的优化与演进，均需要有效数据支撑。

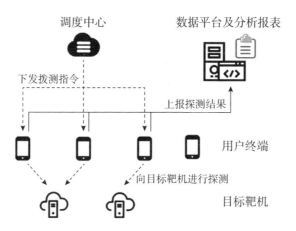

调度中心　　　　　　数据平台及分析报表

下发拨测指令　　　　　上报探测结果

用户终端

向目标靶机进行探测

目标靶机

图3-23　主动式大规模网络质量拨测流程示意图

（2）大规模精准化实时IPv6调度引擎

针对现有公网DNS在IPv6流量调度风险不可控问题，设计了大规模精细化实时IP调度体系。通过对单个设备直接下发IP来满足风险控制需求；通过直接对端侧IP识别实现精准调度需求。在该体系基础上，通过单个设备的多维度信息识别，可在地域、运营商、终端类型等多个维度实现细粒度精准调度。并在发现IPv6业务故障后，云上大数据分析服务，通过端侧实时反馈，快速感知问题区域，实现流量的智能调度与恢复。

在该调度体系中，我们通过基于拨测记录与业务结果反馈形成的大数据，通过智能学习，来为调度决策做支撑。同时我们利用高频业务的旁路指令，调度指令下发由拉变推，实现"基于弹指模式"的快速调度。

应用侧从原来的基于Local-DNS的间接调度升级为基于端侧设备直接调度，调度精度与时效大幅上升。产业侧为IPv6在应用上大规模落地扫清了障碍，极大加快了整个IPv6的发展进程。

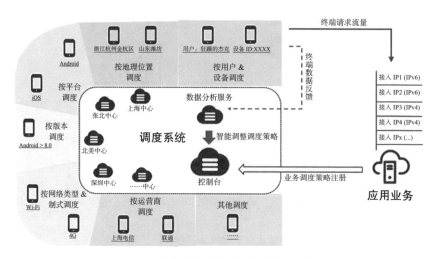

图3-24 大规模精细化实时IP调度示意图

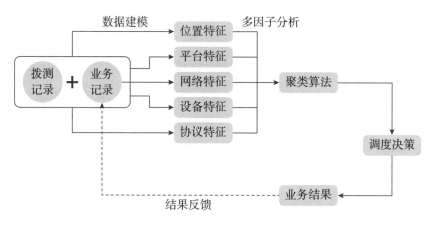

图3-25 大规模智能调度示意图

（3）基于移动应用的多IP多协议无损切换技术

针对移动网络环境的复杂性及低可靠性，开发了移动应用的多IP多协议无损切换技术。通过多IP并行建连技术，满足端侧在IPv6下快速Fall-back需求。基于该技术，端侧具备快速的黑洞逃逸能力，能够在不依赖调度体系的情况下快速自愈。同时根据拨测与业务反馈上报到控制中心调整判断参数（如某些型号、版本、某网络差的城市），依据综合指标进行不同滑落惩罚的时长。

（三）云平台支持IPv6赋能企业服务

1.云平台IPv6应用场景和解决方案

云平台支撑了大量中小企业数字化基础设施，IPv6的部署和应用也融入了这些企业数字化转型过程。企业在IPv6改造主要有以下几个痛点：

（1）业务连续性保障：IPv6改造涉及运营商线路和地址申请、网络/计算/存储等IT基础设施新建或升级、应用程序代码逻辑更改等事项，升级难度大、复杂度高，如何保障业务连续性？

（2）改造周期提速：国家推进IPv6规模部署行动提速，企业网站系统、互联网App等难以在较短时间内支持IPv6访问，如何压缩改造周期？

（3）投资成本受控：运营商线路费用、IT基础设施软/硬件新购或升级费用、集成服务费用等综合成本高昂，原有投资难以得到保护，如何降本增效？

阿里云IPv6规模部署的初衷就是降低云上企业IPv6的使用成本，更快更容易地获取IPv6能力。企业IPv6升级改造场景，可根据应用系统的所在位置分为云上和云下两类部署环境，根据改造方式分为转换过渡和双栈共存两条技术路线。阿里云IPv6解决方案可适用于如下三类典型场景：

场景一：云上应用系统进行IPv6/IPv4双栈改造。

场景二：云上面向公众服务的互联网应用系统具备IPv6访问能力。

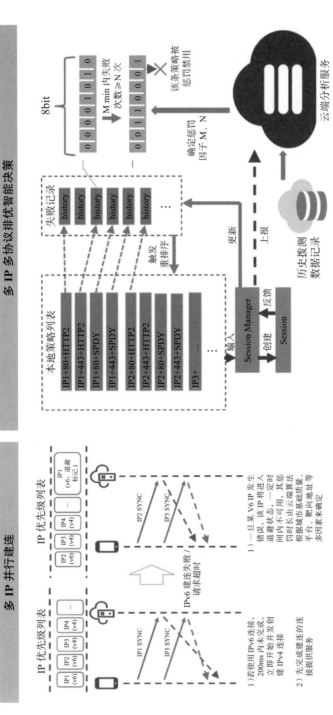

图3-26 基于移动应用的多IP多协议无损切换能力示意图

场景三：自建数据中心内面向公众服务的互联网应用系统具备 IPv6 访问能力。

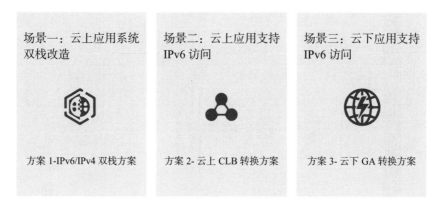

场景一：云上应用系统双栈改造	场景二：云上应用支持 IPv6 访问	场景三：云下应用支持 IPv6 访问
方案 1-IPv6/IPv4 双栈方案	方案 2- 云上 CLB 转换方案	方案 3- 云下 GA 转换方案

图 3-27　阿里云 IPv6 网络建设方案

针对企业 IPv6 改造难点和需求，阿里云提出了三个解决方案：

方案 1：IPv6/IPv4 双栈方案

针对场景一，应用系统基础架构的双栈改造需求：如何快速构建应用系统 IPv6 双栈改造所需的网络架构，如何保证应用系统 IPv6 双栈改造过程中的业务连续性，如何为双栈应用系统提供与 IPv4 一致的安全能力和内容分发加速能力。

此解决方案通过双栈专有网络 VPC、双栈云服务器 ECS、IPv6 负载均衡 SLB 等云产品，让您可以快速为 IPv6 应用系统创建独立的云上私有网络，或将当前云上私有网络无缝升级至双栈模式，大幅缩短 IPv6 升级改造周期并确保业务连续性。并按需选配 CDN 对双栈应用系统进行访问优化，通过 WAF、DDoS 防护包等云产品应对来自 IPv6 环境下的网络攻击。

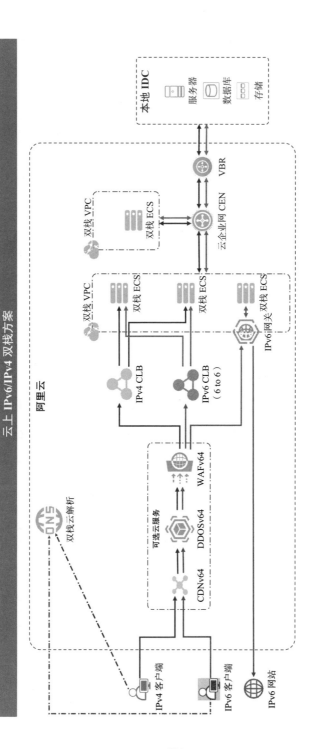

图 3-28　应用系统基础架构的双栈改造

方案2：云上CLB转换方案

针对场景二，企业需在规定期限内完成IPv6改造要求。在应用系统的程序逻辑和基础架构保持 IPv4 协议栈不变的情况下，如何快速具备为 IPv6 客户端提供访问的能力。

此解决方案通过IPv6负载均衡SLB，将来自 IPv6 客户端的访问请求转发至后端IPv4云服务器ECS，使得应用系统无须进行代码和架构改造，便可为IPv6客户端提供访问，实现云上业务平滑升级。

通过IPv6负载均衡CLB 6to4实现云上互联网业务平滑升级。将来自 IPv6 客户端的访问请求转发至后端 IPv4 云服务器 ECS，使您的应用系统无须进行代码和架构改造，便可为 IPv6 客户端提供访问，实现云上业务平滑升级。

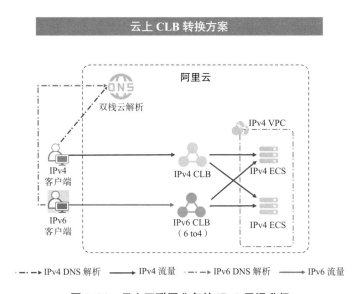

图3-29　云上互联网业务的 IPv6 平滑升级

方案3：云下GA转换方案

针对场景三，企业网站、App 基于 IPv4 网络架构部署在自建数据中心内，应用系统 IPv6 改造难度大且周期长。如何快速面向 IPv6 客户端提供访问能力。此解决方案通过全球加速 GA 为您的应用系统提供 IPv6 地址，承载 IPv6 客户端的访问，并将访问请求转换为 IPv4 协议发送至自建数据中心。

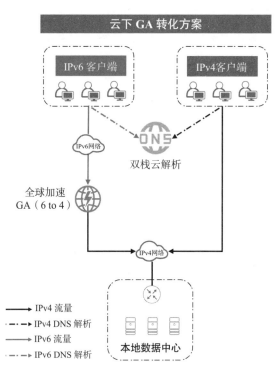

图 3-30　云下网站、App 的 IPv6 无缝改造

2.企业 IPv6 升级改造案例

（1）证券客户案例

国内某领先的科技驱动型综合证券集团，综合实力和品牌影响力位居国内证券业第一方阵。旗下移动财富管理 App 月度活跃用户数长期名列行业 App 第一，部署在阿里云。响应金融行业 IPv6 规模化部署的要求，该移动财富管理 App 需具备 IPv6 服务能力。

客户需求：

App工作于双栈模式，云上网络、计算等基础设施均基于双栈技术建设。App云上多地域部署，各地域均需支持双栈模式。

解决方案：

依托阿里云云网络IPv6解决方案，组合IPv6 SLB、IPv6网关、双栈VPC、双栈ECS、双栈云解析等多款阿里云产品，实现了涵盖互联网接入、流量负载分担、云上网络互通、云服务器部署的全面IPv6/IPv4双栈建设，并具备与IPv4同等的业务连续性保障能力。

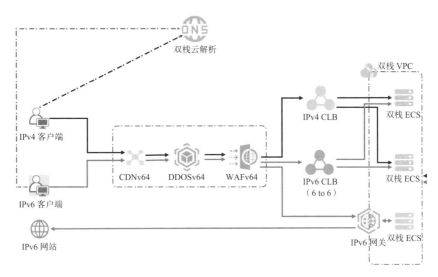

图3-31　某证券公司App云上双栈建设方案

方案实现效果：

方案相关组件快速开通和部署，确保客户App在监管要求的时间内具备IPv6服务能力。云上多地域IPv6能力就位，实现客户App的分布式部署和全国IPv6访问就近接入。

（2）某大型企业官网系统IPv6转换

某中央企业是国内领先的智慧能源和建筑科技综合服务商，其官网系统部署于本地数据中心。响应国资委IPv6规模化部署要求，亟须进行IPv6改造。

客户需求：

官网系统必须在规定时间内支持IPv6访问。改造方案需轻量化、兼顾成本及系统运行稳定性。

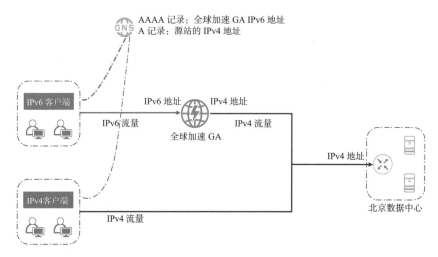

图3-32　某大型企业官网系统IPv6转换

解决方案：

使用全球加速和云解析服务，客户网站服务器依然沿用当前的IPv4公网地址，接入IPv4客户端的访问请求。全球加速服务提供IPv6地址接入IPv6客户端的访问请求，然后将IPv6协议的网络访问请求转换为IPv4协议请求，并通过智能路由送达网站服务器，实现IPv6客户端对网站的访问，同时能够为全球用户提供访问加速的增值能力。

方案实现效果：

无须单独采购硬件设备，无需对业务系统进行改造，分钟级完成IPv6 转换方案的部署。帮助客户以最短时间和最优成本，使网站系统具备 IPv6 服务能力，满足监管机构的改造要求。

（3）某云视频 App 和数据中心 IPv6 改造案例

某云视频是国内领先，针对家庭和企业用户推出的一款视频服务类产品。查看工厂、办公室等场所的实时视频、历史录像；通过"云视频"的报警服务，即时接收您所关注场所的异常信息，第一时间采取安全防护措施。

客户需求：

• 云 App、设备终端、流媒体、云存储等核心业务模块改造支持IPv6 访问

• 业务平滑过渡，用户体验不下降

• 2022 年云 App IPv6 流量占比达标（50% ~ 65%）

• 2023 年终端产品支持双栈，IPv6 流量占比达到良好（65% ~ 80%）

解决方案：

• 第一步：公有云通过 CLB 转换方案，云上系统保持 IPv4 不变，提供用户侧 IPv6 能力。数据中心采用 NAT64 方案，数据中心内网中间件/发布平台/运维平台等仍保持 IPv4

• 第二步：公有云/数据中心双栈化，应用业务逐步支持 IPv6

改造效果：

2022 年 3 月云视频 App 的 IPv6 流量占比为 36.04%，未达标。6 月份云视频 App 的 IPv6 流量占比为 62.26%，环比 Q1 净增 26.22%，已达标。

（四）IPv6创新赋能，可预期智算网络

从网络技术的演进角度看，前十年是经典网络时代，面向传统企业网和运营商网络互联需求；第二个10年是互联网应用时代，面对移动互联网和云计算的，出现了很多超大规模数据中心网络场景，SDN兴起由软件定义网络；而未来将进入AI智算时代，面对以ChatGPT为代表的通用大模型超大算力集群互联场景，算力集群系统的瓶颈逐渐由计算转移到了网络传输。AI智算时代对网络提出了极致高性能和稳定性的要求。

传统的数据中心和云计算平台无论是从硬件更迭、应用规模，还是架构演进，都无法满足当今大算力池化所需要的高性能网络互联需求。Best-effort尽力而为的网络能力无法持续稳定地保持极低的通信延迟、超高带宽、超高稳定性、极少的抖动。因此，"可预期的"高性能网络架构在大算力需求驱动下应运而生。这对于传统基于"尽力而为"的网络体系提出了新的挑战。

1.端网融合的可预期网络体系

为了应对AI计算定义网络的挑战，阿里云基础设施事业部推出可预期网络（Predictable Network），突破了单个芯片、单个服务器节点的算力上限，在超大规模情况下保障计算性能可以线性拓展，满足计算任务中的过程数据高效交换需求。可预期网络是一种高性能网络系统，以应用为中心，通过阿里云"全栈自研+端网融合"技术实现。该网络系统能够提供微秒级网络延时和带宽保障，可高效支撑万卡级规模GPU算力集群。相比于传统网络的"尽力而为"，可预期网络的概念代表了应用场景对网络服务质量更高的要求，让吞吐率、时延等关键性能指标"可预期"，具备质量保证（QoS）。该项技术创新也入选了《达摩院2023十大科技趋势》。

可预期网络以大算力为基本出发点，一方面，摒弃传统端侧计算、存储和网络分层解耦的架构，创新地采用端侧和网络侧协同设计和深度融合的思路，构建了基于端网融合的新型网络传输协议、拥塞控制算法、多路径智能化调度，以及芯片、硬件深度定制和卸载等技术的全新算网体系。另一方面，采用白盒化技术体系，采用IPv6/SRv6单栈＋单片＋可编程等技术，简化网络协议栈、减少网络处理流程、网络资源服务化，充分发挥IPv6的红利，满足智算集群网络的极致高性能需求。最终可预期网络能够大幅度提升分布式并行计算的网络通信效率，从而构建高效的算力资源池，实现了云上大算力的弹性供给。

2. IPv6可预期网络应用场景

在应用场景上，可预期网络实现了网络资源的服务化，以及网络质量的可视化，为业务提供多个维度的服务化能力，将"全网可控，智能调度"的水平提升到一个新的高度：

• 通过端网融合能力，使用不同的IPv6接入点，业务可选择极致低时延、低时延、低成本等路径传送服务，满足业务对于网络延迟和成本的不同追求；

• 通过端网融合能力，业务可针对最终客户（尤其是定制化需求较高的在线游戏类客户）的个性化需求，基于不同条件地选择不同的运营商出口服务，实现极致精细化的互联网流量调度；

• 通过网络可视化能力提供精细化的网络信息，并持续通过探针、拨测等手段监控所提供的各项网络服务的质量，及时发现故障并进行倒换；基于大数据引擎对数据进行分析，与流量调度系统互动，实现持续优化。

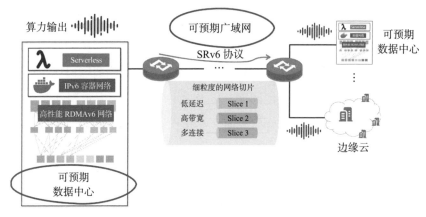

图 3-33

（1）可预期广域网 - SRv6 网络资源服务化

阿里云基于 SRv6 扩展实现数据中心的网络服务化能力，及精细化算力调度能力和水平扩展能力。SRv6 是一种新颖的架构，它提供了统一且唯一的 IPv6 数据平面，覆盖所有网络类型（广域网、城域网、数据中心、主机、容器等），并且通过合理的 IPv6 地址规划方案，SRv6 消除了边界网关的需求，使网络更简单，降低了多种协议栈以及跨域方案带来的复杂度。此外，得益于 IPv6 汇总（IPv6 最长前缀匹配）和负载均衡（使用 IPv6 Flowlabel），SRv6 以无状态和可扩展的方式，为业务创建各种网络服务，如 VPN、流量工程、网络切片和 NFV 策略等。

同时，通过 SRv6 技术实现端网融合能力，以 IPv6 地址实现应用标识和端到端调度，通过身份（应用/业务标识）与位置（网络路由）分离的方式，实现业务与基础网络的融合，使资源服务化；通过针对实际业务路径的网络质量探测与数据分析，实现网络质量的可视化。同时，端网融合技术将阿里云网络流量的分类、打标迁移至业务/端侧，如中心云网关 XGW、边缘计算网关 EGW 甚至是智能网卡，充分利用SRv6的网络编程能力实现任意端、任意接入、任意SLA、任意互联网出口的流量调度能力。

（2）可预期数据中心 - RDMAv6

阿里云基于IPv6实现了容器化的云原生智算集群网络，具备高性能、敏捷和高弹性。AI大模型训练需要高性能智算集群，云计算是实现这种大算力普惠的最可扩展方式。但要在云上提供高性能智算集群，就必须解决多租的问题，这对于通用计算而言不是个问题，但对于RDMA高性能网络而言则是充满了挑战，

阿里云于2022年在业界基于IPv4率先实现了RDMA over VXLAN，但如果将这套技术平移至IPv6，那么IPv6加上VXLAN封装所带来的开销将不可接受，为此，阿里云首创vSolar技术——在Native IPv6上原生支持RDMA，其基本原理是利用IPv6丰富的地址空间，在包头中嵌入租户信息，然后位于用户态的Solar-RDMA协议栈可以识别此IPv6包头中的租户信息。通过vSolar技术，消除了VXLAN封装，协议头开销减少30B，网卡流水线减少1次封装和解封装操作，减少了延迟开销，在自研FPGA上实现的性能可以非常接近于商业ASIC的性能。

3. IPv6可预期网络的开源生态

阿里云一直非常重视国内外IPv6开源生态体系的建设，并做了大量的投入。阿里云与SONiC开源社区的SRv6合作实现了SRv6 SAI的多个里程碑，协同推进开源白盒设备生态建设。如今，SONiC开源社区拥有了一套完整的SRv6解决方案，包括SAI、SONiC和FRR，可以在白盒设备中无缝部署和高效运行SRv6。截至目前，基于SONiC的自研交换机、自研路由器等设备正在服务于阿里云，承载大量的生产流量。同时，阿里云继续在SAI、SONiC和FRR方面进行开发，发起成立SONiC路由工作组并任主席，目前此工作组已有近170个成员；

积极推动路径跟踪功能在 SONiC 的支持，这些工作的目的是让整个业界简化网络基础设施，降低部署成本，充分发挥 IPv6/SRv6 技术红利，同时增强中国在开源社区的影响力。

4. IPv6 可预期网络展望

在 AI 计算重新定义数据中心网络和互联网的时代，IPv6 可预期网络将进一步演进。一方面算力数据中心内部的高性能计算、高性能存储和高性能网络之间协同，端网融合进一步加深。未来融合设计不仅仅停留在网络协议、流控层面，还会进入到芯片互联层面，即在设计 GPU 芯片、网卡芯片的时候就考虑与高性能网络的融合需求，闭环生态如 NVLink 和基于 Ethernet 的开放生态将并行发展。

另一方面多个算力机构和平台之间的任务和数据流通，形成算力互联网，实现多个算力机构和平台之间算力互通和调度。为了实现算力的互联互通，需要加强算力资源感知和发现、算力资源标识、算力调度等能力。IPv6 地址标识和 DNS 应用标识将在这一领域发挥作用，基于传统的服务寻址、流量调度功能，演进为算力调度。

十、IPv6风险库的关键技术和应用实践

（一）背景

IP 地址作为互联网中的"门牌号码"，在互联网中发挥着非常重要的作用。由于 IPv4 网络地址资源不足的问题严重制约了互联网的应用和发展，所以 IETF 设计了 IPv6 用于替代 IPv4。IPv6 作为实现网络强国战略的其中一项非常重要的任务，具有极高的现实意义。

IPv6的优势就在于它大大地扩展了地址的可用空间，IPv6地址有128位长。如果地球表面（含陆地和水面）都覆盖着计算机，那么IPv6允许每平方米拥有7×10^{23}个IP地址；如果地址分配的速率是每微秒100万个，那么需要10^{19}年才能将所有的地址分配完毕。仅存储全量/64 IPv6网段地址，其存储量是阿里云离线处理集群MaxCompute总存储的100多倍。

2021年7月，工信部、网信办联合印发《IPv6流量提升三年专项行动计划（2021—2023年）》（以下简称《行动计划》）。《行动计划》明确了未来三年我国IPv6发展的重点任务，标志着我国IPv6发展经过网络就绪、端到端贯通等关键阶段后，正式步入"流量提升"时代，我国申请的IPv6地址数量和AS支持的IPv6占比都得到了快速增长，IPv6的发展进入了"快车道"，如图3-34所示。

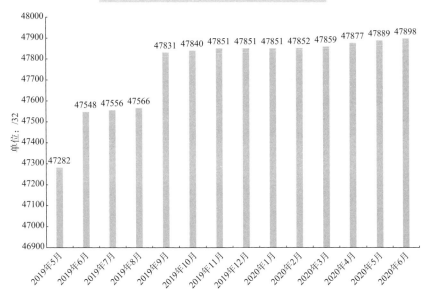

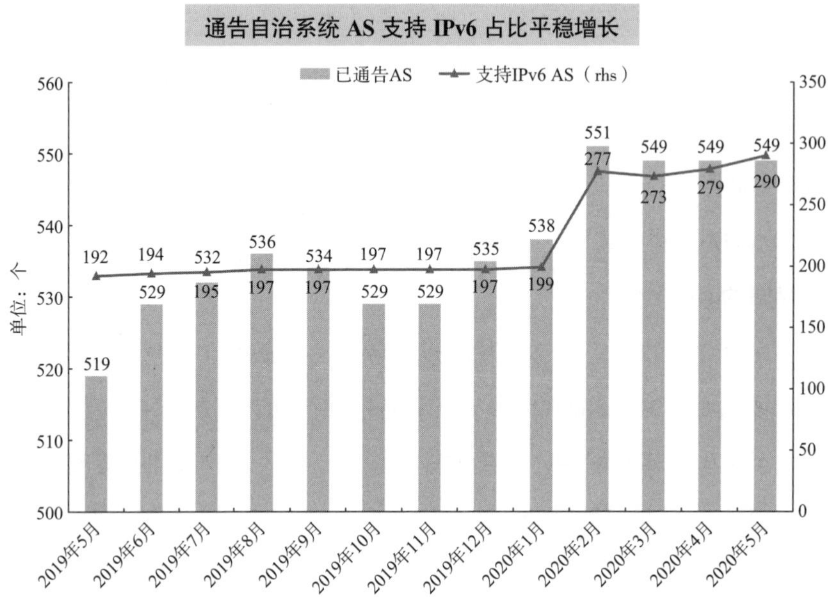

通告自治系统 AS 支持 IPv6 占比平稳增长

图3-34　中国IPv6地址申请及AS支持IPv6示意图

　　阿里巴巴紧跟国家战略布局，经过几年艰苦卓绝的努力，走在了网络强国战略实践的前端，并取得了卓越的成绩。目前，阿里巴巴全集团应用月活IPv6用户已经超过6亿，12款App核心应用IPv6流量占比超过50%，国民级电商App淘宝、天猫、闲鱼、高德IPv6流量占比超过80%。阿里巴巴的互联网应用业务大规模向IPv6迁移也充分说明了我国IPv6的网络和各项基础设施已经成熟，能够支撑大规模部署应用和创新。

　　随着阿里巴巴业务的迅猛发展，相关业务越来越复杂，系统的链路越来越长，运营玩法越来越多。在服务广大消费者的同时，线上滋生出了各种各样的黑灰产。如恶意爬虫、炒信、黄牛、秒杀抢购等黑灰产业务也随之壮大，破坏了良好的互联网环境。

　　随着IPv6规模化部署快速推进，各行各业对IPv6的使用越来越广泛。黑灰产也抓住了IPv6地址空间范围大和当前防御技术薄弱的特点，开始利用IPv6从事一些黑灰产的非法勾当。

（二）目标

IPv6风险库的建设目标是：给定IPv6地址，可以辅助识别出该地址是否是黑灰产利用的地址。通过该信息，拦截恶意爬虫、黄牛、秒杀抢购等黑灰产用户。保障正常消费者的权益。IPv6风险库在阿里巴巴的应用场景如图3-35所示。

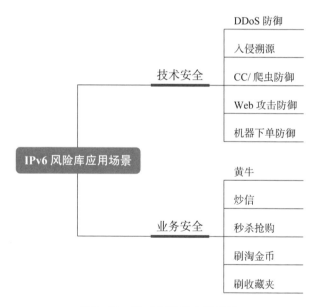

图3-35　IPv6风险库应用场景

对于不同的应用，不同的业务，不同的流量，我们通过一系列的算法和规则，结合安全专家的经验，形成了动态IPv6风险名单库。IPv6风险库在不同的业务生态中起到了不同的作用。如在基础安全领域的流量清洗系统中，命中IPv6风险库的机器流量会被要求登录或者触发验证码，从而增加爬虫的访问成本。在业务安全领域，借助IPv6代理、归属地等特征信息，通过制定相关的安全策略，有效地防范垃圾注册、黄牛、恶意退款等恶意行为。

（三）技术方案

融合互联网公开的码号资源注册数据、路由宣告数据、DNS日志数据、主动测量数据以及被动的流量数据等，研究数据间复杂的关联关系，基于智能关联算法，构建IPv6风险数据库。

（四）技术难点

与IPv4相比，IPv6最大的特点就是具有海量的地址空间。这个特点一方面使得IPv6具有取之不尽的地址空间，能够支持各种新的应用。另一方面也为IPv6风险库研发带来了新的技术难点和挑战，主要有以下几个方面，如图3-36所示。

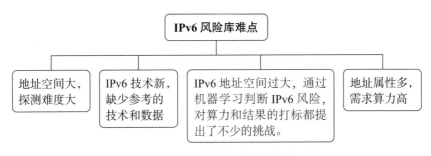

图3-36　IPv6风险库技术难点

针对IPv6风险库研发的难点问题，阿里巴巴的研发团队集中火力技术攻关，在多项技术领域取得了阶段性的进展。

（五）创新点

1.资产测绘引擎

IANA 是互联网名称与数字地址分配机构（ICANN）旗下的一个标准组织，负责 IP 地址和 ASN 的全球分配、DNS 根区域的管理和协议分配。在 IP 号码管理方面，IANA 主要负责根据全球政策将未分配的 IP 块池分配给 RIR，以确保跨地区的 IP 地址公平分配。

IP 地址的分配由 RIR 完成，并将分配报告给 IANA 以进行记录。域名和 IP 号码的全球管理由 ICANN 完成，ICANN 将互联网号码（IP 地址和 ASN）的管理委托给 ICANN 的一个子组织 IANA。然后，IANA 将互联网号码的分配委托给五个地区互联网注册管理机构（RIR）。五个 RIR 包括 ARIN（北美）、AFRINIC（非洲）、APNIC（亚太地区）、LACNIC（拉丁美洲）和 RIPENCC（欧洲）。

阿里巴巴针对 IPv6 海量空间下的地址测绘问题，构建了一套"分布式大规模准实时 IPv6 空间资产测绘引擎"。通过梳理全球地址资源分配的体系，建立完备的互联网码号资源数据库，数据做到每天实时更新，获得每天最新的全球地址资源分配数据。Whois 数据包含了基础的 IPv6 注册数据，是 IPv6 风险库的基石。

在测绘引擎的建设过程中，各个区域测量目标一致，每个区域测量任务负载均衡，有效地提高了资源的利用率，保障了数据的产出时效和降低探测成本，如图 3-37 所示。

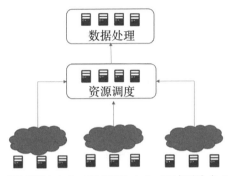

图3-37 资产测绘数据处理框架

2.图关系识别算法

Traceroute可以定位源主机到目标主机之间经过了哪些路由，以及到达各个路由器的耗时。通过分析黑灰产IPv6的路由信息，将相似路径的黑灰产IPv6地址信息通过GraphEmbedding-Node2Vec算法自动识别出来。

通过该算法，自动识别出具有相似特征的黑灰产的IPv6地址空间。如图3-38所示。

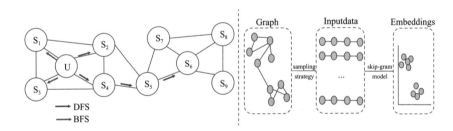

图3-38 图关系识别算法示意图

3. IPv6风险评分

通过对IP的特征包括IP的地理位置，网络标签如是否是Wifi、是否是IDC IP，风险标签如是否是爬虫IP、木马等，以及端口等其他信息进行抽取、分析、关联，并基于XGboost算法对IP风险程度进行了综合打分，如图3-39所示。有了量化的分数，更便于业务方在策略中引入使用。

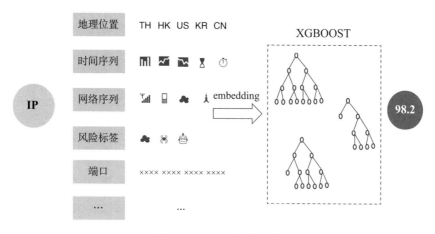

图3-39　IPv6风险评分

4.牛顿冷却定律

我们发现，随着时间的推移，首次发现的IP在后续几天再次作恶的概率呈指数下降的趋势，如图3-40所示。在物理学领域，用于描述物体温度与时间关系的"牛顿冷却定律"正好可以解释这种现象。套用牛顿冷却定律公式，我们就可以修正那些"休眠IP"的风险分数。

$$T(t) = T(t_0) \times e^{-k(t_0-t)}$$

（六）应用效果

阿里自研的IPv6风险库在阿里巴巴集团内部得到了广泛应用，支撑了包括淘宝、天猫、支付宝、钉钉、高德等丰富的产品矩阵和业务生态，每月有超过5亿的IPv6用户和商家在使用IPv6风险库识别流量中的恶意流量。

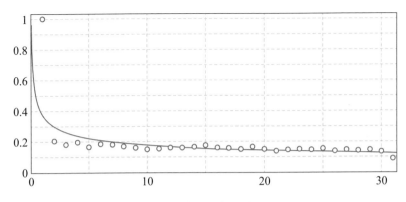

图3-40　牛顿冷却定律应用

IPv6风险库将混杂在流量中的恶意请求（CC攻击、Web攻击、爬虫、刷单、垃圾注册、垃圾消息等）进行清洗，提高最终提交到业务系统的流量纯净度，从而保障业务系统稳定性和消费者的权益。

（七）商业分析

在阿里生态体系中，每天黑客通过4000万次恶意访问，试图寻找系统安全漏洞，网络黑灰产通过爬虫发起17亿次恶意访问，试图窃取数据。仅在淘宝平台，每天会有400万次恶意登录尝试，在交易环节，阿里每天会完成亿级风控计算。

2020年"双十一"当天，阿里安全智能风控体系共拦截恶意请求59亿次，击退黄牛扫货行为1887万次，使交易系统的真实用户请求占比高达99.99%以上。这其中，IPv6风险库在其中也发挥了关键的作用。IPv6风险库为阿里巴巴经济体中的恶意流量进行清洗，保障了消费者的商业权益，营造了公平合理的商业环境。与此同时，为阿里巴巴带来了良好的经济效益[1]。

---

① 数据来源：腾讯网2020年11月13日。

十一、IPv6在智慧城市的应用

（一）智慧城市的发展趋势

自 2008 年 IBM（International Business Machines Corporation， 国际商业机器公司）首次提出"智慧地球"以来，开展智慧城市建设，精细化城市管理，合理分配资源，推进跨行业跨领域应用，促成城市健康、安全和可持续发展成为全球城市发展的必然趋势。

智慧城市是全球城市发展的新理念和新模式。根据国家标准GB/T 37043-2018《智慧城市-术语》中的定义，智慧城市是运用信息通信技术，有效整合各类城市管理系统，实现城市各系统间信息资源共享和业务协同，推动城市管理和服务智慧化，提升城市运行管理和公共服务水平，提高城市居民幸福感和满意度，实现可持续发展的一种创新型城市。

智慧城市的总体目标是联接每个人、每个企业、每个传感器、每个摄像头，让数据如血液般在行业内和行业间流动，不断创造城市数字化价值。所以，智慧城市应该是一个"善感知、能呼吸、会喘气"的有机体。在国家政策和后疫情城市治理的有力推动下，智慧城市迎来前所未有的机遇，进入了一个新阶段，开始以城市是有机体来认知城市内在规律，基于整体性和连续性从根因上解决城市面临的挑战和需求。

智慧城市有机体的架构如图3-41所示。在过去的智慧城市建设中，铺建了基础的"城市经脉"，也就是信息化浪潮中几张基础网络，构筑了"城市手脚"，也就是城市各行各业的智慧应用。对于一个完整的有机体，缺少的是"大脑"是运营指挥中心，"眼睛"和"血液"，也就是机器视觉和数据。所以，全面推进数字化转型是面向未来塑造城市核心竞争力的关键之举，从"云的融合"走向"数的融合"、从"打破孤岛"走向"联接孤岛"是智慧城市发展的必经之路。

从"云"的融合走向"数"的融合：过去是要让数据统筹上云，但未来在智慧城市里面，我们要真正发挥数据的价值，通过技术融合、业务融合、数据融合，充分发挥数据和AI的作用，从而造福老百姓，造福城市。

从"打破孤岛"走向"联接孤岛"：过去要打破孤岛，但实际上，打破孤岛是不对的，因为各行各业利用数字化技术，一定会越做越深。所以未来应该是联接孤岛，实现跨层级、跨地域、跨系统、跨部门、跨业务的协同。

近些年对于智慧城市的探索和尝试其实就是在联接智慧城市有机体各组成部分间的连线，而在连线的过程中，必不可少的会对网络提出更高、更快、更安全的诉求。以华为为代表的ICT企业在打造城市智能生命体已有诸多成功实践，通过覆盖城市"感传知用"全系统，融汇城市全域数据，构建包括大脑在内的完整数字化体系，让城市全感知可认知，会思考能行动，成为均衡发展、自我优化，生生不息的城市智能体。

一直以来，我国非常重视智慧城市的发展。

2015年，随着国家治理体系和治理能力现代化的不断推进，以及"创新、协调、绿色、开放、共享"发展理念的全面贯彻，城市发展被赋予新的内涵和要求，我国提出了"新型智慧城市"概念，全面推动了传统意义上的智慧城市向具有中国特色的新型智慧城市发展。建设新型智慧城市，是党中央、国务院立足我国发展实际做出的重大决策部署。

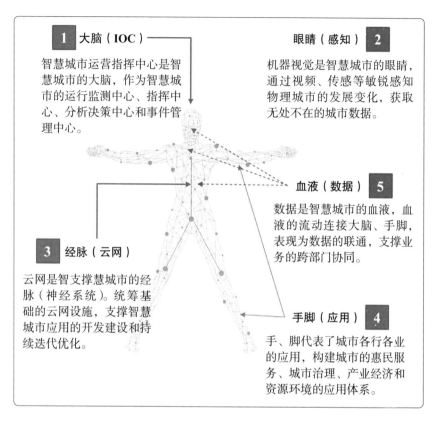

1 大脑（IOC）

智慧城市运营指挥中心是智慧城市的大脑，作为智慧城市的运行监测中心、指挥中心、分析决策中心和事件管理中心。

眼睛（感知）2

机器视觉是智慧城市的眼睛，通过视频、传感等敏锐感知物理城市的发展变化，获取无处不在的城市数据。

血液（数据）5

数据是智慧城市的血液，血液的流动连接大脑、手脚，表现为数据的联通，支撑业务的跨部门协同。

3 经脉（云网）

云网是智支撑慧城市的经脉（神经系统）。统筹基础的云网设施，支持智慧城市应用的开发建设和持续迭代优化。

手脚（应用）4

手、脚代表了城市各行各业的应用，构建城市的惠民服务、城市治理、产业经济和资源环境的应用体系。

图3-41 智慧城市有机体架构

2020年，习近平总书记在湖北考察时指出，要着力完善城市治理体系，城市是生命体、有机体，要敬畏城市、善待城市，树立"全周期管理"意识，努力探索超大城市现代化治理新路子。习近平总书记赴浙江考察时再次指出，让城市更聪明一些、更智慧一些，是推动城市治理体系和治理能力现代化的必由之路，前景广阔。

2020年期间，国家发展改革委先后出台了一系列政策，从城市治理、县城改造等角度为新时期智慧城市发展提出了更多新的要求。《2020年新型城镇化建设和城乡融合发展重点任务》明确提出实施新型智慧城市行动。《国家发展改革委关于加快开展县城城镇化补短板强弱项工作的通知》《国家发展改革委办公厅关于加快落实新型城镇化建设补短板强弱项工作有序推进县城智慧化改造的通知》等政策文件为县城智慧城市建设指明了方向。

2021年，"十四五"规划纲要中明确要建设智慧城市，"以数字化助推城乡发展和治理模式创新，全面提高运行效率和宜居度。分级分类推进新型智慧城市建设，将物联感知设施、通信系统等纳入公共基础设施统一规划建设，推进市政公用设施、建筑等物联网应用和智能化改造。完善城市信息模型平台和运行管理服务平台，构建城市数据资源体系，推进城市数据大脑建设。探索建设数字孪生城市"。

当前，我国智慧城市整体上处在大建设阶段。根据中国信息通信研究院以及新型智慧城市建设部际协调工作组出版的《新型智慧城市发展报告》统计，我国有218个城市已经启动智慧城市顶层设计，在建的智慧城市项目占全球48%，领先于其他国家。从IDC最新的统计数据来看，2016——2020年中国智慧城市投资规模从1070亿元增长至1937亿元，年均复合增长率已经达到了16%。

新型智慧城市已成为贯彻落实新发展理念，培育数字经济市场、建设数字中国和智慧社会的综合载体，新型智慧城市也是技术和产业发展创新的综合试验场，发挥着重要的引擎作用。新型智慧城市建设已经成为推动我国经济改革、产业升级、提升城市综合竞争力的重要驱动力。

（二）智慧城市的典型场景与架构

智慧城市在如今生活中的应用范围很广，在城市管理、智能交通、公共卫生等领域均有所涉及。智慧城市的典型场景可分为跨领域和垂直领域两类。

跨领域主要包括一网统管、一网通办、基层治理等。

一网统管：科技赋能，减负增效，城市治理高效协同。过去，事项权责不清，部门各自为政，数据不统一，信息不对称、协同难、基层人员负担重。通过构建"智慧城市综合运行管理中心"，将多个网格整合为一个综合网格，实现"多网合一"；基于智慧城市的数字平台能力，将分散在各条线部门的要素数据统一整合治理，打通信息壁垒，形成城市数据资产；基于网格化大联动平台，对各类事项和服务统一归并，实现"集中受理、统一分拨、协同处置、精准考评"；基于多维度数据融合和业务融合，辅助领导综合决策、效能监督。

一网通办：让数据多跑路，群众不跑腿，政务服务更有温度。围绕"高效办理一件事"，解决企业和群众反应强烈的办事难、办事慢、办事烦的问题，对城市高频服务进行环节精简和流程优化再造，实现"四减"，即减时间、减环节、减材料、减跑动。比如，群众通过集成"一窗式"服务菜单（如城市通），选择要办理的业务（如企业营业执照申请），填写一张表单，通过打通各委办局（如审批局、市场监管局、公安局、商业银行、工商局、国税局等）的数据（如电子证照），高效协同，最多1.5个工作日就可完成所有审批。

基层治理：全方位整合信息、流程，实现智慧化社会治理。城市每天发生的事件和案件最终都会落地到基层，国家机构改革持续推进，各地放管服、强镇扩权、加强基层治理等政策陆续出台。基层工作者的工作量越来越大。在基层不像在市县，没有几十个委办局，往往是一个小部门几个人对口几条或十几个条线的工作，人力不足的情况日益突出；由于没有先进的工作平台及信息化系统支撑，每天大量的手工表格，重复填报整理导致工作效率低下；没有大数据的支撑，完全靠基层人员的个人经验，不可得、不可信。

利用智慧城市中的信息化手段，打通多个部门的系统，构建基层治理一体化平台，为一线提供一个便捷统一的工作环境，一方面为基层工作人员减负，更重要的是能够实现社会治理的精细化、智能化。例如，通过大数据和视频分析发现大量可疑人员聚集时进行提醒，防止聚众吸毒、邪教、传销等危害治安的事件发生；如果发现某一户用水用电量极大，可能是群租房或者非法生产经营；一个房间持续多日收到大量外卖，有可能是群租房等。

基层治理一体化平台利用智慧城市新底座整合的基础设施，如视频监控、大数据、物联网等，结合网格化的管理手段能够高效发现问题及隐患。平台通过集成对接或者重构打通市县级各个条线系统，让基层管理者能够看到自己所辖区域的全貌，能够进行集中的决策指挥调度，让基层工作者不再手工处理大量表格、来回切换系统，更聚焦事件的发现和处置，提升市民的满意度。

以广州某街道为例，建设了基层治理平台后，案件投诉量下降了20%，有了数据的支撑，提前筛选掉不必要的上门排查，基层工作人员更聚焦重点，出租屋的排查工作量下降了30%。利用视频破案523宗，案件类警情、涉毒警情分别同比下降8.8%、14.6%。

垂直领域主要包括智慧水务、智慧环保、智慧城管、智慧供热、森林防火、阳光厨房、快清准一体化应急指挥、融合基础设施-车路协同、危化品全流程监管和智慧杆等。

智慧水务：打造全流程可视、可知、可控、可预测的现代化水务系统。原水务系统由于采用烟囱式建设模式，存在信息采集和感知不全、数据共享不足、智慧化程度不高等一系列问题，基于5G技术，以及城市数字平台、物联网、大数据、视频、AI等能力平台的统筹建设，实现真正的网联、物联、数联、视联、智联，打通水务神经网络，实现跨部门业务联动，保障水安全、用好水资源、改善水环境、修复水生态，优化水利工程建设监管模式，提升水事务服务水平，带来管理效率提升，成本降低，营商环境提升。以防汛排涝为例，基于城市数字平台，85%的易涝点在汛期实现了提前预警，预警及时性提升80%，并由此带来50%的内涝事故减少，真正保障了人民的生命财产安全

智慧环保：全省一盘棋，构建省市县一体化智慧大环保监管体系。"绿水青山就是金山银山"，建设生态文明是关系到人民福祉、关乎民族未来大计，是每个城市建设中的重要一环，国家也一直在强调把生态文明建设融入经济建设、政治建设和文化建设、社会建设的各方面和全过程。围绕环境信息获取不全面、信息割裂没有关联、污染溯源难、决策效率低等问题，构建"管当下，观全局，测未来"智慧环保解决方案，从底层终端设备到数据中心云平台，再到环保业务应用，实现环境预测预报、污染精准溯源，环境风险防范、环境应急决策，突显"真、准、全"业务价值。

依托5G、云、物联网及视频平台能力，智慧环保可实现对环境治理监测、河道污染巡查、污染溯源、全要求环境感知、污染源监测等多个应用场景，依托一张网、一朵云实现环境数据的汇聚和分析，实现省市县一体化的多个专题的一张图进行全局感知和实时运营指挥调度。

智慧城管：网格+技术创新助力城市管理智慧化升级。所有城市管理者都希望打造一个干净、整洁、有序、安全的城市，随着经济的发展和城镇化的持续深入，城市人口增加、市民对生活环境的要求标准也在同步增加，城市要管理的要素也越来越多，依靠传统的城市管理流程和现有人力越来越难以满足发展的需要。现在一个中型城市每

年处理几千种、上百万件事件，过去的处理方式是依靠一线工作人员人工发现上报问题，及时性和全面性不足；人工坐席对事件手工分类，派遣给责任部门，重复劳动多，对人员技能要求高，效率低；事件派遣给责任部门后，对进展跟踪和事后评价脱节，无法及时有效的闭环。

智慧供热：政府可管、企业可省、百姓可感的智慧供热体系。面向供热企业运营管理和政府监督管理的需求，通过智慧城市的智能分析能力、一次网/二次网/供热用户室温采集等感知手段、结合全网供热数据的全融合，实现政府可管、企业可省、百姓可感的多方需求目标。通过传感器获取最终用户的室内温度，各个单元基于AI的供暖策略进行控制，实现暖气温控，供热平衡。

森林防火：打造AI烟火识别引擎，让世界少一点灾害。森林火灾是全球发生最频繁、处置最困难、危害最严重的八大自然灾害之一，是生态文明建设成果和森林资源安全的最大威胁，甚至引发生态灾难和社会危机。中国人均占有森林面积和人均蓄积量分别只有世界平均水平的20%和12%，仅2019年就发生森林火灾2345起，受害森林面积约13505公顷，这些触目惊心的数字背后，是对生态环境造成的灾难性影响

森林火灾分为林下火和树冠火，早期火灾以林下火为主，一旦林下火发展为树冠火，扑救难度将成指数级别上升，甚至无法扑救。针对应急管理厅/局和自然资源厅（林业局）森林防火监测预警环节的火情瞭望覆盖率低，以人眼盯防为主，智能化、网络化普及率低，无法实现森林火灾的早扑救、早处置，通过构建涵盖前端监测预警、县区和地市监测预警与处置系统建设、省级林火值班值守中心等三个子场景化解决方案，为森林防火提供可视化、智能化、一体化的森林防

火监测预警解决方案。

阳光厨房：AI辅助提升监管效率，打造舌尖上的安全。为督促餐饮服务提供者加强食品安全管理，诚信守法经营，规范公开加工过程，推动餐饮服务食品安全社会共治，根据《中华人民共和国食品安全法》的有关规定，2018年5月市场监督管理总局制定了《餐饮服务明厨亮灶工作指导意见》，鼓励餐饮企业通过第三方互联网视频平台向公众公开后厨情况。鼓励企业响应市场监督管理总局的政策要求，联合行业内主流的合作伙伴，打造"智能巡查、实况直播、自动取证、积分增信"阳光厨房解决方案，把提供监管效率作为主要任务。

快清准一体化应急指挥：构建全局可视化应急指挥调度能力。应急指挥中心作为全省/市应急值守、信息接报、监测监控、决策参谋、指挥调度、信息发布的综合运转枢纽，为领导指挥处置突发事件，及市有关部门开展联合会商提供基础支撑保障。各系统将发挥救援指挥神经中枢和信息中心作用，实现上传下达、综合汇聚、协同会商、专题研判、指挥调度和信息发布功能，为构建统一指挥、专常兼备、反应灵敏、上下联动、平战结合的应急指挥体系提供支撑，有效应对突发事件。

融合基础设施—车路协同：未来智能出行的新型基础设施建设主方向。当前城市交通事故率高、通行效率低下、碳排放居高不下，通过将最新的信息通信技术，云，AI，计算等技术进行深度融合，打通信息壁垒，结合政府行业的场景化诉求，覆盖测试场、示范区、精准公交、智能物流、智能摆渡等场景，打造智慧的路、聪明的车、轻松的人城市一体化系统。面向"三测"（虚拟测试场、封闭测试场、（半）开放道路测试场）和"三用"（便民应用、自动驾驶应用、城市管理应用）场景，用5G打通"车端、路网、云平台、管控系统"四端，并可在"手机，PC，大屏"全方位部署应用。

危化品全流程监管：用ICT技术打造智慧的危化品全流程监管。我国作为世界上最大的危险化学品生产国和使用国，全国共有30万家危化品企业，分布于危化品全生命周期的各个环节和全国各个地区，各类化学品生产量已接近全球总量的40%，危险化学品生产企业多达1.6万余家，危险化工装置数万套，每年新增危险化学品超过1000种以上，给行业安全发展带来严峻考验。对监管部门来讲，痛点是缺少对企业安全生产进行监管的有效抓手和有力手段，中共中央办公厅、国务院办公厅、国务院安全生产委员会的一系列发文说明国家应急管理部已经充分意识到当前危化监管信息化存在的诸多问题。应急对危化品安全生产监管的对象包括人的不安全行为、物的不安全状态、环境的不安全条件等，侧重事前预警。

随着5G、大数据、物联网技术的广泛应用，应急管理信息化建设的重心从应急指挥调度向综合监测预警转变，强调企业生产主体责任，强调风险在前端闭环，走智能化监管之路。围绕危险化学品生产、存储、使用、经营、运输和废弃处置等企业，形成从企业、园区、地方应急管理部门到应急管理部的分级管控与动态监测预警体系，全链条基础信息共享和监管业务协同的危险化学品全生命周期安全监管，有效化解重大安全风险、遏制重特大事故。

智慧杆：引领新信息时代，点亮智慧城市和智慧园区。智慧城市发展，大量新业务涌现，传统灯杆也要面临智慧化转型。灯杆数量庞大，如能有效利用电、网、杆资源优势，将有效提高城市管理效率，促进智慧城市发展。面向智慧城市节能减排、物联网终端载体建设的需求，结合城市新基建建设趋势。

智慧城市可实现城市人、机、物的智能联接，是服务千行百业的新型ICT基础设施。其架构如图3-42所示，包括智慧城市运营中心、智慧应用、基础平台、基础设施四个部分。政府通过打造统一、融合、智慧、全面的网络底座，支撑智慧城市发展。

智慧城市运营中心。智慧城市运营中心整合数据展示平台、前端显示系统，集总体态势、决策支持、应急指挥、监测预警、事件管理、大数据挖掘和分析、数据仓库、大数据建模、数据治理等功能与一体，是城市运行发展的监测预警中心、智慧调度中心、指挥调度中心，是推动城市管理手段、管理模式、管理理念创新的系统工程，可提升城市服务能力和现代化管理水平，进一步增强城市综合竞争力。通过智慧城市运营中心的建设，科学配置城市资源，实现城市绿色持续发展；动态把握城市脉搏，确保城市运行安全有序；有效统筹政府数字化转型，提高城市运行效率；全面洞悉城市态势，推动经济社会高质量发展。

智慧应用。智慧应用依托基础平台层和基础设施层，打造智慧政务、智慧应急、智慧交通等应用，让城市更"聪明"，帮助政府全面提升公共服务和管理水平。

基础平台。基础平台基于平台化、组件化的总体技术框架思路，以平台融合为目标，加强平台共性支撑，面向"数据处理"建设数据平台，实现业务与技术分离、业务与数据分离、降低耦合度。通过数据交换共享平台、物联网平台、视频云平台、时空信息服务平台、公共应用平台等支撑数据的汇聚、治理和应用。

基础设施。基础设施层由政务云、电子政务外网、城市物联接入网、城市视频接入网、互联网/4G/5G、城市光传送网，以及各类终端组成，为基础平台、智慧应用、智慧城市运营中心提供基础设施和运行保障。

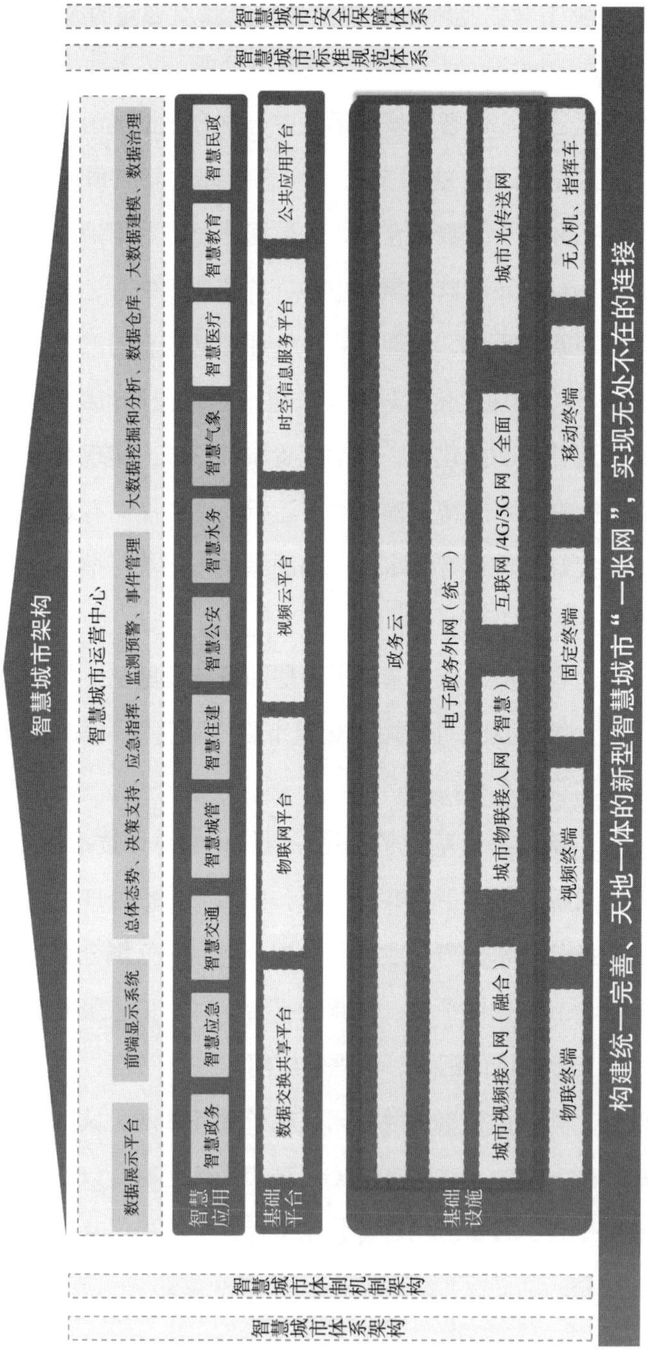
智慧城市架构
智慧城市运营中心
数据展示平台
前端显示系统
总体态势、决策支持、应急指挥、监测预警、事件管理
大数据挖掘和分析、数据仓库、大数据建模、数据治理
智慧应用
智慧政务
智慧应急
智慧交通
智慧城管
智慧住建
智慧公安
智慧水务
智慧气象
智慧医疗
智慧教育
智慧民政
基础平台
数据交换共享平台
物联网平台
视频云平台
时空信息服务平台
公共应用平台
基础设施
政务云
电子政务外网（统一）
城市视频接入网（融合）
城市物联接入网（智慧）
互联网/4G/5G网（全面）
城市光传送网
物联终端
视频终端
固定终端
移动终端
无人机、指挥车
智慧城市安全保障体系
智慧城市标准规范体系
智慧城市体制机制架构
智慧城市体系架构
构建统一完善、天地一体的新型智慧城市“一张网”，实现无处不在的连接

图 3-42　智慧城市架构

（三）IPv6对智慧城市的价值

智慧城市的核心是联接城市千行百业，让数据在其中自由流动，不断创造城市数字化价值。而联接的目标是联接每个人、每个企业、每个传感器、每路摄像头，让数据如血液般在行业内和行业间流动，不断进行价值创造。按照国家市场监督管理总局、国标委编制的国家标准《智慧城市数据融合，第一部分：概念模型》中描述，数据融合概念模型包括数据采集与治理、数据交换与共享、数据服务三大部分（如图3-43所示），具有广覆盖、全融合、高安全三大特点。

- **广覆盖**：在数据采集/治理方面，全域感知，获取城市百万/千万级的物联网终端产生的数据。某市共享平台数据交换量累计达33.31亿条次，日均交换量超100万条次，录入系统部门信息资源目录共1847个，存量数据共3.01亿条。

- **全融合**：在城市云和网络方面，集约共享，联接城市几十个市直单位，几百个市镇相关单位，几千家重要机构和企业，以及市区级政务云、专有云，实现高效、高质量联接。如某市委办局有42张专网；市级委办局有近200家。

- **高安全**：在城市安全防护方面，一体安全，体系化进行城市安全设计，全面防御安全风险；设计根本可信、自主可控的联接基础设施，作为城市运行的基础保障。

此外，在数据融合概念模型中，我们可以看到以数据流动为核心的四点清晰的智慧城市联接发展趋势。

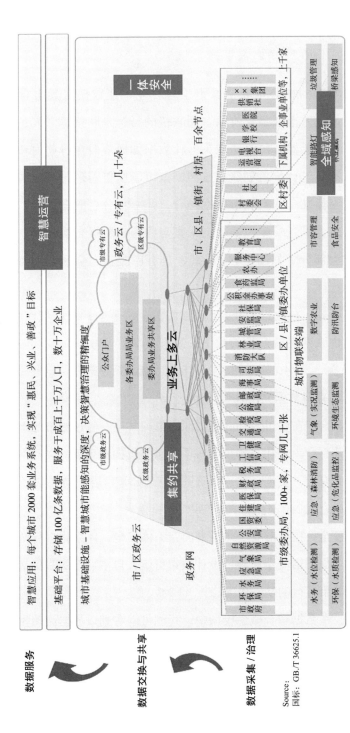

图3-43 数据融合概念模型

Source:
国标：GB/T 36625.1

释放城市数字化诉求，每个物联网终端拥有独立的IPv6地址。IP地址在联接中承担着基础性职能，是城市数字世界的"通行证"。当前智慧城市的地址分配主要由政府部门分配，如全国政务外网通信的公共IPv4地址共64个B，由国家信息中心统一向CNNIC申请并向各省政务外网管理部门分配。当前全网地址基本分配完毕，按照实际使用情况看，每个部门平均分配到地址不足32个（大量单位不足4个，普遍使用NAT）。而另一方面，智慧城市要求构建广泛覆盖的城市物联网基础设施，每个城市的IP地址需求量1000万成为刚需。2020年《上海市推进新型基础设施建设行动方案》中要求发展城市新型基础设施，"十四五"打造全球新一代信息基础设施标杆城市，构建全球一流的城市智能化终端设施网络，包括1000万社会治理感知节点、10万充电终端、100所标杆学校、20家互联网医院。

IPv6地址全面单栈部署是智慧城市确定发展方向。国家信息中心已明确要求，到2023年末，政务外网原则上不再新分配IPv4地址；到2025年末，各级政务云完成IPv6资源池建设，新建应用规模采用IPv6单栈方案部署，完成部门政务外网IPv6改造，新建办公终端规模采用IPv6单栈方案部署；到2030年末，各级政务外网完成向IPv6单栈演进，关闭IPv4通道，不再提供IPv4访问。

构建广覆盖全域感知联接，加速城市感知智能化建设。智慧城市能感知的深度，决定智慧治理的精细度。新型智慧城市要求物联网能够延伸到城市的末端，实现全域覆盖、融合共享、海量管理和物联安全，满足城市全面数字化感知和数字化发展的诉求。物联网要做到全域覆盖，即是指能够覆盖城市乡村道路、水库、农田，以及边远气象监测站。要满足在恶劣环境、恶劣天气下的部署和数据采集。尤其是越恶劣的天气和灾害环境中，物联网感知数据的价值越大。因此要求联接具有无处不在、随时在线的能力，在无电无网，恶劣条件下，依然做到数据不丢。SH市"一网统管"市域物联网运营中心第一批接入7个区近百类、510万物联感知设备，每日产生数据超过3400万条。

面对复杂的物联网环境，提供有线高品质和5G移动接入的网关，支持有线无线备份可靠回传、物联终端安全认证、十万级网元统一管理，以及应接尽接的高性价比解决方案。

构建数据交换共享全融合联接，使能城市云网高效互联。智慧城市要求ICT基础设施集约共享、业务高效高质量可达。第一，业务一网通办、跨省通办，把百姓的线下办理业务转到线上办、掌上办，全国31省80%业务已经完成了基础业务上云，"十四五"期末高频业务平均上云率90%以上。第二，不同部门间的数据高效协同、按需互通，如数据上云业务、视频会议/视频监控业务、安全加密业务、部门生产业务快速、安全建立互访联接。第三，国家/省份数字政府"十四五"要求信息化集约共享，部门间专网整合，一网多用，统一承载，同时又能保障不同业务体验、高效运维管理。

面对智慧城市复杂的业务构成（专网整合强调安全和差异质量、城市视频网万路高清流量大增长快、城市物联网数量多覆盖广流量小），采用基于"IPv6+"的城市一张网，集成智能管控、网络切片、随流检测、视音频重保等核心技术，为城市提供高品质、高可靠、高安全、可扩展的联接数字化底座。

构建城市安全体系，为智慧城市的数字世界保驾护航。新技术成为双刃剑，给智慧城市发展注入新动能的同时，也带来如下新的安全风险。

● 攻击面扩大。物联感知网连接着全市海量的物联终端，比如，某新区每平方公里就规划20万个传感器、某市5万摄像头，这些物联终端结构简单，本身运算能力不足，自身无安全防护能力，而且由于分布广难以有效管控，极易被非法劫持或私接及仿冒。同时政府移动办公需求越来越强烈，在国家暂无明确政务无线办公标准情况下，很多单位都私搭Wifi无线网，带来传统边界越来越模糊，攻击面越来越大，安全风险增加，需要构建严格的安全准入管控机制和防护体系。

● 数据更集中泄露风险加剧。智慧城市大数据平台汇聚各行业各领域的政府、企业和个人数据，数据需要共享流通，传统边界隔离防护手段已无法满足数据的隐私保护或敏感数据防泄露，而且利益驱动下的内部人员违规行为，或未遵守规范误操作的导致数据外泄的情况屡有发生，需要有数据全生命周期安全能力，解决数据的流转、共享、开放、使用的安全问题。

● 安全碎片化。目前各城市的安全建设存在普遍的共性问题就是委办局端侧、政务网、政务云等分段管理，归属不同运维主体，规划和建设也是各自为政，导致缺乏体系化，攻击者一旦从薄弱点入侵后会跳板攻击政务网甚至到云内核心数据，缺乏统一分析和迅速阻断能力。同时安全由于专业性强，没有运营能力会导致安全效果无保障，而且运营平台支撑安全管理流程要求落地执行，所以需要构建体系化的安全能力，通过安全服务保障效果。

● 攻击专业性更强。黑客攻击手段更加隐蔽，发现难度上升，而且智慧城市也容易成为敌对势力或黑产组织的攻击对象，攻击方法越来越趋于自动化和工程化，攻击行为特征越来越不明显，常规防御手段已无法抵抗，需要有智能安全分析能力提升安全防御水平。

面向智慧城市复杂的安全风险和挑战，需要基于"IPv6+"，构建云网安一体架构建设分层智能防御体系，通过网络层探针采集+分析层精准发现网络威胁，管控层网安协同边缘处置，全场景终端零信任准入，为智慧城市的数字世界保驾护航。

（四）IPv6在智慧城市的成功应用

新一轮的建设热潮为智慧城市开启"加速键"，各具特色的"智慧城市"标杆相继涌现。中山市地处粤港澳大湾区几何中心，适逢"双区驱动"的重大历史机遇，正奋力打造"湾区枢纽，精品中山"，以智慧城市建设为契机，向"打赢经济翻身仗，重振虎威，加快高质量崛起"迈进。

业务背景

在智慧城市的建设中，网络是底座，也是基础。要致富，先修路；要智能，网先行。秉承智慧中山，网络先行的理念，《中山市推进新型基础设施建设实施方案（2020-2022）》中提出"成功构建以新发展理念为引领、以技术创新为驱动、以信息网络为基础，面向高质量发展需要，提供数字转型、智能升级、融合创新等服务的新型基础设施体系"。

随着政府服务对象的网民化、应用移动化、服务需求多样化等趋势日益明显，中山市电子政务应用不断深化，成为各级政府部门高效运转、创新管理和改善公共服务的重要支撑。"新基建"加快实施，推动着中山电子政务业务系统智能升级，也对政务网络的前瞻性、智慧化、可靠性、安全性提出了更高的要求。

联接智慧化：网络是智慧城市的"神经"和"动脉"，智慧中山要求网络架构清晰，畅通无阻，管理便捷。中山目前已建成的业务专网约有二十个，专网之间的数据融合难，重点单位重复接入多个专网网络，专线带宽利用率低，出现故障难定位，不便于网络的整体管理运营。

规划前瞻性：网络作为基础设施是生产力，要前瞻规划，同时，需要满足国家颁布的"IPv6规模部署行动计划"，加快推进IPv6网络升级改造。

感知全覆盖：无处不在的感知是城市治理主动精细的基础，只有感知到才能主动，感知的深度决定城市治理的精度，而感知离不开无处不在的网络。

解决方案

新一代中山电子政务外网以"同架构、广覆盖、高可靠、富能力"的思路建设来建立统一的城市一张网，打通前端感知通道，延伸智慧中山的"数据触角"，形成天地一体的感知管理服务网络。

城市一张网：一网多平面，延伸感知，保障业务体验。作为智慧城市"大动脉"，电子政务网的整体规划前瞻性的考虑了智慧城市"一网多用"的诉求。采用逻辑平面或者联接互通的"一网多平面"的设计，承载政务外网、视频大联网、物联网、5G政务网等业务，支撑城市精智治理。联接由镇街延伸至村居节点，可感知更多委办局、机构、企业、人员，联接万路高清视频，满足政府未来规划联接十万级终端及传感器的诉求。

新一代政务外网整体采用先进的"IPv6+"技术，通过SRv6来实现网络的智能化管理，未来可支持网络切片能力。新网络的上线既响应了IPv6改造的政策要求，同时有效解决原有电子政务网络业务开通慢、体验差、运维难等问题，支持委办局业务一跳上云。

采用SDN+SRv6 Policy技术可基于带宽、时延进行选路，就像给网络装了一个智能导航，当某条路出现拥堵时，就自动切换到另外一条路上，保障带宽均衡，体验最优，满足业务质量保障和安全隔离的要求。

智能链接：协同联动，质量可视。网络运维平台采用最新SDN解决方案，实现数据的采集、监控、分析、控制和协同，由分散管理向集中管理转变，由无序服务向有序服务转变，实现硬件资源和软件资源的统一管理、统一分配、统一部署、统一监控和统一备份，提升政务网络运行维护与管理效率；"大数据+AI"技术自动构建故障传播图谱，实现根因推理，75种典型网络故障实现分钟级定位；通过物联管理平台将海量物联终端统一接入，未来面向泛在智能感知网，接入智慧杆站等物联终端采集上联的数据；通过智慧城市运营中心大屏统一呈现，城市互联网和物联网的健康质量实时可视，保障系统高效稳定运营，开启"联接小脑"，走向联接智能化时代。

2020年底，中山新一代电子政务外网已成功上线。中山"一网"先行，树立了全国政务外网高标准、高质量的建设样板，为建设"全省一流、全国领先"的中型城市"智慧城市"样板打牢基础。

（五）IPv6在智慧城市的应用展望

面向数字社会，数字政府服务的内涵与外延正在发生变化。管理模式从传统粗放型管理向着集约化、智能化建设演进。智慧城市作为连接数字社会和数字政府的纽带，正带来一场深度的社会变革。为此，数据要面向社会开放共享、创造价值，丰富的应用将汇集上云，海量的物联终端也将汇入智慧城市。

未来，将加强AI、大数据等技术在城市规划中的应用，促进产城结合、城乡融合发展。建设城市大数据平台，构建多元异构数据融合的城市运行管理体系，实现对城市基础设施和重要生态要素的全面感知以及对城市复杂系统运行的深度认知，实现市域治理"一网统管"。构建城市智能化基础设施，发展智能建筑，开展以智慧服务终端、智慧充电桩、智能停车系统等为载体的智慧建筑、智慧社区的示范应用，建设高效、智能的城市服务网络。

十二、IPv6+在冬奥会的应用

2021年，中央网信办发布《关于加快推进互联网协议第六版（IPv6）规模部署和应用工作的通知》，目标是加速释放IPv6技术潜能和优势，全面促进IPv6技术演进和应用创新，构筑下一代互联网发展新优势，带动和赋能千行百业数字化转型。至此，IPv6规模商用部署进入新阶段，"IPv6+"发展也进一步提速。其中，2022年2月，中国联通将"IPv6+"技术首次应用于北京冬奥会，这不仅仅是"IPv6+"技术在冬奥会上的首次亮相，同时也为其后续在各行各业的创新应用积累了丰富的实践经验。

北京2022年冬奥会的数据专网需要承载共享互联网服务，"媒体+"（Press plus）服务和互联网专线服务，同时在业务快速开通、用户灵活接入、确定性体验、网络智能运维等方面都提出了新的要求。

"媒体+"服务是为购买该服务的新闻社提供专用网络解决方案，即为每家新闻社分别组建一个虚拟专用网，提供赛时照片"即拍即传"和文件回传至媒体中心的各家媒体独立工作间的服务。普通终端（手机、平板、电脑等）及哑终端（无法弹出Portal页面的设备，如相机、摄像机等）可通过有线和无线WiFi两种方式接入。此外，为使用"媒体+"服务的每个新闻社提供MAC地址注册门户、管理员账号及密码，实现各家新闻社管理员对各自媒体终端MAC地址进行增、删、改等管理操作，网络侧基于MAC地址实现终端的访问控制，无须弹出Portal页面和输入密码。为保障赛时图文数据安全，"媒体+"服务不提供互联网访问服务。

共享互联网服务是为组委会认可的用户群体提供共享带宽的互联网访问服务，普通终端和哑终端可以通过有线和无线WiFi两种方式接入。普通终端首次接入网络后会弹出Portal页面，用户输入组委会分配的账号和密码信息完成首次登录后，在两地三赛区无须再次登录，而且可以增删改查自己的终端MAC；哑终端无法弹出Portal页面的设备，需要用户在登录界面里添加其拥有的哑终端设备的MAC地址。

互联网专线服务是根据用户订单显示的专线开通地点和带宽需求，部署和提供专线服务，同时在业务量大的场景可提升可用带宽。

根据国际奥组委和北京冬奥办对网络和业务的需求，如果继续采用以往冬奥会的IPv4网络，依然会面临着场馆媒体网络接入方式不灵活、高价值业务需要单独承载，建网成本高、传统故障定位和恢复方式效率低，安全隐患大等问题。因此，从冬奥通信服务规划阶段开始，中国联通就一直在考虑如何建设一张技术简约先进、服务安全可靠的冬奥专网，以支撑卓越的观赛、参赛和办赛体验。如何能保证业务品质最优化？如何能对两地三赛区的网络统一管控？如何做到无感知接入互联网？选取何种技术效果好？这些问题的探索使得冬奥专网的建设更是充满创新和挑战。

在以"创新驱动发展，打造高质量冬奥专网"的目标指引下，通过不断的网络技术创新、探索和实践，中国联通选择在冬奥专网中部署"IPv6+"技术体系中最关键的三项技术：基于IPv6的分段路由（SRv6）、网络切片、随流检测，并配合智能SDN网络控制器，解决了传统网络的限制，成功打造了一张技术先进简约、服务安全可靠、应用精彩丰富的冬奥业务承载网，为两地三赛区、87个奥运场馆以及北京与张家口之间多条交通干线周边，提供共享互联网、互联网专线、"媒体+"多种通络通信服务。"IPv6+"赋能的冬奥专网具备智能、安全、品质、可靠和绿色五大优点，与"安全、数字、智能、绿色、科技"的办赛要求相契合。在冬奥专网中，为每个用户终端分配公网IPv6地址，而非私网地址，提高了数据报文的安全性和私密性，同时增强了网络的安全能力，同时通过网络层协议实现内生安全，为冬奥数据通信网络奠定了坚实的基础。

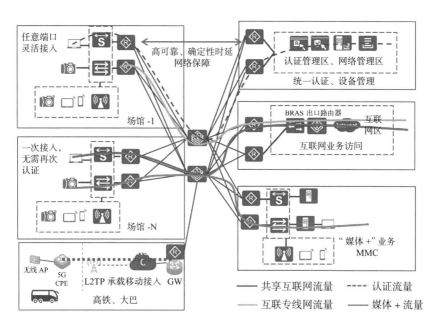

图3-44　北京2022年冬奥会数据网总体方案和业务流向

"IPv6+"实现业务快速开通，提高服务效率。 SRv6与基于MPLS的SR相比，大大简化了路由协议，为媒体客户和专线客户提供快速的业务开通能力，开通时间从天级缩短到分钟级。此外，采用端到端的SRv6技术可以只在业务的创建点和终结点进行感知，在中间节点不需要对业务信息进行维护，网络的可扩展性大大提升。

图3-45 "SRv6+EVPN"实现"任意连接"

"IPv6+"实现差异化SLA保障，提高服务品质。 新闻媒体是冬奥会宣传的窗口，让世界了解冬奥、感知中国。冬奥专网基于SRv6强大的可编程能力和智能管控系统来实现智能选路，保证网络在关键业务的SLA指标劣化时，提供时延劣化感知、低时延选路和时延调优的能力，确保各项网络指标达到最佳，使得媒体用户在赛事举办的高峰期一直保持最佳的服务体验。同时，对专网内的流量进行灵活均衡，最大限度地避免网络拥塞风险，为各类业务保驾护航。

图3-46 "IPv6+"时代的SLA保障

以从张家口奥运村到媒体中心的"媒体+"业务为例，冬奥专网智能管控平台在两地间部署了SRv6 Policy隧道，根据业务时延需求配置隧道参数；此外，能实时感知业务质量，当发现路径时延劣化，自动对隧道进行调优，选取更优的路径进行业务传输。

"IPv6+"实现智能运维，提升高可靠性保证能力。 传统的端到端信道质量检测方式是单独发一组测试报文来测量，虽然源地址和目的地址都一样，但测试报文走的路径跟真实业务路径不一定一致，检测出来的结果不能真实反映信道的质量。冬奥专网采用"IPv6+"体系中的随流检测技术，在IPv6扩展报文头中直接嵌入检测的字段（也就是染色），这样报文在网络传输过程中，每段的时延、抖动和丢包率，都可以在各个节点检测出来。上层网络控制器基于对网络中的数据进行分析，以分钟级颗粒度对故障进行精准感知，定界定位，解决传统的以人工方式为主的运维手段对于复杂业务/网络故障定位周期长、故障隐患威胁大的问题。通过随流检测技术，使得网络由被动处理式运维转变为主动预防式运维，对故障进行快速恢复，减少业务受损时间；同时以人工智能、知识图谱等AI关键技术来辅助运维人员提升运维效率，提供业界领先的顶级赛事AI重保能力。

"IPv6+"实现安全隔离需求，保障高优先级业务体验。冬奥专网通过IPv6+的网络切片技术，为奥运会的特定业务部署了"专用车道"，即在同一张物理网络上按业务类型划分了不同的切片，不同业务独享切片资源。比如，为每个"媒体+"专网分配一个网络切片，为专线业务分配一个网络切片，保证在赛事期间，各大媒体记者进行报道的"媒体+"、互联网专线业务可以获得高优化级业务的体验，不受到场馆内其他运动员、志愿者和工作人员等其他上网流量的影响。同时，不同业务之间互不"干扰"，不同的流量走不同的专用通道，虽然各种业务都在同一条网络链路上跑，但能实现业务间的逻辑隔离，满足了奥运业务对于安全方面的保障需求。

"IPv6+"实现多业务零感知统一接入。相较于传统的冬奥通信网络，北京冬奥专网在接入灵活性方面提出更高要求，一点接入，无须再次认证。冬奥承载网采用一张网络综合承载多种业务的设计思想，混合承载共享互联网业务、"媒体+"业务和互联网专线业务，虽然两地三赛区的共享互联网服务和"媒体+"服务的 Wifi 接入方式采用同一 SSID，但基于统一认证平台可以实现业务识别，用户零感知接入到对应的网络资源中。当用户在场馆内通过有线（任意交换机端口）和无线 Wifi 接入，统一认证平台进行用户认证，认证通过后通过控制器实现业务配置迅速下发，实现不同业务、不同终端的即插即用，能够满足超过 15 万台终端高质量、不限速的接入需求，甚至相机、摄像机、打印机等非智能终端也可以自动接入网络。同时，该技术可减少网络故障时的定位工作量，更好地保障连接质量。

"IPv6+"技术打造绿色冬奥，提升网络能效。为贯彻落实绿色办奥、节俭办奥的设计原则，冬奥专网基于"IPv6+"技术提升网络能效。采用 IPv6+EVPN 实现"一张网走天下"，覆盖现场多种业务，例如，媒体现场报道、运动员工作人员的上网需求等，提升全网资源利用效率。其次，使用 SRv6 技术，从协议层面智能优化全网流量能力，使得整网资源利用率提升 20% 以上。

"IPv6+"为高科技带来无限可能。"IPv6+"技术是冬奥会转播的幕后功臣，冬奥支持"自由视角"，现场上百个机位的画面信号都会实时上传到云端，供观众自由选择观看机位，可看特写、全景、俯瞰等，打破传统由导播选择视角进行切换的壁垒。同时，奥运承载网也支持 5G 云、XR 打造的虚实结合三维观赛空间，为观众提供交互式、沉浸式的观看体验。这些大胆的尝试离不开"IPv6+"技术的支撑，依托"IPv6+"技术搭建的冬奥专网，可以提供超低时延业务体验，据测试北京媒体中心到张家口奥运村单向网络时延小于 1.134 毫秒，使得上述应用成为可能。

北京 2022 年冬奥会，是"IPv6+"新技术首次在奥运赛场上亮相，所达到的能力和指标远超奥组委的要求，充分证明了"IPv6+"技术的先进性和可落地性，在网络服务中的简约、高品质的优点，服务质量的可视性，同时充分验证了"IPv6"技术具备成熟性和可复制性，后续可在全国、国际性质的大赛和体育省会上全面推广，也积极拉动了整个京津冀区域乃至全国区域的"IPv6+"产业发展。

本届冬奥会积极响应国家IPv6战略，深入推动新型SRv6、切片、随流检测等IPv6+技术的应用及部署，推动下游产业链终端设备进行IPv6升级，推进应用协议与网络协议的统一，实现产业生态的良性循环；同时支撑网络演进，助力国家网络强国战略，开创数字网络经济发展新局面。

冬奥会作为世界顶级体育赛事，其曝光度和影响力不言而喻，借冬奥会之势，宣传"IPv6+"新技术、新方案、新能力的价值必然会对"IPv6+"产业发展带来强大的推动示范作用，为创造"IPv6+"良性的产业生态提供了助推剂，随着业务不断采用"IPv6+"技术来承载，"IPv6+"产业会逐步壮大。

肆

展望：以创新支撑网络强国建设

    IPv6 的技术创新仍然方兴未艾。本章从 IPv6 目前正在推进的标准方向入手，对 IPv6 和"IPv6+"技术发展进行了展望，为读者展现了基于 IPv6 的下一代互联网的未来愿景。IPv4 已经部署、发展了 50 多年，从 IPv4 到 IPv6 的发展必然是一个充满挑战的过程，本章也对演进过程中的机遇和挑战进行了总结和分析。

2014年2月，习近平总书记首次提出："网络安全和信息化事关国家安全和国家发展，要努力把我国建设成为网络强国"。对网络强国提出了5大要求和目标，包括技术要强、基础要强、人才要强、国际话语权要强、内容要强。在2023年7月关于网络强国给予最新指示：增动能促发展。新时代以来，我国信息领域核心技术创新取得积极进展，网络基础设施建设步伐加快，数字经济发展势头强劲。同时也要清醒地看到，一些关键核心技术还存在"受制于人"的问题，信息化发展受到制约。着眼未来，还须加快突破核心技术，着力建设数字中国，更好发挥信息化驱动引领作用，"增动能促发展"，助力经济社会高质量发展。

　　理解网络强国和通信业持续领先的要求，首先网络基础设施要强。建设网络强国和进一步巩固提升我国新型通信业全球竞争优势，需要"抓紧补短板、锻长板"。我国数据通信产业的短板在于，作为网络基础设施的路由器、交换机的核心芯片（转发和交换芯片）受到了先进工艺不可获得的"卡脖子"，急需技术上的系统级创新以及良好的产业政策和生态建设，解决在核心技术上的自主可控。而在网络协议创新领域，中国在IPv6持续创新，在标准上的国际话语权明显增强，构筑起我国在IPv6网络的优势。要知道在技术创新空前活跃的时代，标准的存在有着十分重要的意义。首先，早期标准可以有效指导新技术的先行先试，并通过技术试点进一步促进标准的不断完善。其次，成熟标准可以为新技术的互联互通和规模化部署提供必需的指导和规范。在创新、标准、试点和商用部署之间可以形成有效的闭环，基于标准在实践中检验、提升与创新，并最终取得产业和商业的成功。

一、IPv6基础标准已趋向成熟

自互联网（Internet）从20世纪末期兴起以来，IP协议标准也经历了不断发展与变化。目前的全球因特网所采用的协议是TCP/IP协议族。IPv4是互联网协议（IP）的第四版，是第一个被广泛使用并构成现今互联网技术的基石的协议。为了应对IPv4地址枯竭的现状，多个互联网组织与机构经过不懈努力，联合催熟了IPv6标准。

IETF制定了成熟的IPv6标准。IETF是制定互联网相关协议规范的核心标准组织，也是IPv6基础协议和相关演进和扩展标准的制定者。从1990年开始，IETF开始规划IPv4的下一代协议，除要解决即将遇到的IP地址短缺问题外，还要发展更多的扩展，最终IPv6在1998年12月由IETF以互联网标准规范（RFC 2460）的方式正式公布。经过十多年发展，IETF已经制定了超过100项IPv6标准，IPv6标准已经成熟，提供了丰富的解决方案。2011年互联网协会将6月8日定为"世界IPv6日"。包括谷歌、Meta和雅虎在内的参与者在当天对他们的主要服务启用IPv6，表示对推进互联网加速IPv6部署的支持。

IAB明确停止IPv4标准开发，倡议互联网标准都使用IPv6。IAB（Internet Architecture Board）是互联网协会（ISOC）的顶层咨询机构。它为互联网发展提供长期技术指导，确保互联网作为全球沟通和创新的平台继续增长和发展。2016年11月7日，经过IAB与IETF讨论后，公告未分配IPv4地址已耗尽。公告明确"网络标准需要完全支持IPv6。IAB希望IETF将不再要求新协议或扩展协议中的IPv4兼容性。未来的IETF协议工作将针对IPv6进行优化并依赖于IPv6。为此过渡做准备需要确保许多不同的环境能够完全在IPv6上运行，而不依赖于IPv4。我们建议所有网络标准都假定使用IPv6。我们鼓励行业制定仅IPv6运营战略。我们欢迎关于标准差距仍然存在的报告，需要进一步发展IPv6或其他协议。我们还准备提供支持或援助，以弥合这些差距"。IETF也按照优先支持IPv6，停止发展IPv4协议来开展工作。其中，RFC8305明确定义在IPv4和IPv6同时生效的情况下优先使用IPv6。

ITU大力鼓励IPv6的发展。ITU（国际电信联盟）是联合国的一个重要专门机构，由193个政府和540多个私营部门实体组成。国际电联成员国和部门成员在WTSA-08世界电信标准化大会（约翰内斯堡，2008）期间通过了IP协议地址分配和促进向IPv6的过渡和部署，以提高对IPv4地址可用性和IPv6部署的认识，并在WTSA-12（迪拜，2012年）、WTSA-16（哈马马特，2016年）和WTSA-22（日内瓦，2022年）进行了修订。ITU致力于成为联合国消除数字鸿沟的执行者，为与IPv6有关的部署、管理和决策战略采取基于共识的办法提供机制。

中国在IPv6标准制定中起到了重要作用。当前中国在IETF参加人数位居全球第二，仅次于美国；中国专家则主导了85%以上"IPv6+"技术创新。"IPv6+"从提出到现在不过短短几年，已经在全世界范围内获得了广泛的认可，取得了巨大的发展。目前，在业界的不断努力下，"IPv6+"创新体系在不断地成熟，"IPv6+"网络部署和应用也在不断地走向新的阶段，显示出蓬勃的发展势头。

二、未来IPv6标准的创新方向

1. IPv6可编程网络与应用结合创新

IPv6网络可编程是IPv6创新的开始，随着云和端侧IPv6的普及，IPv6应用和网络相结合成为未来创新的重要方向。应用对网络的差异化需求一直存在，传统的语音、视频、文件和邮件传输一直存在不同的需求，而新兴的虚拟现实、远程控制、人工智能训练和推理等应用给网络带来了更多新的需求。实现不同应用的体验最佳是IPv6应用和网络创新的目标。

算力网络。算力网络是"一种根据业务需求，在云、网、边之间按需分配和灵活调度计算资源、存储资源以及网络资源的新型信息基础设施"。

算力网络好比是电网，算力好比是电。电力时代，我们构建了一张"电网"，有电，可以用电话、电脑、电视机；人工智能的世界，有算力，才能更好地使用自动驾驶、人脸识别、VR/AR等。算力网络是一种应用敏感型网络，因为每个应用的算力需求都是不一样的。

2021年5月，我国提出"东数西算"工程，通过构建数据中心、云计算、大数据一体化的新型算力网络体系，将东部算力需求有序引导到西部，优化数据中心建设布局，促进东西部协同联动。

服务质量监控。我们以视频会议的服务质量监控来举例。视频会议非常容易出现花屏、卡顿、影音不同步等服务质量问题，这些问题非常容易被用户感知，但受限于系统的复杂性，很难定位出这些问题是到底是视频终端的故障，还是基础网络或者是云服务出了问题。使用IPv6应用和网络相结合，可以使网络感知到每个视频会议，甚至每个视频终端的流量质量，快速定位网络故障，确定是视频终端还是云服务的问题。基于这个理念，网络同样也可以为不同的业务提供服务质量监控，比如，为银行系统的跨行结算、证券系统的VIP客户保障等提供服务质量监控。

防数据泄露。最近十年，商业数据及个人隐私数据泄露事件不断地登上新闻头条，涉及面广，影响力大，各行业企业因此陷入数据保护合规与社会舆情压力的双重危机。究其原因，数字化转型进入深水区，海量数据迅速集聚，信息开放程度持续扩大，数据价值愈发凸显，然而企业的数据安全意识与能力普遍落后于其数据业务的发展，随之引发大量过度采集、无序滥用、非法共享、恶意泄露等严峻安全事故。

基于IPv6可编程网络可以能够实现安全应用与网络的结合，它能够把多个计算单元（包括数据库、数据服务、计算系统、授权系统等）和网络结合成一个整体进行计算，每个虚拟计算机相当于进程，网络相当于总线，进程间的基于连接（Session）的数据传递基于零信任原则，都需要验证身份和访问合法性，构建算网一体的防数据泄露方案。

2. 向纯IPv6网络演进实践创新

目前，虽然IPv6标准提供了很多从IPv4与IPv6同时支持的网络向纯IPv6（IPv6-only）网络演进的方式，但是业界仍然缺乏简洁优秀的迁移实践指导，亟待实践标准规范。

移动网络。移动终端更新快且使用主流终端操作系统，基于此，移动网络对IPv6支持相对成熟。移动终端不仅同时支持IPv4和IPv6，且基本都支持464XLAT技术（一种IPv4与IPv6互相翻译的技术）。从世界范围看，目前移动网络的IPv6方案主要是双栈（同时支持IPv4与IPv6）和464XLAT，各占半壁江山。

目前，IETF的标准专家已形成基本共识——464XLAT是最佳的IPv6-only迁移方案。但业界还没有普遍意识到这一点，所以简洁优秀的迁移实践标准有很大的实际意义，是一个很有价值的IPv6标准化机会。

移动网络的IPv6部署在全球领先固定网络，在中国更是明显。对移动网络而言，未来IPv6化的重点是从双栈方案尽快迁移到基于464XLAT的纯IPv6方案，从而减小因同时支持IPv4和IPv6所带来的投资成本和运营成本。中国可以在这个领域发力，成为世界样板，并把优秀实践带到IETF。

固定网络。相比移动终端，家庭网关更新周期长，没有相对统一的操作系统，所以对最新的IPv6迁移方案支持情况较慢且较弱。当前固定网关普遍支持DS-Lite，但很多固定网关不支持464XLAN"。

固定网络当前不理想的IPv6状况和若干IETF RFC没有及时更新相关。规定家庭网关需求的标准—RFC 7084发布于2013年，而IPv6-only的要求以及多个迁移方案都是在该标准发布之后才出现。且IETF只讨论了多个迁移方案的优缺点，但没有给出明确的推荐，厂家对于迁移方案的选择存在困难。IETF v6ops（IPv6 Operations）工作组已经意识到这些问题，准备更新RFC 7084标准。这是未来的一个标准创新点，中国可以积极贡献优秀实践。

家庭网关相关的厂家较多，操作系统和软件多种多样。如果没有政策推动，家庭网关需要很长时间才能支持所需的IPv6-only过渡方案。中国是制造业大国，政府如果能够出台政策推动家庭网关尽快向

IPv6-only迁移，将对世界IPv6部署起到重要支持作用。同时，固定网络流量远远大于移动网络流量，如果固定网络的IPv6-only程度低，电信运营商将长时间处于双栈状态，需要双倍的投资成本和运营成本。这也凸显了尽快改造家庭网关对IPv6-only支持的重要性。

云数据中心。云数据中心是当今世界支持IPv6-only的中坚力量。公有云厂商因为协助大量企业上云，需要大量的IP地址，所以它们对IPv6有天然的需求。同时，公有云厂商代表了当今世界最强的科技力量，有能力做复杂度较高的IPv6-only的迁移。国际公有云厂商亚马逊AWS、微软Azure等云数据中心基本都是IPv6-only，国内阿里云也处于领先地位。云数据中心对IPv6-only的支持，意义超越云数据中心本身。因其帮助大量中小企业上云，而中小企业本来缺乏动机和IPv6知识来做IPv6迁移，更别提IPv6-only。如果公有云不提供诱因和技术支持，大量中小企业可能需要很长时间才会向IPv6过渡。近来公有云厂商，如AWS，开始向上云企业收取公有IPv4地址的租赁费用，每月每个IPv4地址2～4美元，而企业如果用IPv6地址免费，这给很多企业提供了使用IPv6动机，极大地推动了广大企业的IPv6迁移。

但单纯为中小企业提供动机是不够的，还要帮助它们解决IPv6迁移中碰到的具体问题。这些问题在多个技术论坛中讨论，但尚未在IETF得到总结和引起足够的重视。未来，这会是IETF v6ops工作组的一个方向，也是推进形成标准的一个好机会。

企业网络。企业网络包含了比移动网络、固定网络和云数据中心多得多的公司，其中大部分是中小企业。少数大型企业需要众多地址，所以有IPv6的需求。经常参与并购的公司有IPv6的需求，以避免并购来的公司与原公司使用相同的私有IPv4地址空间所带来的网络整合困难。但如前所述，广大的中小企业缺乏动机和能力做IPv6迁移。公有云厂商的推动和协助是促进中小企业向IPv6迁移的关键。

三、中国在IPv6未来发展上的机遇与挑战

当前，发展新质生产力，实现各行业、产业的高质量发展和转型升级已经成为我国面向"两个一百年"发展目标的重要路径。新质生产力是创新起主导作用，摆脱传统经济增长方式、生产力发展路径，具有高科技、高效能、高质量特征，符合新发展理念的先进生产力质态。在新质生产力的发展道路上，以IPv6为基础的新一代信息通信技术将发挥关键的作用。中国在IPv6发展上面对的机遇包括以下5方面。

1.技术创新与产业升级

IPv6不但解决了地址枯竭的问题，而且通过引入新的技术特性，如更好的路由效率、更快的数据传输速度和更低的延迟，为5G、6G移动通信、云计算、大数据分析、人工智能等高新技术产业的发展提供了底层网络支持。这些技术的集成与创新应用，正成为新质生产力的重要驱动力，促进了相关战略性新兴产业的快速成长。而且，在IPv6地址资源的分配上，我国与美、欧等发达国家处于同一起跑线，不存在IPv4时代的"后发劣势"。

2.扩展性与连接能力增强

IPv6协议拥有几乎无限的地址空间，能够支持数十亿甚至数万亿级别的设备联网，这是构建万物互联（IoT）、工业互联网、智慧城市等新质生产力应用场景的基础条件。随着物联网技术的深入发展，每一个物品都可能成为一个智能节点，而IPv6提供的海量地址资源使得每个设备都能直接在线，极大地拓宽了数字化生产和生活

服务的可能性。

3.网络效能与安全性提升

IPv6的设计包含了更强的安全机制，如IPsec协议的内置支持，这有助于保障数据传输过程中的安全性和完整性，从而在构建更安全可信的网络环境中，助力企业进行数据驱动的决策与生产，进而提高整体生产力质量。

4.绿色可持续发展

面向新质生产力，IPv6能够更好地支持资源节约型、环境友好型社会的建设，通过网络优化减少能源消耗，以及在智能制造、远程办公等领域实现资源高效利用，符合新时代下经济社会可持续发展的要求。

5.国际合作与竞争力提升

随着全球化进程加速，IPv6的全球统一性有利于消除国际间网络互连的障碍，为中国企业和产品走向世界提供更为畅通的网络通道。同时，IPv6的领先部署和应用也能体现国家在网络信息技术领域的核心竞争力，为在全球价值链中占据更高位置提供有力支撑。

同时，在IPv6发展过程中我们也面临着诸多挑战，需要我们认真应对与解决：

1.设备与网络升级成本高

全面切换到IPv6需要对现有网络设备、服务器、终端设备等进行全面改造和升级，涉及范围广且成本巨大，包括硬件更换、软件更新以及运维培训等环节。

2.技术成熟度与兼容性问题

虽然IPv6已得到广泛应用，但技术成熟度相较于IPv4仍有待提升，尤其是在网络设备兼容性、互联互通性、服务质量保障和安全防护等方面还存在诸多挑战。

3.市场动力不足

部分市场主体由于已有IPv4基础设施稳定运行，缺乏主动迁移的动力，尤其是考虑到短期投资回报率，企业可能会对IPv6的推广持保守态度。

4.用户体验与服务连续性

过渡过程中如何保证用户在IPv4与IPv6之间无缝切换，避免因双栈部署、隧道技术使用带来的延迟增加、丢包等问题，保持良好的用户体验是一个关键挑战。

5.安全管理与隐私保护：

尽管IPv6在安全方面有所加强，但任何网络协议都不可能完全杜绝安全威胁。在大规模部署后，如何有效管理和防范IPv6环境下的新型攻击手段和技术漏洞，以及加强用户隐私保护成为新的关注点。

总之，IPv6作为新一代互联网基础设施的关键组成部分，通过提升网络性能、扩大连接边界、强化安全保障和推动技术创新，对于孕育和发展新质生产力具有深远的影响，是推动经济高质量发展和实现创新驱动战略目标不可或缺的基石之一。中国在推动IPv6发展的道路上既有广阔的发展空间和政策机遇，也需克服技术和市场等方面的多重难题，以实现网络强国的目标和数字经济的可持续发展。

附录A

中国IPv6发展指标体系

（一）中国IPv6发展指标体系概述

自2017年，两办发布《推进互联网协议第六版（IPv6）规模部署行动计划》（以下简称《行动计划》）以来，我国的整体IPv6发展水平不断提升，为了综合反映我国IPv6发展的整体情况，需要一套全面、客观的评价体系来衡量IPv6整体发展。为此，推进IPv6规模部署专家委员会于2018年制定了一套中国IPv6发展指标体系，包含IPv6发展指标定义和IPv6发展计算公式，其中IPv6发展指标又包含6个一级指标、12个二级指标和7个三级指标等，最终通过计算公式得出IPv6发展指数。

中国IPv6发展指标体系适用于2018年至2025年期间我国的IPv6发展状况的客观评价，其中部分指标的权重会根据《行动计划》提出的具体任务的不同有所调整。

（二）IPv6发展指标定义

中国IPv6发展指标体系由包含六个基础维度的三级指标架构组成。其中六大基础维度涵盖用户规模、基础资源、云、管、端、用；三级指标架构自上而下为一级指标、二级指标和三级指标，下级指标是对上级指标的细化分解。

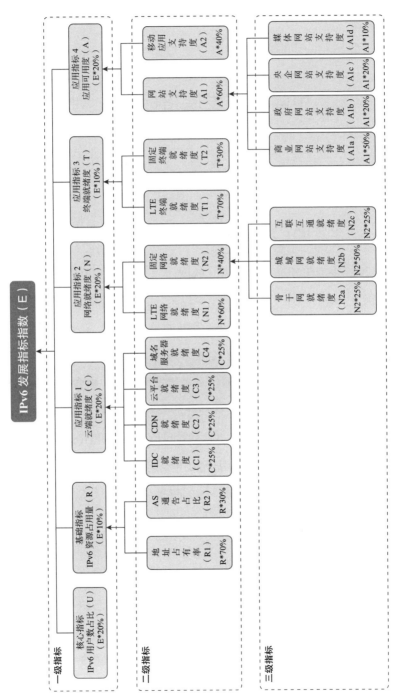

图5-1 中国IPv6发展指标体系

（三）核心指标：IPv6用户数占比

IPv6用户数是最直接反映我国该年度IPv6发展总体情况的指标，作为体系的核心指标客观体现出我国从云、管、端、用的IPv6整体改造的成果。

指标定义：指我国IPv6活跃用户数与我国网络用户数的比值，其中IPv6活跃用户数的定义为已分配IPv6地址，且在一年内有IPv6上网记录的用户总数。

该指标由来自国内主要互联网企业和基础电信运营商的IPv6用户数据经过去重计算得到。

（四）基础指标：IPv6资源占有量

IPv6资源占有量反映我国IPv6资源的拥有及使用情况，是我国IPv6发展的基础，在一定程度上反映了我国IPv6应用发展的情况。

（1）指标定义：指我国拥有的IPv6地址数量，以及我国已通告IPv6的自治系统（AS）数量与全球对应指标数量的比值，由2个二级指标地址占有率（R1）和自治系统（AS）通告占比（R2）加权计算得出。

（2）权重：IPv6资源占有量（R）在整个IPv6发展指标体系中权重占比为10%。

（3）数据来源：APNIC统计数据。

1.地址占有率

地址占有率是IPv6资源占有量的二级指标之一。

指标定义：指我国拥有的IPv6地址数量在全球已分配IPv6地址总量中的占比。

该数据来自 APNIC 统计数据。

2. 自治系统（AS）通告占比

自治系统（AS）通告占比是 IPv6 资源占有量的二级指标之一。

指标定义：指我国已通告 IPv6 的自治系统（AS）数量与全球已通告 IPv6 的自治系统（AS）数量中的比值。

该数据来自 APNIC 统计数据。

（五）应用指标1：云端就绪度

云端就绪度反映我国应用基础设施的 IPv6 支持就绪程度，是我国 IPv6 应用发展的重要基础之一。

指标定义：指我国数据中心（IDC）、内容分发网络（CDN）、云服务平台和域名服务器已支持 IPv6 的数量与我国上述指标的总体数量的比值，由4个二级指标数据中心（IDC）就绪度、内容分发网络（CDN）就绪度、云服务平台就绪度和域名服务器就绪度加权计算得出。

该数据来自相关企业上报数据和 IPv6 发展监测平台监测数据。

1. IDC 就绪度

IDC 就绪度是云端就绪度的二级指标之一。

指标定义：指我国已支持 IPv6 的超大型和大型数据中心（IDC）数量与全国超大型和大型数据中心（IDC）数量的比值。数据中心（IDC）出口和内部网络支持 IPv6 就视为该数据中心支持 IPv6。

该数据来自相关企业上报数据和 IPv6 发展监测平台监测数据。

2. 内容分发网络（CDN）就绪度

CDN 就绪度（C2）是云端就绪度（C）的二级指标之一。

指标定义：指我国 Top 10 CDN 运营企业中已开通 IPv6 的占比。

CDN支持基于IPv6的业务调度，以及支持面向用户的IPv6业务推送就视为该CDN已开通IPv6。

该数据来自相关企业上报数据和IPv6发展监测平台监测数据。

3.云服务平台就绪度

云服务平台就绪度是云端就绪度的二级指标之一。云服务平台支持用户通过IPv6访问并使用云产品，就视为该云产品已完成IPv6改造。

指标定义：指我国Top 10云服务平台完成IPv6改造的云产品数量占比。

该数据来自相关企业上报数据和IPv6发展监测平台监测数据。

4.域名服务器就绪度

域名服务器就绪度是云端就绪度的二级指标之一。

指标定义：指我国基础电信企业递归域名解析服务器支持IPv6的占比。递归域名解析服务器支持AAAA记录的解析，就视为递归域名解析服务器支持IPv6。

该数据来自相关企业上报数据和IPv6发展监测平台监测数据。

（六）应用指标2：网络就绪度

网络就绪度反映我国网络基础设施的IPv6支持就绪程度，是我国IPv6应用发展的重要基础之一。

指标定义：指我国LTE网络和固定基础网络的就绪程度，由2个二级指标LTE网络就绪度和固定网络就绪度加权计算得出，其中固定网络就绪度又由3个三级指标骨干网就绪度、城域网就绪度和互联互通就绪度加权计算得出。

该数据来自相关企业上报数据和IPv6发展监测平台监测数据。

1. LTE 网络就绪度

LTE 网络就绪度是网络就绪度的二级指标之一。

指标定义：指按照省级行政区（不包含港、澳、台地区）已开通 IPv6 业务的 LTE 网络数量和全部 LTE 网络数量的比值。LTE 网络能够为移动用户分配 IPv6 地址，并为用户提供 IPv6 业务访问通道，就视为该 LTE 网络已开通 IPv6 业务。

该数据来自相关企业上报数据和 IPv6 发展监测平台监测数据。

2. 固定网络就绪度

固定网络就绪度是网络就绪度的二级指标之一。

指标定义：指我国三大基础电信企业固定网络中已开通 IPv6 业务的骨干网、城域网和互联互通直联点与全部上述指标的比值。由 3 个三级指标骨干网就绪度、城域网就绪度和互联互通就绪度加权计算得出。

该数据来自相关企业上报数据和 IPv6 发展监测平台监测数据。

（1）骨干网就绪度

骨干网就绪度是网络就绪度的三级指标之一，是固定网络就绪度的二级指标之一。

指标定义：指我国三大基础电信企业固定网络中已开通 IPv6 业务的骨干网数量与全部骨干网数量的比值。骨干网支持 IPv6 路由分发和 IPv6 业务流量转发就视为该骨干网已开通 IPv6 业务。

该数据来自相关企业上报数据和 IPv6 发展监测平台监测数据。

（2）城域网就绪度

城域网就绪度是网络就绪度的三级指标之一，是固定网络就绪度的二级指标之一。

指标定义：指按照地级行政区（不包含港、澳、台地区）已开通

IPv6业务的城域网数量与全部城域网网络数量的比值。城域网完成网络改造，并未固定宽带接入用户分配IPv6地址，提供IPv6业务访问通道，就视为该城域网开通IPv6业务。

该数据来自相关企业上报数据和IPv6发展监测平台监测数据。

（3）互联互通就绪度

互联互通就绪度是网络就绪度的三级指标之一，是固定网络就绪度的二级指标之一。

指标定义：指我国已完成IPv6改造，并实现IPv6业务互通的骨干网直联点数量与全部骨干网直联点数量的比值。骨干网互联互通直联点完成IPv6改造，并实现IPv6业务互通，就视为该骨干网互联互通直联点支持IPv6。

该数据来自相关企业上报数据和IPv6发展监测平台监测数据。

（七）应用指标3：终端就绪度

终端就绪度反映我国LTE和固定终端IPv6支持就绪程度，是决定我国IPv6应用规模的重要因素之一。

指标定义：指我国LTE终端和固定终端支持IPv6的数量与上述指标总体数量的比值，由2个二级指标LTE终端就绪度和固定终端就绪度加权计算得出。

该数据来自工信部电信设备进网统计和第三方实验室测试。

1. LTE终端就绪度

LTE终端就绪度是终端就绪度的二级指标之一。

指标定义：指我国已支持IPv6的LTE终端数量与全国LTE终端总量的比值。LTE终端操作系统支持IPv6，在Wifi和移动数据网络环境下都能够获得IPv6地址，并能够访问IPv6业务，就视为该LTE移动终端支持IPv6。

该数据来自工信部电信设备进网统计和第三方实验室测试。

2.固定终端就绪度

固定终端就绪度是终端就绪度的二级指标之一。

指标定义：指我国基础电信企业集采的已支持IPv6的采集的家庭网关数量与基础电信企业集采的采集的家庭网关总量的比值。固定终端支持获取IPv6地址，并能够访问IPv6业务，就视为该固定终端支持IPv6。

该数据来自工信部电信设备进网统计和第三方实验室测试。

（八）应用指标4：应用可用度

应用可用度反映我国IPv6网站和移动端应用部署的情况，是决定我国IPv6应用规模的重要因素之一。

指标定义：指我国Top 100商业网站、政府网站、央企网站、央媒网站，以及Top 100移动端应用支持IPv6的数量与上述指标全部数量的比值，由2个二级指标网站支持度和移动应用支持度加权计算得出，其中网站支持度又由4个三级指标商业网站支持度、政府网站支持度、央企网站支持度和央媒网站支持度加权计算得出。

该数据来自于IPv6发展监测平台监测数据和第三方实验室测试数据。

1.网站支持度

网站支持度是应用可用度的二级指标之一。

指标定义：指我国Top 100商业网站、政府网站、央企网站、央媒网站支持IPv6的数量与上述指标全部数量的比值。由4个三级指标商业网站支持度、政府网站支持度、央企网站支持度和媒体网站支持度加权计算得出。

该数据来自IPv6发展监测平台监测数据。

（1）商业网站支持度

商业网站支持度是应用可用度的三级指标之一，是网站支持度的二级指标之一。

指标定义：指我国Top 100商业网站支持IPv6的数量与Top 100全部网站数量的比值。

该数据来自IPv6发展监测平台监测数据。

（2）政府网站支持度

政府网站支持度是应用可用度的三级指标之一，是网站支持度的二级指标之一。

指标定义：指我国地市级以上政府网站支持IPv6的数量与全部地市级以上政府网站的比值。

该数据来自IPv6发展监测平台监测数据。

（3）央企网站支持度

央企网站支持度是应用可用度的三级指标之一，是网站支持度的二级指标之一。

指标定义：指我国央企网站支持IPv6的数量与全部央企网站的比值。

该数据来自IPv6发展监测平台监测数据。

（4）媒体网站支持度

媒体网站支持度是应用可用度的三级指标之一，是网站支持度的二级指标之一。

指标定义：指我国地市级以上媒体网站支持IPv6的数量与全部地市级以上媒体网站的比值。

该数据来自IPv6发展监测平台监测数据。

2.移动应用支持度

移动应用支持度是应用可用度的二级指标之一。

指标定义：指我国Top 100的移动互联网应用（App）中支持IPv6的数量与全部Top 100移动互联网应用（App）的比值。移动互联网应用（App）能够通过IPv6网络访问服务器端，以及通过IPv6网络实现客户端之间的互相访问，就视为该移动互联网应用（App）支持IPv6。

该数据来自IPv6发展监测平台监测数据和第三方实验室测试。

附录B

术语与缩略语

缩略语	英文全名	中文解释
ACL	Access Control List	访问控制列表
ADPT	Adapter	适配器
AMF	Access and Mobile Management Function	移动管理功能
AN	Access Network	接入网络
APN	Application-aware Networking	应用感知网络
AS	Autonomous System	自治域
BIER	Bit Index Explicit Replication	比特索引显示复制
BGP	Boder Gateway Protocol	边界网关协议
BR	Border Router	边界路由器
CDN	Content Delivery Network	内容分发网络
CNGI	China's Next Generation Internet	中国下一代互联网工程
CNNIC	China Internet Network Information Center	中国互联网络信息中心
CIDR	Classless Inter-Domain Routing	无类别域间路由
CP	Control Plane	控制平面
CPE	Customer Premise Equipment	客户前置设备

缩略语	英文全名	中文解释
DARPA	Defense Advanced Research Projects Agency	美国国防部先进研究项目
DDoS	Distributed Denial of Service	分布式拒绝服务攻击
DetNet	Determinisitic Networking	确定性网络
DIT	Digital Imaging Technician	数字影像技师
DN	Data Network	数据网络
DNS	Domain Name System	域名系统
DPI	Deep Packet Inspection	深度包检测
DS-Lite	Dual-Stack lite	轻量级双栈
EVPN	Ethernet Virtual Private Network	以太网虚拟专用网
FlexE	Flex Ethernet	灵活以太网
FRR	Fast Reroute	快速重路由技术
FW	Firewall	防火墙
GPB	Google Protocol Buffer	谷歌协议缓冲区
G-SID	Generalized SID	通用段标识符
LB	Load Balancing	负载均衡
LN	Local Network	本地网络
IAB	Internet Architecture Board	全球互联网架构委员会
ICANN	Internet Corporation for Assigned Names and Numbers	互联网名称与数字地址分配机构
ICMP	Internet Control Message Procotol	互联网控制消息协议
IFIT	In-situ Flow Information Telemetry	随流检测
IGP	Interior Gateway Protocol	内部网关协议

续表

缩略语	英文全名	中文解释
IDC	Internet Data Center	互联网数据中心
IDS	Intrusion Detection System	入侵检测
IETF	The Internet Engineering Task Force	国际互联网工程任务组
IANA	Internet Assigned Numbers Authority	互联网数字分配机构
IP	Internet Protocol	互联网协议
IPv4	Internet Protocol version 4	网际协议版本4
IPv6	Internet Protocol version 6	网际协议版本6
IS-IS	Intermediate System-to-Intermediate System	中间系统到中间系统
ISO	International Standardization Organization	国际标准化组织
ISOC	Internet Society	国际互联网协会
ITU	International Telecommunication Union	国际电信联盟
I/O	Input Output	输入输出
MAP	Mapping Address and Port	对地址和端口进行无状态映射
MD	Mapping Database	映射规则数据库
MEC	Multi-access Edge Computing	多址边缘计算
MP-BGP	Multi protocol Extensions for BGP-4	BGP-4的多协议扩展
MPLS	Multi-Protocol Label Switching	多协议标签交换
NAT	Network Address Translator	网络地址转换
NAPT	Network Address and Port Translation	网络地址和端口翻译
NB-ioT	Narrow Band Internet of Things	窄带物联网
NFV	Network Functions Virtualization	网络虚拟化技术

缩略语	英文全名	中文解释
NRO	National Reconnaissance Office	美国国家侦察局
NSH	Network Service Header	网络服务包头
OMB	Office Management and Budget	行政管理与预算办公室
OSI	Open System Interconnection	开放互联系统
OSPF	Open Shortest Path First	开放式最短路径优先
P	Provider	核心网络设备
PBR	Policy-based Routing	策略路由
PCE	Path Computation Element	路径计算
PDU	Packet Data Unit	分组数据单元
PE	Provider Edge	服务提供商骨干网的边缘路由器
PLC	Programmable Logic Controller	可编程逻辑控制器
PT	Packet Transformation	数据包转换
QoS	Quality of Service	质量保证
RIR	Regional Internet Registry	互联网地址分配机构
RP	Rule Processing	映射规则处理
RT	Rule Transport	映射规则传送
SA	Standalone	独立组网
SDN	Software-Defined Networking	软件定义网络
SD-WAN	Software Defined Wide Area Network	软件定义广域网
SF	Server Function	服务功能
SFC	Service Function Chain	服务功能链
SFF	Service Function Forwarder	服务功能转发器

缩略语	英文全名	中文解释
SFP	Service Function Path	服务功能路径
SID	Segment Identification	段标识
SIIT	Stateless IP/ICMP translation algorithm	无状态IP/ICMP翻译算法
SLA	Service Level Agreement	服务水平协议
SMF	Session Management Function	用户会话管理
SR	Segment Routing	分段路由
SRH	Segment Routing Header	分段路由头
SRv6	Segment Routing over IPv6 data plane	构建于 IPv6 数据平面之上的分段路由
TCP	Transmission Control Protocol	传输控制协议
TSN	Time-Sensitive Networking	时间敏感网络
UDP	User Datagram Protocol	用户数据报协议
UE	User End	用户终端
UP	User Plane	用户平面
UPF	User Platform Function	用户平面功能
WAF	Web Application Firewall	Web应用防火墙
VLSM	Variable Length Subnet Mask	变长子网掩码
VPN	Vitrual Private Network	虚拟专用网
VR	Virtual Reality	虚拟现实
XML	Extensible Markup Language	可扩展标记语言

参考文献

［1］《推进互联网互联网协议第六版（IPv6）规模部署行动计划》，2017年，两办文件<https://ishare.iask.sina.com.cn/f/6mSdpIwAtxl7.html?utm_source=sgsc >

［2］IPv6的标准现状及国内标准化工作 - 中国通信标准化协会.doc，2017年<https://max.book118.com/html/2015/0524/17597519.shtm>

［3］IANA IPv4 Special-Purpose Address https://www.iana.org/assignments/iana-ipv4-special-registry/iana-ipv4-special-registry.xhtml

［4］RFC1838

［5］RFC1918

［6］RFC1878

［7］RFC2663

［8］RFC3027

［9］IANA，https://www.iana.org/numbers

［10］ITU 统 计，https://www.itu.int/en/ITU-D/Statistics/Pages/stat/default.aspx

［11］NRO 发 布 的 地 址 统 计 https://www.nro.net/wp-content/uploads/NRO-Statistics-2023-Q1-FINAL.pdf

［12］第51次中国互联网络发展状况报告 http://www.cnnic.cn

［13］IPv4地址已分配完毕 https://www.nro.net/media-center/video-archive-3-february-2011

［14］全球路由表增长情况 https://www.potaroo.net

［15］全球IPv6路由前缀分布情况 https://bgp.he.net

［16］国际上主要运营商IPv6部署情况 https://www.worldipv6launch.org/measurements/

［17］国家IPv6发展监测平台 http://china-ipv6.cn

［18］IETF文档统计 https://www.arkko.com/tools/allstats/d-countrydistr.html

［19］全球网络产品IPv6支持度 https://zhuanlan.zhihu.com/p/606141648

［20］IP Next Generation Overview http://jungar.net/network/ipng_overview.html#CH3

［21］RFC6437

［22］RFC8200

［23］IANA IPv6 Special-Purpose Address https://www.iana.org/assignments/iana-ipv6-special-registry/iana-ipv6-special-registry.xhtml

［24］IANA制定的IPv6地址空间分配信息 https://www.iana.org/assignments/ipv6-address-space/ipv6-address-space.xhtml

［25］Framework of Multi-domain IPv6-only Underlay Networks and IPv4-as-a-Service draft-ietf-v6ops-framework-md-ipv6only-underlay-03 https://datatracker.ietf.org/doc/draft-ietf-v6ops-framework-md-ipv6only-underlay/

［26］RFC 9313 Pros and Cons of IPv6 Transition Technologies for

IPv4-as-a-Service（IPv4aaS）https://www.ietf.org/rfc/rfc9313.pdf

［27］IPv6+网络创新体系发展布局 https://res-www.zte.com.cn/mediares/magazine/publication/com_cn/article/202201/3.pdf

［28］黄韬，汪硕，黄玉栋，郑尧，刘江，刘韵洁．确定性网络研究综述［J］．通信学报，40（6）：164-180，2019.）

［29］谷歌.https://www.google.com/intl/en/ipv6/statistics.html#tab=ipv6-adoption

［30］思科.https://6lab.cisco.com/stats/index.php?option=all#

［31］国家IPv6发展监测平台.https://www.china-ipv6.cn/#/

［32］IAB Statement on IPv6，November 2016. https://www.iab.org/2016/11/07/iab-statement-on-ipv6/）

［33］IETF RFC 6877. 464XLAT：combination of stateful and stateless translation［S］. 2013

［34］IETF RFC 6052. IPv6 Addressing of IPv4/IPv6 Translators［S］. 2010

［35］IETF RFC 6333. Dual-stack lite broadband deployments following IPv4 exhaustion［S］. 2011

［36］IETF RFC 7596. Lightweight 4over6：An Extension to the Dual-Stack Lite Architecture［S］. 2015

［37］IETF RFC 7599. Mapping of address and port using translation（MAP-T）［S］. 2015

［38］IETF RFC 7597. Mapping of address and port with encapsulation（MAP-E）［S］. 2015

［39］IETF RFC 5747. 4over6 Transit Solution Using IP Encapsulation and MP-BGP Extensions［S］. 2010

［40］CERNET2 详 细 介 绍 . https://www.edu.cn/cernet_fu_wu/
internet_n2/internet2/201004/t20100426_469168.shtml

［41］美国白宫管理和预算办公室（Office of Management and
Budget，OMB） 发 布 备 忘 录 . https://www.cio.gov/assets/resources/
internet-protocol-version6-draft.pdf

［42］APNIC. https://www.apnic.net/wp-content/uploads/2017/01/
tmo-ipv6-feb-2013_1361827441.pdf

［43］IETF I-D./draft-ietf-v6ops-framework-md-ipv6only-
underlay. Framework of Multi-domain IPv6-only Underlay Networks and
IPv4-as-a-Service. 2023

［44］IETF RFC 8986. SRv6 network programming［S］. 2019

［45］IETF I-D./ draft-xie-idr-mpbgp-extension-4map6. MP-BGP
Extension and the Procedures for IPv4/IPv6 Mapping Advertisement. 2022

［46］北京金融科技产业联盟.《金融业IPv6发展演进白皮书》［R/
OL］.（2023-5）［2022-07-15］. https://www.bfia.org.cn/upload/file/202
30516/1684237989127036223.pdf.

［47］《金融业IPv6发展演进白皮书》，北京金融科技产业联盟，
2023年5月